现代电子机械工程丛书

电子机械工程导论

段宝岩　邵晓东　编著

電子工業出版社
Publishing House of Electronics Industry
北京 · BEIJING

内 容 简 介

本书较系统地回顾了电子机械工程的发展历程与代际演进，梳理了电子机械与常规机械的异同点，述了电子机械工程的主要内涵、基本原理、方法与应用，涉及机电耦合基础、机电耦合设计、机电集成制造、机电耦合测试与评价、电子装备综合设计软件平台、典型应用与未来发展趋势等。

本书既可作为从事电子机械工程研究与实际工程技术人员的参考资料，也可作为相关专业研究生与高年级本科生的教材或参考用书。

图书在版编目（CIP）数据

电子机械工程导论 / 段宝岩，邵晓东编著. -- 北京 : 电子工业出版社，2024. 9. --（现代电子机械工程丛书）. -- ISBN 978-7-121-48823-8

Ⅰ. TH

中国国家版本馆 CIP 数据核字第 20246WS018 号

责任编辑：马文哲　　文字编辑：底　波
印　　刷：北京宝隆世纪印刷有限公司
装　　订：北京宝隆世纪印刷有限公司
出版发行：电子工业出版社
　　　　　北京市海淀区万寿路 173 信箱　邮编：100036
开　　本：787×1 092　1/16　印张：11.5　字数：294.4 千字
版　　次：2024 年 9 月第 1 版
印　　次：2024 年 9 月第 1 次印刷
定　　价：89.00 元

凡所购买电子工业出版社图书有缺损问题，请向购买书店调换。若书店售缺，请与本社发行部联系，联系及邮购电话：（010）88254888，88258888。

质量投诉请发邮件至 zlts@phei.com.cn，盗版侵权举报请发邮件至 dbqq@phei.com.cn。

本书咨询联系方式：chenwk@phei.com.cn，（010）88254441。

现代电子机械工程丛书

编委会

丛书序

Preface

电子机械工程的主要任务是进行面向电性能的高精度、高性能机电装备机械结构的分析、设计与制造技术的研究。

高精度、高性能机电装备主要包括两大类：一类是以机械性能为主、电性能服务于机械性能的机械装备，如大型数控机床、加工中心等加工装备，以及兵器、化工、船舶、农业、能源、挖掘与掘进等行业的重大装备，主要是运用现代电子信息技术来改造、武装、提升传统装备的机械性能；另一类则是以电性能为主、机械性能服务于电性能的电子装备，如雷达、计算机、天线、射电望远镜等，其机械结构主要用于保障特定电磁性能的实现，被广泛应用于陆、海、空、天等各个关键领域，发挥着不可替代的作用。

从广义上讲，这两类装备都属于机电结合的复杂装备，是机电一体化技术重点应用的典型代表。机电一体化（Mechatronics）的概念，最早出现于 20 世纪 70 年代，其英文是将 Mechanical 与 Electronics 两个词组合而成，体现了机械与电技术不断融合的内涵演进和发展趋势。这里的电技术包括电子、电磁和电气。

伴随着机电一体化技术的发展，相继出现了如机-电-液一体化、流-固-气一体化、生物-电磁一体化等概念，虽然说法不同，但实质上基本还是机电一体化，目的都是研究不同物理系统或物理场之间的相互关系，从而提高系统或设备的整体性能。

高性能机电装备的机电一体化设计从出现至今，经历了机电分离、机电综合、机电耦合等三个不同的发展阶段。在高精度与高性能电子装备的发展上，这三个阶段的特征体现得尤为突出。

机电分离（Independent between Mechanical and Electronic Technologies，IMET）是指电子装备的机械结构设计与电磁设计分别、独立进行，但彼此间的信息可实现在（离）线传递、共享，即机械结构、电磁性能的设计仍在各自领域独立进行，但在边界或域内可实现信息的共享与有效传递，如反射面天线的机械结构与电磁、有源相控阵天线的机械结构-电磁-热等。

需要指出的是，这种信息共享在设计层面仍是机电分离的，故传统机电分离设计固有的诸多问题依然存在，最明显的有两个：一是电磁设计人员提出的对机械结构设计与制造精度的要求往往太高，时常超出机械的制造加工能力，而机械结构设计人员只能千方百计地满足其要求，带有一定的盲目性；二是工程实际中，又时常出现奇怪的现象，即机械结构技术人员费了九牛二虎之力设计、制造出的满足机械制造精度要求的产品，电性能却不满足；相反，机械制造精度未达到要求的产品，电性能却能满足。因此，在实际工程中，只好采用备份的办法，最后由电调来决定选用哪一个。这两个长期存在的问题导致电子装备研制的性能低、周期长、成本高、结构笨重，这已成为制约电子装备性能提升并影响未来装备研制的瓶颈。

随着电子装备工作频段的不断提高，机电之间的互相影响越发明显，机电分离设计遇到的问题越来越多，矛盾也越发突出。于是，机电综合（Syntheses between Mechanical and Electronic Technologies，SMET）的概念出现了。机电综合是机电一体化的较高层次，它比机电分离前进了一大步，主要表现在两个方面：一是建立了同时考虑机械结构、电磁、热等性能的综合设计的数学模型，可在设计阶段有效消除某些缺陷与不足；二是建立了一体化的有限元分析模型，如在高密度机箱机柜分析中，可共享相同空间几何的电磁、结构、温度的数值分析模型。

自 21 世纪初以来，电子装备呈现出高频段、高增益、高功率、大带宽、高密度、小型化、快响应、高指向精度的发展趋势，机电之间呈现出强耦合的特征。于是，机电一体化迈入了机电耦合（Coupling between Mechanical and Electronic Technologies，CMET）的新阶段。

机电耦合是比机电综合更进一步的理性机电一体化，其特点主要包括两点：一是分析中不仅可实现机械、电磁、热的自动数值分析与仿真，而且可保证不同学科间信息传递的完备性、准确性与可靠性；二是从数学上导出了基于物理量耦合的多物理系统间的耦合理论模型，探明了非线性机械结构因素对电性能的影响机理。其设计是基于该耦合理论模型和影响机理的机电耦合设计。可见，机电耦合与机电综合相比具有不同的特点，并且有了质的飞跃。

从机电分离、机电综合到机电耦合，机电一体化技术发生了鲜明的代际演进，为高端装备设计与制造提供了理论与关键技术支撑，而复杂装备制造的未来发展，将不断趋于多物理场、多介质、多尺度、多元素的深度融合，机械、电气、电子、电磁、光学、热学等将融于一体，巨系统、极端化、精密化将成为新的趋势，以机电耦合为突破口的设计与制造技术也将迎来更大的挑战。

随着新一代电子技术、信息技术、材料、工艺等学科的快速发展，未来高性能电子装备的发展将呈现两个极端特征：一是极端频率，如对潜通信等应用的极低频段，天基微波辐射天线等应用的毫米波、亚毫米波乃至太赫兹频段；二是极端环境，如南北极、深空与临近空间、深海等。这些都对机电耦合理论与技术提出了前所未有的挑战，亟待开展如下研究。

第一，电子装备涉及的电磁场、结构位移场、温度场的场耦合理论模型（Electro-Mechanical Coupling，EMC）的建立。因为它们之间存在相互影响、相互制约的关系，需在已有基础上，进一步探明它们之间的影响与耦合机理，廓清多场、多域、多尺度、多介质的耦合机制，以及多工况、多因素的影响机理，并将其表示为定量的数学关系式。

第二，电子装备存在的非线性机械结构因素（结构参数、制造精度）与材料参数，对电子装备电磁性能影响明显，亟待进一步探索这些非线性因素对电性能的影响规律，进而发现它们对电性能的影响机理（Influence Mechanism，IM）。

第三，机电耦合设计方法。需综合分析耦合理论模型与影响机理的特点，进而提出电子装备机电耦合设计的理论与方法，这其中将伴随机械、电子、热学各自分析模型以及它们之间的数值分析网格间的滑移等难点的处理。

第四，耦合度的数学表征与度量。从理论上讲，任何耦合都是可度量的。为深入探索多物理系统间的耦合，有必要建立一种通用的度量耦合度的数学表征方法，进而导出可定量计算耦合度的数学表达式。

第五，应用中的深度融合。机电耦合技术不仅存在于几乎所有的机电装备中，而且在高端装备制造转型升级中扮演着十分重要的角色，是迭代发展的共性关键技术，在装备制造业的发展中有诸多重大行业应用，进而贯穿于我国工业化和信息化的整个历史进程中。随着新科技革命与产业变革的到来，尤其是以数字化、网络化、智能化为标志的智能制造的出现，工业化和信息化的深度融合势在必行，而该融合在理论与技术层面上则体现为机电耦合理论的应用，由此可见其意义深远、前景广阔。

本丛书是在上一次编写的基础上进行进一步的修改、完善、补充而成的，是从事电子机械工程领域专家们集体智慧的结晶，是长期工作成果的总结和展示。专家们既要完成繁重的科研任务，又要于百忙中抽时间保质保量地完成书稿，工作十分辛苦。在此，我代表丛书编委会，向各分册作者与审稿专家深表谢意！

丛书的出版，得到了电子机械工程分会、中国电子科技集团公司第十四研究所等单位领导的大力支持，得到了电子工业出版社及参与编辑们的积极推动，得到了丛书编委会各位同志的热情帮助，借此机会，一并表示衷心感谢！

中国工程院院士

中国电子学会电子机械工程分会主任委员 段宝岩

2024 年 4 月

前言

Foreword

伴随着电子装备技术的发展，电子机械科学与技术取得了长足进步，其在我国高端电子装备设计与制造的发展与演进历程中，做出了重要贡献，发挥着不可替代的作用。

电子机械工程（Electromechanical Engineering）与机电一体化（Mechatronics）有着很深的渊源与联系。电子机械工程主要研究电子与信息系统中机械结构设计与制造的问题，其目的是保障电性能的实现与提高。这一保障作用，经历了被动、半主动与主动三个主要阶段。

20 世纪 80 年代以前，属于被动阶段。电子机械工程主要研究保障电子装备正常工作的防护问题，集中在三个方面。一是防冲击、振动。研究各种被动的减振、隔振技术，因为电子装备比一般机械装备，对振动与冲击的限定更为严格，故该研究有其特殊性。二是散热技术。研究各种散热技术，基本上是被动的，多属于通风散热。三是电磁兼容（EMC）技术。因为那时的工作频段与集成度不高，电磁屏蔽问题虽然有，但矛盾不是很尖锐，所以解决办法也多是被动的。

20 世纪 80 年代末至 21 世纪初，随着电子装备的发展，工作频段逐渐高起来，部件集成度趋高，服役环境恶劣，对上述三方面技术的要求变得高起来，于是，保障作用由被动向半主动方向发展。

进入 21 世纪，电子装备呈现出高频段、高增益，高密度、宽频带、高功率、小型化，快响应、高精度的发展趋势，对电子装备的防护技术提出了前所未有的挑战，自然对电子机械工程提出了更高的要求。这导致以前的被动、半主动的防护技术已很难奏效，迫切需要主动防护技术。与之相伴的，出现了新的理论、方法与技术，如机电耦合理论，包括多场耦合理论模型的建立、非线性机械结构因素对电性能影响机理、机电集成设计、综合设计平台等。

可以预见，随着高性能、高精度电子装备向着极高频段、极高功率、极端服役环境的方向进一步发展，机械结构在整个电子装备研制中的作用将越发重要、关键，其不仅是电子装备电性能实现的载体和保障，而且往往制约着电性能的实现与提高。与之相伴的，对电子机械工程的人才培养也提出了前所未有的新期望，要求从业人员不仅需熟知机械结构、热等知识，还必须熟知电子与电磁方面的知识，方可胜任工作。可见，电子机械工程任重而道远。

本书是作者过去多年科研工作的体会与总结。本书第 1、2、7、8 章由段宝岩执笔，第 4 章由邵晓东执笔，第 3、5、6 章由邵晓东与段宝岩共同执笔。

因水平所限，本书难免存在不妥甚至错误的地方，敬请指正。

作　者

2024 年 4 月

目录

Contents

Chapter 1

第 1 章 绪　论

【概要】

本章回顾了电子机械工程的发展历程，提出了电子机械结构设计中的科学和技术问题，展望了电子机械工程的未来发展趋势。

1.1 电子机械工程发展历程

顾名思义，电子机械工程是指专门研究电子与信息系统中的机械结构的分析、设计、测控以及制造问题的一门学科，其研究的对象和内容不同于常规机械工程。

1.1.1 电子机械工程与电子装备

高端装备是国之重器，装备制造业的发展则是制造强国的扛鼎基石。在全球数字化、网络化、智能化制造发展趋势下，我国高端装备特别是复杂机电装备的设计与制造技术，正面临着迭代升级、突破瓶颈的重大挑战！

我国工业制造目前正经历从 2.0、3.0 到 4.0 的并行发展之中，仍在机械化、电气化、自动化、智能化的道路上砥砺前行，机电一体化、自动化、智能化等装备制造在系统设计、共性问题、关键技术、制造工艺等方面，出现了一些掣肘难题，亟须解决从中低端制造迈向高端制造的核心技术和制约问题，实现技术演进的代际跨越。

高精度、高性能复杂机电装备广泛应用于国防建设、国民经济等高新技术的各个重点行业领域，是装备制造迭代发展、转型升级的主力支撑，其设计与制造水平是国家整体科技水平与实力的重要体现。高性能机电装备主要包括两大类：一类以机械性能为主，电性能服务于机械性能，如大型数控机床、加工中心等加工装备，以及兵器、化工、船舶、农业、能源、交通、工程机械等行业重大装备，主要是运用电子信息技术来改造、武装、提升传统装备的机械性能；另一类则是以电性能为主，机械性能服务于电性能的电子装备，如雷达、计算机、天线、射电望远镜等，其机械结构主要用于保障特定电磁性能的实现，广泛应用于陆、海、空、天等各个关键领域，发挥着“千里眼”“顺风耳”“智能中枢”“神经系统”等信息探测、感知、处理和传递的核心作用。

电子装备是机电结合的系统，其主要由机械结构与电磁（气）两大部分组成，机械结构不仅是电性能实现的载体与保障，且往往制约着电性能的实现与提高。以图 1-1 所示的服役于探月工程的 40m 口径 S/X 双频段天线为例，其任务是完成对月球探测器的信息接收与测轨。在各种环境载荷作用下，天线会产生结构变形等系统误差，加上加工与装配中带来的随机误差，如果指向精度发生 0.5°的偏差，则对 38 万千米之外的月球探测器所带来的指向偏差相当于从纽约到北京，将丢失目标。另外，一般而言，反射面的形面误差要求低于波长的 1/30，若仅到波长的 1/16 的话，则作用距离减半，天线就收不到月球探测器返回的信号了。

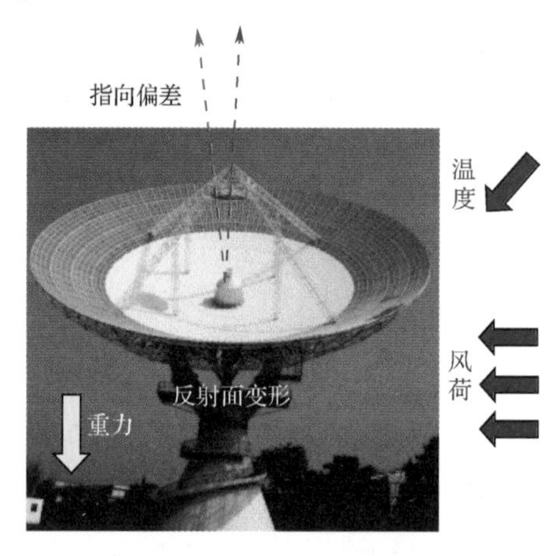

图 1-1　某 40m 口径 S/X 双频段天线

显然，欲实现并提高电子装备性能，必须深入进行关于电子装备机械结构的研究，从源头上解决影响装备性能提升的问题。

对电子装备中电子机械结构而言，天馈系统、伺服系统、机动方舱、机箱机柜等又是典型代表，发挥着十分关键的作用。现代战争对电子装备提出了高精度、快响应的要求，而电子装备的高频段、小型化的特点以及其所处的恶劣环境，则要求装备结构具有优良的散热性能、电磁屏蔽性能以及抗冲击振动性能。

从学科的角度看，有关电子装备机械结构特性的研究属于电子机械工程的学科范畴。电子机械工程是一门新兴的交叉与边缘学科，是电子信息技术中不可缺少的一个重要方面。它从电子（磁）与机械两门学科的交叉点入手，剖析它们内在的耦合机理，以发现提高电子装备电性能的机械结构设计参数、分析方法与具体的工程实现措施。电子机械工程学科在发达国家得到了高度重视并取得了快速发展。

值得指出的是，电子机械工程与通常所说的机械学科中的机电一体化（机械电子工程）有所不同。前者着重研究雷达、天线、导航等电子装备中的机械与结构特性，后者的主要研究对象则是数控机床、工程机械等机电一体化设备；前者从电子与机械结合的角度，致力于装备电性能的实现，后者则通过引入电子技术，以改进设备的机械性能。

除武器装备外，电子机械在民用高科技领域也发挥着重要作用，如大型客机上的电子设备、导航通信卫星上的电子设备，用于天文观测的特大型反射面天线等。开展对电子装备结构系统而深入的研究，可有力促进电子机械工程学科的发展，并有效增强我军在现代化战争中的实力，推进国家高科技企业的技术进步。

1.1.2　电子机械一甲子

随着国家对电子装备机械结构设计需求的不断提升，一个专门解决电子与信息系统中的机械结构问题的研究领域应运而生，即电子机械工程。

在电子机械工程领域正式出现之前，已经出现了培养这方面高级专门人才的专业，这就是成立于 1963 年的西军电（中国人民解放军军事电信工程学院，简称西军电；1988 年更名为西安电子科技大学，简称西电）的“无线电设备结构设计与工艺”本科专业。该专业是我国最早建立的以机为主、机电结合的交叉与边缘学科之一，其代表人物是当时在西军电执教的以叶尚辉教授为代表的老一辈专家学者。之后，国内有多所高等院校也相继设立了同类专业，包括成都电讯工程学院（现名电子科技大学）、南京工学院（现名东南大学）、上海科技大学（现名上海大学）、北京邮电大学、桂林电子科技大学、杭州电子科技大学、北京信息科技大学等。

1978 年国家恢复研究生招生时，本学科（西军电）积极响应，招收了第一批硕士研究生。叶尚辉教授于 1983 年被国家遴选为本学科的博士生导师，同年入围国务院学位委员会（电子）机械工程学科评议组成员，1986 年西军电成为我国电子机械工程领域的第一个博士学位授权点。之后，相继有多所大学获批博士学位授权点，我国电子机械工程领域进入发展的快车道。

经过一甲子的不懈奋斗，我国电子机械工程学科专业，坚持面向国际学术前沿与国家重大需求，潜心电子机械工程领域高级专门技术人才的培养，取得了长足进步，如先后构建了包括机械设计制造及其自动化、测控技术与仪器、自动化、电子封装技术在内的专业群和（电子）机械工程、控制科学与工程、仪器科学与技术构成的学科群，初步形成了机电交叉特色鲜明的人才培养体系。

为进一步推进我国电子机械领域科学研究、学术交流、人才培养工作，电子机械工程分会于 1981 年秋季在承德成立，它隶属于中国电子学会，周文盛局长为第一届学会主任委员，如图 1-2 所示。电子机械工程分会于 1985 年创建了学会会刊《电子机械工程》，为广大电子机械技术人员开辟了专门的学术交流园地，叶尚辉教授任首届编委会主任。1988 年，电子机械工程分会领衔召开了我国首届机电一体化国际学术会议，该会议由我国 13 个一级学会联合召开，取得了巨大成功。

接下来，电子机械工程领域的科学研究与工程应用也同步取得了快速发展，并逐步融入了国际学科主流、进入了国际学术前沿。尤其在大口径天线方面的研究表现突出，如在 20 世纪 60 年代完成我国 5m 口径轮轨式反射面天线研制的基础上，积极瞄准国际天线研究的前沿领域发力；20 世纪 70 年代开展了我国第一台毫米波射电望远镜天线和第一台 10m 轮轨式地面站天线座的研制；20 世纪 80 年代，提出并进行了大型天线保型优化设计、天线机电综合设计的研究工作。在电子装备结构计算机辅助设计、分析与优化领域取得了一批重要成果。研制了我国首台 25m 轮轨天线，现在仍服役于新疆天文台；20 世纪 90 年代，在机电耦合理论与方法、柔性结构控制、多柔体动力学、多学科设计优化等领域开展了深入研究，取得了一批有显示度的科研成果，实力显著增强。

图 1-2　电子机械工程分会（承德）成立大会合影

进入 21 世纪，更有一批世界领先水平的大口径天线落成，如已运行的中国天眼 FAST 500m 口径射电望远镜，探月工程的 40m 口径 S/X 双频段天线（云南），天问一号 66m 口径 S/X/双频段波束波导（佳木斯）、35m 口径 S/X/Ka 三频段（新疆喀什）以及 70m 口径 S/X/Ku 三频段（天津武青）全可动天线，甚长基线（VLBI）测轨分系统 65m 口径（上海 TM）射电望远镜天线，以及建设中的全球最大的全可动天线——QTT110m 口径射电望远镜（新疆），其工作频段已从早期的 L、S 频段（1～4GHz）发展到现在的 X 频段（8～12GHz）、Ka 频段（27～40GHz）甚至 W 频段（80～100GHz）。而根据传统的天线理论，天线反射面的形面误差（RMS）一般要求不超过工作波长的 1/30。以建设中的 QTT110m 口径射电望远镜为例，要达到 115GHz 的观测频率，其形面误差（RMS）初期要达到 0.3mm，长期稳定运行时要达到 0.2mm。这对一个接收反射面积达 22 个篮球场、30 层楼高、5500t 重的全可动的超大金属结构而言，挑战之大可想而知。此外，稳定、精准的伺服控制也是保证其指向精度的关键因素，如 QTT110m 口径射电望远镜，其迎风面积高达 10920m^2，但要求在 6 级风时具备 0.001°/s 的低速跟踪能力和 2.5 角秒的指向精度。

更为重要的是，电子装备机械结构设计的代际演进加快，无论从设计理念、设计方法乃至设计手段上，都取得了较快的发展。概括起来讲，电子装备设计经历了三个主要阶段，即机电分离（Independent between Mechanical and Electronic Technologies，IMET）、机电综合（Syntheses between Mechanical and Electronic Technologies，SMET）设计乃至机电耦合（Coupling between Mechanical and Electronic Technologies，CMET）设计。在这三个阶段中，分析的信息还是共享的，但共享的层面不同，如对 IMET，信息要靠人为传递，因而效率、准确性与完备性受到限制。

在传统设计中，机械结构（包括热）与电磁（气）设计是分离进行的。具体步骤是，电磁（气）设计人员依据工作频段与服役环境，提出对机械结构设计与制造精度的要求，而机械结构工程师的任务就是千方百计地去满足这一要求，带有较大的盲目性。这就带来两个问题：一是电磁（气）设计人员提出的设计与制造精度太高，往往超出机械结构设计与制造的能力；二是有时机械结构精度要求满足了，而电性能却不满足。这导致电子装备研制的周期长、成本高、结构笨重，严重制约了其整体性能的提高并影响下一代装备的研制。机电分离设计是 1980 年以前的事情，因为那时电子装备的工作频段较低，传统的分离设计还可以满足要求。第二阶段为 1980—2010 年，随着工作频段的提高，机电之间的相互影响明显了，机电分离设计遇到的问题越来越多，无法满足要求，于是出现了机电综合设计。2010 年以后，不仅工作频段进一步提高，带宽加大，而且组装密度越来越高、体积越来越小。这使得机电之间的联系更为紧密、密不可分，呈现出强耦合的特征，从而进入机电耦合设计的新阶段。

1.1.3　电子装备机械结构设计存在的问题

如上所述，作为电子装备电性能实现的载体与保障，其机械结构设计与制造的首要任务就是要明确影响电性能的主要因素与主要矛盾，进而设法解决它。

1. 结构设计时常滞后于电磁（气）设计

从电子管到晶体管，再到集成电路，电子产品设计经历了几次大的历史性跨越，出现了电子装备高密度、小型化的新趋势。然而，由于结构设计仍以经验设计为主，致使承载电子元器件的机箱机柜的形式多年来变化不大，表现为新一代高功率、高密度电子组装模块仍被安装在老式机箱中，通风散热、电磁屏蔽问题突出，装备结构难以很好地满足现代高性能电子装备的需求。

例如，集成电路设计和制造技术使得空警-2000 预警机的相控阵天线中 2000 多个 T/R 组件仅重 1.2t，而结构总重却达 13.5t，其中的传输电缆就重达 3t。这从一个侧面表明，装备结构设计理论与技术的发展滞后于电气设计理论与方法的发展，已成为制约电子装备性能提升的主要矛盾。

电子装备工作处于多场耦合的环境中，而仅从单一学科或技术进行研究，难以获得系统的优化。从多学科交叉融合与多域技术跨界的角度出发，兼顾可靠性与人机工程，寻求面向全性能和全系统的电子装备优化方法，是现代电子装备结构设计理论与方法的研究重点，但该方法在电子装备研制中的应用还很有限。

随着科技的进步和研究的需要，机、电、热等学科的分析软件大量出现，虚拟样机技术、数字孪生技术方兴未艾。异构软件的三维数字化集成设计、具有沉浸感的虚拟环境仿真、虚实融合的数字孪生样机，必将为现代电子装备机械结构的创新设计提供有力的技术支撑，但其距型号研制应用还有距离。

2. 对多物理场耦合的认识不足

在现代方舱、高密度组装系统、机箱、机柜设计中，遇到的一个理论问题是结构位移场、温度场与电磁场间的三场耦合。

在新概念、新体制雷达中，电磁信号的发射、接收、传输、增强、消减、隔离、跟踪、干扰、反干扰等性能的实现，都涉及作为其载体的特殊机械载体的结构位移场、电磁场、温度场的相互耦合问题。

大型反射面天线、高密度阵列（有源、无源）天线等由于重力、风荷等因素而产生的结构位移场，对天线的电性能有显著影响。同时，高功率 T/R 组件产生的热，不仅会影响电磁场，而且热不均匀性还会引起天线变形，进而影响电磁场。此外，星载天线在太空承受非常大的温差，使得在常温下设计的天线性能无法在太空环境中得到保证。

在电子装备结构的传统设计中，由于设计人员对场耦合关系缺乏深刻的认识，结构设计、电气设计与加工工艺要分离进行。电气设计人员为了满足装备的电性能指标要求，往往对结构和工艺设计提出比较苛刻的要求，结果造成加工难度大，制造成本高。面对电子装备中日益严重的场耦合问题，现有的电磁设计、机械结构设计和工艺设计相分离的传统模式显得无能为力。

3．抗恶劣环境能力不足

电子装备的抗恶劣环境能力主要包括三个方面的问题：热控制、电磁兼容以及抗冲击振动。

热控制问题：电子装备呈现出的高密度、高功率、小型化发展趋势，使得热控问题越来越突出。据不完全统计，在电子装备发生的故障中，有 60%左右的故障是由于装备结构造成的，而在装备结构故障中，散热失效等引起的故障又占 50%左右。传统的结构散热设计往往无法满足要求，这不仅需要探索新的散热策略、途径与方式，而且应发现新型导热材料。

电磁兼容问题：电子装备工作频段不断升高，使得电磁辐射问题越来越不可忽略。在目前的电子装备结构设计中，缺少有关辐射的设计规范，往往是凭经验进行的，等到产品出来之后，发现辐射超标，再寻找补救措施或降低标准。在机箱机柜中，模块怎样摆放有利于散热？在印制电路板上，线路怎样排布可降低电磁干扰？可以保障信号完整性？这些都是需要下功夫解决的问题。因此，我们还需要深入研究电子装备的电磁兼容性设计理论与方法，电磁兼容性分析和预测的数值仿真专用行业软件，高屏蔽效能、抗强电磁干扰以及防信息泄露与电气互联等技术。

抗冲击振动问题：电子装备安装平台的多元化使得对其抗冲击振动的要求越来越高。例如，舰载密集阵武器系统的 1130 转管炮每分钟发射上万发炮弹，导致与火炮固连的跟踪与制导雷达产生强烈振动，严重影响雷达对目标的跟踪精度。此外，机载、星载（发射时）、舰载、车载等恶劣环境对机箱机柜产生高强度的振动与冲击。这些无疑对高效振动防护与控制技术提出了新的挑战。

4．结构设计与控制系统设计分离

在传统电子设备伺服系统设计中，机（结）构设计与控制设计分离，设计人员缺乏将结构与控制进行集成设计的意识，同时也缺少相应的设计理论与方法，其结果是机电参数难以优化匹配，结构与控制不能很好地协调。

为实现雷达波束的高精度、快响应的目标，要求相应的支撑座架与伺服系统具有精确的跟踪、定位精度和很高的跟踪速度。对此，定性地讲，机械结构参数、装配精度、摩擦、齿隙等因素都对伺服系统的性能产生影响，但具体设计是需要定量的，这就需要探明具体的影响机理，进而指导工程实际。

5．电子装备分析与设计的工业软件欠缺

电子装备分析与设计需要多种工业软件工具的支持，否则，难以做到量化分析与精确设计，创新也就无从谈起。遗憾的是，目前可用的高端工业软件大多依赖进口，据不完全统计，目前我国高端制造业中的电子、航空、机械领域的研发设计软件大多为外购，对外依赖率分别高达90%、85%及70%。与电子装备设计分析紧密相关的，如计算机辅助设计与造型的CAD（UG、Pro/E、CATIA、Ideas）、结构与机械分析的ANSYS/ADAMS、热分析的FloTHERM/ICEPAK、电磁分析的HFSS/FEKO对外依赖率较高，这对我们实现科技自立自强是非常不利的。为此，亟待研制面向电子装备分析与设计的知识型工业软件，逐步并最终摆脱对国外软件的依赖。

1.2 电子机械工程科学与技术问题

电子机械工程面临多个科学与技术问题等待深入研究，亟待涅槃重生式的理念破茧、原理创新、方法提升、技术突破、工具支撑。为此，我们需勇敢面对、潜心解决以下几个核心科学与技术问题。

1.2.1 机电耦合理论与技术

首先需要建立电子装备的电磁场、结构位移场、温度场的场耦合理论模型，因为三场间存在着图1-3所示的有机联系与深度依赖。

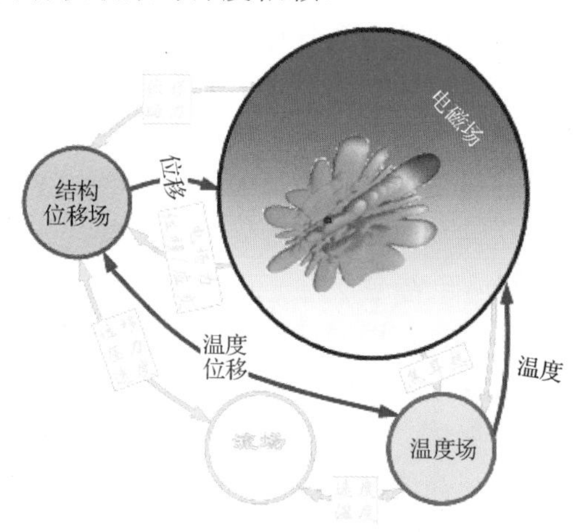

图1-3 电子装备的场耦合关系示意图

基本思路首先是从描述各物理场的微分方程出发，引入场关联特征量，进而导出场耦合理论模型。

其次是探明非线性机械结构因素对电性能的影响规律、揭示影响机理，机械结构因素包括结构参量与制造、装配因素。可从两条主要途径进行：一是演绎的办法，根据某些已有的局部的公式或定量关系，可找出某些影响规律；二是归纳的办法，即收集整理工程实际中已有的海量数据，这些数据可能是成功的经验或失败的教训，通过数据挖掘技术，发现有用的影响规律。

最后，如果说建立场耦合理论模型、探明机械结构因素对电性能的影响机理是认识世界的话，那么我们的目的应是改造世界，具体到电子装备，就是机电耦合设计。于是，任务就是提出基于场耦合理论模型与影响机理的机电耦合设计的理论与方法。

1.2.2　电子装备的环境（热、冲击、EMC）适应性与可靠性

电子装备在强烈的振动与冲击下如何防止失效而可靠地工作；在严酷的环境中电子装备的温度控制，使电子元器件温度不超过允许值；电子装备抵御外界电磁干扰的能力和避免自身对环境的电磁污染；此外，还有防潮、防霉、防盐雾腐蚀以及防原子、防生物化学武器等。这些涉及机械学、传热学、电磁场理论、环境科学、化学、材料学等多门学科，而且设计中还必须将各种防护措施加以综合、统一来考虑。

如何将成千上万的电子元器件正确而有效地连接、组装与布局，组成一个整机或系统。在组装过程中，内部要考虑各电子元器件间的互相影响，外部要考虑各种环境因素的影响，最终必须保证其高可靠性、易维修性与易操作性。目前，电子组装已发展到表面贴装及微组装层面。在微组装中，电路、结构、工艺密不可分。另外，为了使操作人员高效地工作，人机工程学也不容忽视。

1.2.3　电气互联与智能制造技术

与常规机械制造相比，电子装备制造既有相同部分，也有不同部分。相同部分包括车、磨、刨、铣、焊接、装配等常规加工手段，但注意，虽然这些加工手段相同，但目的不同，这里是要保证电性能的，因此，所有机加工的工艺路线都应以满足电性能为根本宗旨。以焊接为例，机载平板裂缝天线的辐射波导、耦合波导以及激励波导，在完成各自的加工后，需在每两层之间加入焊料，然后放进盐溶液或真空焊容器中加温至600℃，再以合适的降温梯度曲线降至常温。实际工程中存在的问题是，前面机加工再精确，后面的焊接工艺若掌握不好，就把前面的精度都作废了，无法保证阵面平面度要求，结果也就保证不了天线的电性能要求。又如QTT110m全可动射电望远镜天线，其所要求的2.5角秒的指向精度，由反射体、座架以及轮轨来保证，轮轨的精度要求十分苛刻，自然对其焊接精度的要求也是极高的。

电子装备的制造中还有众多微小系统与基础件的制造问题，如5G通信基站的射频前端与天线的集成制造技术、基于SoC、SiP、SoP等3S的制造技术、各种电子封装技术等。

另外，电气互联技术，是与常规机械制造完全不同的制造技术，如各种印制电路板中印刷电路的加工技术、机箱机柜内多种部件的连接与固定技术、接插件技术、系统级的电磁兼容技术等。

1.2.4 特种电子装备

某些特殊用途的电子装备，必须采用特殊的结构，如超大或超柔结构，其典型代表就是新一代大射电望远镜与星载可展开天线。

星载可展开天线，由于火箭整流罩尺寸的限制，卫星上的天线一般采用可折叠的形式，地面发射时收拢，进入太空轨道后自动展开。同时为了减轻质量，有的应用索网结构或薄膜结构代替常用的金属作为天线反射面与阵面，这种索网结构和薄膜结构均属于柔性结构。另外，欲使天线具有足够的增益，天线口径也越来越大，这就加大了设计与制造的难度。所以，大型卫星可展开天线不仅为柔性结构且为超大型结构。

位于贵州省平塘县的中国天眼 FAST 500m 球面射电望远镜（见图 1-4）是世界最大的单口径望远镜，其利用自然形成的类似超级大锅形状的喀斯特地貌建设不动的主反射面，而通过馈源的方位与俯仰运动来实现对遥远射电源的高精度跟踪。为从根本上消除美国 Arecibo305m 口径望远镜天线的三大不足，设计师于 1995 年提出了光机电一体化创新设计方案，并先后研制了一个 5m 与两个 50m 缩比实验天线，突破了关键技术。在利用大跨度柔索来实现馈源支撑与驱动的光机电一体化变革式创新设计中，以六根大跨度的柔性索代替刚性结构，每根悬索由一套伺服系统驱动，六套伺服系统由一个中央控制计算机负责协调控制，从而将美国 Arecibo 式的 500m 口径天线的馈源及其支撑与驱动系统的自重由近万吨降至 30t，具有颠覆性。同时采用主动主反射面的思想，即 500m 的球反射面由 4500 个小的三角形板拟合而成，每个小三角形板背面由三个驱动器使其可按要求改变姿态，从而可使被照明部分实时变成抛物面，线馈源带宽受限的问题得以解决。该射电望远镜不但尺寸超大（500m），而且大跨度的六根悬索属于超柔结构。为实现馈源毫米级的动态定位精度要求，特在馈源舱内安装精调 Stewart 平台。另外，为减轻对精调平台的压力，又在馈源舱与精调平台间加入了 A/B 轴。

（a）整体鸟瞰图

（b）馈源舱-柔索驱动图

图 1-4 中国天眼 FAST 500m 球面射电望远镜

1.2.5 电子装备机电耦合设计

电子装备作为一种典型的机电结合的设备，其结构特性和电磁特性是相互影响、相互制约的，必须从机电耦合、学科交叉的角度出发，才能设计出高性能的电子装备。因此，耦合设计成为首选手段，用于典型电子装备的结构设计，包括天线部分、伺服系统以及高密度机箱等。

1．天线机电耦合设计

研究人员早在20世纪60年代就注意到天线的结构和电性能是有内在联系的，天线结构设计人员也开始研究结构参数对天线电性能的影响。在此期间取得了一系列的研究成果，并引入最佳吻合抛物面和保型设计的理论，汇总于20世纪80年代出版的几本有关天线的专著。这些专著的内容包括天线电磁设计、结构设计以及天线座的伺服系统设计，几乎覆盖了天线涉及的全部领域，成为国内反射面天线设计的经典著作，并一直沿用到现在。

进入21世纪以来，国内的研究人员在最佳吻合抛物面、保型设计理论和机电集成设计思想的基础上，经过长期研究发现，天线的结构参数和电性能参数是通过场的形式相互作用的，其结构位移场和电磁场是耦合的。由此提出了反射面天线机电耦合理论模型，并开展了机电耦合优化设计工作。同时，将机电耦合理论推广到其他的天线形式，如平板裂缝阵天线、有源相控阵天线。机电耦合的设计思想还被应用于天线伺服系统的分析与设计。这些工作将国内的天线结构设计水平提高到一个新的高度。

遗憾的是，对目前反射面天线机电耦合优化设计而言，对电性能的考虑还是从 Ruze 公式出发的，而没有真正应用机电耦合理论模型。基本思路是，通过结构变形计算反射面的面形精度，然后由面形精度根据 Ruze 公式得出增益损失。这带来两个问题：一是单一的面形精度指标难以全面反映天线的结构变形与误差分布；二是增益并非天线追求的唯一电性能指标，还有副瓣电平、指向精度等，而且，在某些服役场景下，对副瓣电平与指向精度的关注度更高。这些都是当前的机电耦合设计所欠缺的。

2．雷达天线伺服系统集成设计

伺服系统被广泛应用于雷达、射电望远镜、激光与微波武器、激光通信等领域，对其基本要求是指向准确、快速、灵巧、轻便。其中的高指向精度与快响应又是最为关键的。

一般而言，伺服系统包括机（结）构与控制两部分。两者是相互影响、相互制约的，伺服系统性能不仅与各自的设计水平密切相关，而且取决于它们的交叉融合。因为机（结）构不仅是控制性能实现的载体与保障，且往往制约着控制性能的实现与提高，如伺服控制带宽依赖于机（结）构的固有频率，反过来，控制又会影响机（结）构设计。因此，机（结）构与控制的集成设计是必由之路。

遗憾的是，在传统的雷达天线伺服系统设计中，两者却是相分离的，即分别单独设计机械结构和控制系统，再进行调校以达到要求的指标。如果在控制设计时未能充分考虑伺服子系统结构的特性，则将导致伺服跟踪性能降低，甚至无法达到要求的性能指标。同时，在机械结构设计时如果未能充分考虑控制力（力矩）的作用，就不能得到最佳机械结构设计。这种分离设计导致伺服产品研制的周期长、成本高、性能差、结构笨重。为此，必须进行机（结）构与控制的集成设计，以实现控制与机（结）构性能的全优。

3. 高密度机箱机柜机电耦合设计

在高密度机箱机柜设计中，结构刚强度、通风散热及电磁兼容三者既有相互依存的一面，又有相互矛盾的一面，是对立统一的。具体体现在：一是质量与刚强度的矛盾，不仅要求结构的刚强度高，又要求体积小、质量轻，尤其是机载、弹载设备；二是电磁屏蔽效果与通风散热的矛盾，大的孔缝有利于散热却不利于电磁屏蔽，而过高的温度又会影响电子元器件的效能。

常见的机箱机柜设计是结构刚强度、电磁兼容及通风散热三方面的要求分别考虑，给出各自设计方案，由于出发点和目的不尽相同，方案之间会有冲突。这就依赖于总设计师，依据经验进行平衡与取舍，进而得出可行的设计方案。在早期各方面要求不高时，这是一种有效的设计方法，但随着各方面要求的提高，这种机电热分离的设计方法越来越难以满足要求。因而需从多场耦合的角度出发，建立多场耦合理论模型，进而提出基于多场耦合理论模型的多学科优化模型，进行机电热耦合设计。

1.2.6　电子装备的测试与评价方法

电子装备的测试是机电耦合理论与方法得以应用的基础，因为没有对基本量的测试数据，所以无法进行基于机电耦合技术的迭代设计与控制。对电子装备机电场耦合理论与影响机理评价，包含正确性与有效性，具体包括两方面：一是机电耦合的测试方法，包括测试因素耦合度建模及计算、测试技术及测试数据库的构建；二是机电耦合综合评价方法，包括评价体系构建及评价计算方法。

机电耦合的测试方法是针对电子装备，基于综合集成的思路，研究经济、有效的机电耦合测试策略、方法与技术，通过新的测试策略、方法以及技术的应用，来提高电子装备测试的效率和技术水平，指导综合测试系统的建立和典型案例的测试。具体内容包括机械量、电参数的测量新技术和测试策略研究，以及基于数据集成的机电综合测试系统研究。

机电耦合的评价方法则是研究电子装备中基于电性能和基于可制造性的性能评价方式，为电子装备的设计制造提供理论和方法上的指导。基于电性能的机电耦合评价，就是看应用机电耦合技术给电性能提高带来的好处。而基于可制造性的机电耦合评价，就是看应用机电耦合技术对制造精度指标要求的降低情况，也就是成本降低情况。

1.3　电子机械工程发展趋势

伴随着电子与微电子技术、信息技术、精密制造技术、新材料与新工艺、数字化技术的快速发展，电子装备也得到了飞速发展，呈现出如下几大发展趋势。

1．高频段、高增益

电子装备尤其是其通信、雷达、深空探测、射电天文等性能与工作频率密切相关。以雷达天线为例，早期主要是米波雷达，可满足基本的测距功能要求，现在则发展到厘米波、毫米波雷达，并且正朝着更高的频段发展。如天基微波辐射计，其工作频率高达427GHz，对星载天线的设计与制造提出了巨大挑战。另外，高增益主要用于提高天线的作用距离，伴随着航天事业的快速发展，对高增益天线的需求很大，提高天线增益的基本方法就是提高频段和增大天线口径。例如，现代大型反射面天线的口径已经达到数十米甚至百米量级，已经落成的世界非全可动最大口径的天线就是位于贵州省平塘县的中国天眼，FAST 500m口径球面射电望远镜。

2．大频带、多频段、高功率

电子装备的要求是：宽频带，如正在建设中的我国新疆 QTT110m 全可动大射电望远镜，其工作频率范围为200MHz～115GHz，对应的波长为100cm～2.6mm；多频段，如要求同一天线可工作在多个频段上；高功率，如卫星上的设备，希望在体积不变的情况下，发射功率尽可能大。这三个要求给电子装备的设计与制造带来了新的问题和更大的难度。例如，场耦合关系更加复杂，加工精度要求更高，需要进行新材料、新结构与新理论的探索和研究。

3．高密度、小型化

电子装备正朝着体积更小、密度更高、功耗更低的方向发展，如电子装备组装的密度越来越高，而且由二维组装向三维组装发展。电子装备的体积越来越小，如典型电子装备射频系统的尺寸已由2000年的$0.03m^3$减小到2010年的$0.01m^3$，再到2015年的$0.001m^3$，急剧增加的密度将带来严重的机电热耦合问题。

4．快响应、高精度

对电子装备的机动性与反应速度的要求越来越高，而且在要求快速跟踪的同时，还应能够精确定位。例如，某舰载雷达天线座与稳定平台，要求其具有极高的快速性、低速平稳性以及定位精确性。

5．环境适应性好

随着人类探索世界的脚步越来越快，电子装备的服役环境愈加恶劣，不仅要求其能在太空、地球南北极、深（蓝）海等各种恶劣环境中正常工作，而且可抵御高功率微波、激光等新概念武器的攻击。或者要求在一定损伤下保正常工作，要求能够对抗强电磁干扰，可靠性高。

6．结构与功能一体化

结构与功能一体化是电子装备的又一大发展趋势，如天线罩不仅是内部天线等电子装备的防护墙，同时对工作频段内的电磁波是透明的。还有各种共形天线，在实现电性能的同时，可抵御多种环境载荷。

7. 集成化

集成化主要表现在多学科、多功能以及高性能上。例如，其设计与制造需要综合考虑机械、电气以及热等学科。另外，其功能要求越来越高，而且要求能够通过模块化容易地实现多功能。多功能的要求丝毫不能降低对设备性能的要求，反而对性能提出了更高的要求。

8. 智能化

智能化是电子装备发展的又一明显趋势。欲实现其智能化，智能材料、智能控制以及智能结构的研究迫在眉睫。此外，作为一种赋能技术，人工智能必将在电子装备的智能化发展中扮演十分重要的角色。

Chapter 2

第2章 机电耦合基础

【概要】

本章阐述了电子装备机电耦合理论的基础知识。首先，介绍了电磁场、结构位移场与温度场的描述方程以及多物理场耦合问题的数学模型；其次，结合反射面天线、平板裂缝天线、有源相控阵天线以及高密度机箱机柜等实例，讨论了相应的电磁场、结构位移场、温度场的场耦合理论模型；再次，论述了非线性机械结构因素对平板裂缝天线、有源相控阵天线等电子装备电性能的影响规律；最后，阐述了非线性机械结构因素对天线伺服系统性能的影响。

2.1 概述

在高性能电子装备中，电磁场、结构位移场、温度场之间的相互联系更为紧密，如图 2-1 所示，对电子装备性能的影响也更为突出。因此，深入研究高性能电子装备机电热场耦合关系，对高性能电子装备的研制，具有重要的理论意义与工程应用价值。

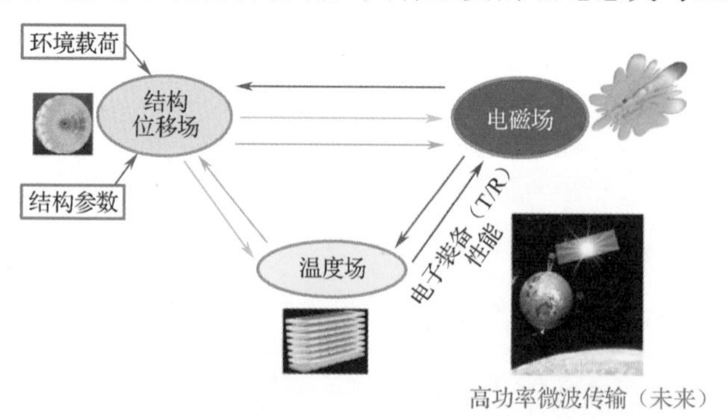

图 2-1 电磁场、结构位移场、温度场场耦合关系图

针对大型反射面天线、平板裂缝天线、有源相控阵天线、高密度机箱机柜等典型电子装备，需建立其电磁场、结构位移场、温度场之间的场耦合理论模型。其中，反射面

天线与平板裂缝天线是电子装备中结构位移场与电磁场的耦合问题比较突出的两种微波设备。针对此耦合问题，需建立反射面天线和平板裂缝天线结构位移场与电磁场的两场耦合理论模型（即机电两场耦合模型），并通过实例进行正确性验证。基于反射面天线和平板裂缝天线机电两场耦合模型，建立从结构设计变量（类型、拓扑、形状、尺寸）到电性能的优化设计模型，为典型装备的机电耦合设计奠定理论基础。

对于有源相控阵天线和高密度机箱机柜等电子装备，其场耦合关系则表现为电磁场、结构位移场、温度场的三场耦合，相互关系更为复杂。为此，需首先研究电磁场、结构位移场、温度场的三场耦合理论问题，建立有源相控阵天线和高密度机箱机柜的机电热三场耦合模型，并通过典型案例进行正确性验证。

2.2 电磁场、结构位移场、温度场描述方程

为方便讨论，先介绍如下几个物理场描述的微分方程，并在此基础上，通过对各物理场的物理本质和影响关系的分析，导出各物理场之间的定量耦合关系。

2.2.1 电磁场

电磁场遵循麦克斯韦方程组，即

$$\text{麦克斯韦方程组}\begin{cases}\nabla\times\boldsymbol{H}=\boldsymbol{J}+\dfrac{\partial\boldsymbol{D}}{\partial t}\\ \nabla\times\boldsymbol{E}=-\dfrac{\partial\boldsymbol{B}}{\partial t}\\ \nabla\cdot\boldsymbol{B}=0\\ \nabla\cdot\boldsymbol{D}=\rho\end{cases}\qquad \text{本构关系}\begin{cases}\boldsymbol{J}=\sigma\boldsymbol{E}\\ \boldsymbol{B}=\mu\boldsymbol{H}\\ \boldsymbol{D}=\varepsilon\boldsymbol{E}\end{cases}\tag{2-1}$$

式中，∇ 为微分算子；$\boldsymbol{H}$ 与 $\boldsymbol{E}$ 分别为磁场与电场强度；$\boldsymbol{B}$ 与 $\boldsymbol{D}$ 分别为磁通量与电通量密度；$\boldsymbol{J}$ 与 ρ 分别为电流密度与电荷密度；σ、μ、ε 分别为材料的电导率、磁导率、介电常数。

式（2-1）左侧第 1 式与第 2 式形象而生动地描述了电与磁两场之间的相互关系，表明电流与变化的电场将产生磁场，而变化的磁场又产生电场。第 3 式与第 4 式给出了磁场和电场各自的性质，第 3 式表示磁通的连续性，即不存在自由的磁荷，第 4 式表示电荷产生磁场，而且电荷密度 ρ 是电场发散源。

电场特征方程即波动方程可写为

$$\nabla^2\boldsymbol{E}+k^2\nabla\boldsymbol{E}=0\tag{2-2}$$

式中，$k=\omega\sqrt{\varepsilon\mu}$，$\omega=2\pi f$。

处于介电常数为 ε 的介质中的电流满足

$$I=\varepsilon\frac{\partial\boldsymbol{E}}{\partial t}\tag{2-3}$$

2.2.2 结构位移场

弹性结构的位移、应力等满足如下所示的弹性力学微分方程——拉梅（Lame）方程组，即

拉梅方程组
$$\begin{cases}\left(\lambda^{S}+G\right)\dfrac{\partial\Theta}{\partial x}+G\nabla^{2}u^{S}=\rho^{S}\dfrac{\partial^{2}u^{S}}{\partial t^{2}}\\\left(\lambda^{S}+G\right)\dfrac{\partial\Theta}{\partial y}+G\nabla^{2}v^{S}=\rho^{S}\dfrac{\partial^{2}v^{S}}{\partial t^{2}}\\\left(\lambda^{S}+G\right)\dfrac{\partial\Theta}{\partial z}+G\nabla^{2}w^{S}=\rho^{S}\dfrac{\partial^{2}w^{S}}{\partial t^{2}}\end{cases}\qquad\lambda^{S}=\frac{E^{S}\nu}{(1+2\nu)(1-\nu)},\quad G=\frac{E^{S}}{2(1+\nu)}\tag{2-4}$$

式中，函数Θ与应力的 3 个分量的关系为$\Theta=\sigma_x+\sigma_y+\sigma_z$； u^S、v^S、w^S为位移的 3 个分量（上标 S 表示结构体）；ρ^S、E^S、ν分别代表材料密度、弹性模量及泊松比；t为时间参量。

若将待解区域进行有限元网格剖分，应用变分原理，则可得到用于进行数值分析的二阶微分方程

$$\boldsymbol{M}\ddot{\boldsymbol{\delta}}+\boldsymbol{C}\dot{\boldsymbol{\delta}}+\boldsymbol{K}\boldsymbol{\delta}=\boldsymbol{F}\tag{2-5}$$

式中，$\boldsymbol{M}$、$\boldsymbol{C}$与$\boldsymbol{K}$分别为结构的整体质量、阻尼与刚度矩阵；$\boldsymbol{F}$为节点外载荷列阵；$\ddot{\boldsymbol{\delta}}$、$\dot{\boldsymbol{\delta}}$、$\boldsymbol{\delta}$分别为节点的加速度、速度与位移列阵。

2.2.3 温度场

一般而言，温度场存在传导、对流及辐射三种换热方式，需要给出不同换热方式下的描述方程（组），具体为

热传导方程
$$\rho^{S}c\frac{\partial T}{\partial t}=\tau^{S}\nabla^{2}T+q_{v}$$

对流换热：

换热
$$h_{x}=\frac{\tau^{T}}{T_{wx}-T_{f}}\left(\frac{\partial T}{\partial y}\right)_{y=0}$$

连续性方程
$$\frac{\partial\rho^{T}}{\partial t}+\nabla\cdot\left(\rho^{T}\boldsymbol{U}\right)=0$$

能量守恒方程
$$\frac{\partial T}{\partial t}+\boldsymbol{U}\cdot\nabla T=\frac{\tau^{T}}{\rho^{T}c_{p}}\nabla^{2}T\tag{2-6}$$

动量守恒方程
$$\begin{cases}\rho^{T}\left(\dfrac{\partial u^{T}}{\partial t}+\boldsymbol{U}\cdot\nabla u^{T}\right)=f_{x}^{T}-\dfrac{\partial p}{\partial x}+\eta\nabla^{2}u^{T}\\\rho^{T}\left(\dfrac{\partial v^{T}}{\partial t}+\boldsymbol{U}\cdot\nabla v^{T}\right)=f_{y}^{T}-\dfrac{\partial p}{\partial y}+\eta\nabla^{2}v^{T}\\\rho^{T}\left(\dfrac{\partial w^{T}}{\partial t}+\boldsymbol{U}\cdot\nabla w^{T}\right)=f_{z}^{T}-\dfrac{\partial p}{\partial z}+\eta\nabla^{2}w^{T}\end{cases}$$

热辐射方程
$$\Phi_r = \varepsilon^T \sigma^T A^T T^4 \tag{2-7}$$
式中，ρ^T、c、T、t、τ^T 及 q_v 分别为热流密度、比热容、温度、时间、导热系数及热源；ε^T、Φ_r、σ^T 及 A^T 分别为辐射率、辐射热量、斯特藩-玻尔兹曼常数及辐射面积；u^T、v^T、w^T 分别为液体流速矢量 $\boldsymbol{U}$ 在 3 个坐标轴方向的速度分量（上标 T 表示传热中的温度变量）；T_{wx}、T_f、h_x 分别为任意 x 处、固液边界处的温度及边界层换热系数；c_p、p、η 分别为定压比热容、压力及动力黏度系数；f_x、f_y、f_z 为液体动量守恒方程的源项。注意，能量守恒方程中未考虑本应处于方程右端的黏性耗散项 S_T。

在上述公式与下面的讨论中，会用到如下几个算符，特简述如下。

散度
$$\nabla \cdot \boldsymbol{A} = \frac{\partial}{\partial x} + \frac{\partial}{\partial y} + \frac{\partial}{\partial z} \quad 或 \quad \mathrm{div}\boldsymbol{A} = \frac{\partial}{\partial x} + \frac{\partial}{\partial y} + \frac{\partial}{\partial z}$$

旋度
$$\nabla \times \boldsymbol{A} = \begin{bmatrix} i & j & k \\ \dfrac{\partial}{\partial x} & \dfrac{\partial}{\partial y} & \dfrac{\partial}{\partial z} \\ A_x & A_y & A_z \end{bmatrix}$$

拉普拉斯算子 $\nabla^2 = \dfrac{\partial^2}{\partial x^2} + \dfrac{\partial^2}{\partial y^2} + \dfrac{\partial^2}{\partial z^2}$ 等于对梯度进行散度 $\nabla \cdot (\nabla)$ 运算，即

对标量函数 f，拉普拉斯方程为
$$\nabla^2 f = \nabla \cdot (\nabla f) = 0$$
对矢量函数 $\boldsymbol{f}$，拉普拉斯方程为
$$\nabla^2 \boldsymbol{f} = \nabla \times (\nabla \times \boldsymbol{f}) = \nabla(\nabla \cdot \boldsymbol{f}) - \Delta \boldsymbol{f} = 0$$

2.3 多物理场耦合问题数学模型建立思路

研究多物理场耦合问题（CMFP）的基础是建立其数学模型。流固（流体和固体）耦合是众多 CMFP 中一个具有代表性的例子，可以从流固耦合数学模型的描述出发，给出一般意义下 CMFP 的数学模型。

对于流固耦合问题的数学模型，在分别给出流体、固体的描述方程以及边界、初始条件之后，只需确定流体和固体共同边界的平衡问题，就可以给出流固耦合问题的数学模型。通过对流固耦合关系的分析，共同边界存在着两种平衡条件，即位移平衡条件和应力平衡条件，如图 2-2 所示。

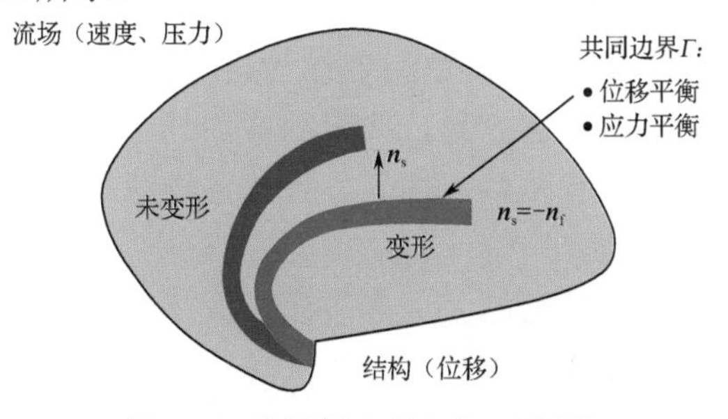

图 2-2　流固耦合的几何示意图

共同边界的平衡条件可以表示为

$$\boldsymbol{u}_{\mathrm{s}} \cdot \boldsymbol{n}_{\mathrm{s}} + \boldsymbol{u}_{\mathrm{f}} \cdot \boldsymbol{n}_{\mathrm{f}} = 0 \quad \text{在 } \Gamma \text{ 上} \quad \text{位移平衡条件} \tag{2-8}$$

$$\boldsymbol{\sigma}_{\mathrm{s}} \cdot \boldsymbol{n}_{\mathrm{s}} + \boldsymbol{\sigma}_{\mathrm{f}} \cdot \boldsymbol{n}_{\mathrm{f}} = 0 \quad \text{在 } \Gamma \text{ 上} \quad \text{应力平衡条件} \tag{2-9}$$

式中，$\boldsymbol{u}_{\mathrm{s}}$、$\boldsymbol{u}_{\mathrm{f}}$、$\boldsymbol{\sigma}_{\mathrm{s}}$、$\boldsymbol{\sigma}_{\mathrm{f}}$及$\boldsymbol{n}_{\mathrm{s}}$、$\boldsymbol{n}_{\mathrm{f}}$分别为固体、流体的位移矢量、应力向量及边界外法向的单位矢量，Γ为固体与流体的共同边界。

联立机械结构的动力微分方程式（2-4）、式（2-5），描述传热方程式（2-6）中的关于流体的质量（连续）、能量与动量等三个守恒方程以及共同边界平衡条件式（2-8）、式（2-9），便可以得到流固耦合问题的描述方程组，即流固耦合问题的数学模型。这里给出的只是一般意义下耦合关系的描述形式，针对具体问题，尚需通过数学物理方法，推导出固体、流体描述方程所需的耦合关系表达形式。这里不再赘述。

流固耦合问题的数学描述告诉我们，具有耦合关系的各物理场之间存在耦合信息的传递，即相互耦合的物理场之间存在着场变量间的相互作用，这种一般意义下的 CMFP 数学模型可表示如下。

假定，场A可数学描述为

$$f_A(x_A, x_{A\to B}, x_{B\to A}) = 0 \quad \text{在 } \Omega_A \text{ 中} \tag{2-10}$$

场B可数学描述为

$$f_B(y_B, y_{B\to A}, y_{A\to B}) = 0 \quad \text{在 } \Omega_B \text{ 中} \tag{2-11}$$

场A对场B的作用为

$$C_{A\to B}(x_{A\to B}, y_{A\to B}) = 0 \quad \text{在 } \Omega_{A\to B} \text{ 中} \tag{2-12}$$

场B对场A的作用为

$$C_{B\to A}(x_{B\to A}, y_{B\to A}) = 0 \quad \text{在 } \Omega_{B\to A} \text{ 中} \tag{2-13}$$

式中，f_A、f_B为微分算子；x_A、y_B分别为场A、B的独立变量；$x_{A\to B}$、$x_{B\to A}$分别为场A中影响场B的变量与场A中受场B影响的变量；$y_{B\to A}$、$y_{A\to B}$分别为场B中影响场A的变量和场B中受场A影响的变量；$C_{A\to B}$、$C_{B\to A}$为微分算子或者代数算子；Ω_A、Ω_B、$\Omega_{A\to B}$、$\Omega_{B\to A}$分别为各自的定义域。

联立式（2-10）～式（2-13）即得到 CMFP 的耦合方程组，这里只给出了一般意义下的 CMFP 的数学描述，针对具体的 CMFP 需要确定耦合模型中的各种变量以及耦合的作用方式和形式，从而给出具体的 CMFP 数学描述。

至于电子装备的电磁场、结构位移场、温度场的场耦合理论模型，则可在联立麦克斯韦方程组式（2-1）、拉梅方程组式（2-4）以及传热方程组式（2-6）的基础上，引入场之间的并联特征量，即可得到一般意义下，电子装备机电热场耦合理论模型。

各物理场的数学模型是以时间和空间坐标为自变量的偏微分方程或者偏微分方程组。在工程领域内广泛应用的数值方法，按照网格划分方法不同，又进一步分为有限元法、边界元法、有限差分法和有限容积法等。虽然各物理场网格划分方法不同，但数值分析流程的基本框架是类似的。

由图 2-3 可知，虽然各物理场的区域离散化、描述方程离散化以及初始与边界条件离散化的方式不同，但都是将各物理场问题的求解转变为代数方程组的求解。因此，有可能建立一个区域离散意义下的统一场模型，将各物理场的离散方程应用统一场模型来描述，即每个物理场都可以建立其统一场模型的形式。耦合关系表达式通过离散化处理，联系各物理场的统一场模型，建立 CMFP 离散意义下的数学模型。这样做的关键是建立适用于各物理场的统一场模型。建立统一场模型除需对各物理场的物理本质做深入研究外，还需对各物理场之间的共性问题做深入研究。统一场模型可将各物理场离散模型间的相互联系建立起来。

下面给出几种典型电子装备场耦合理论模型。

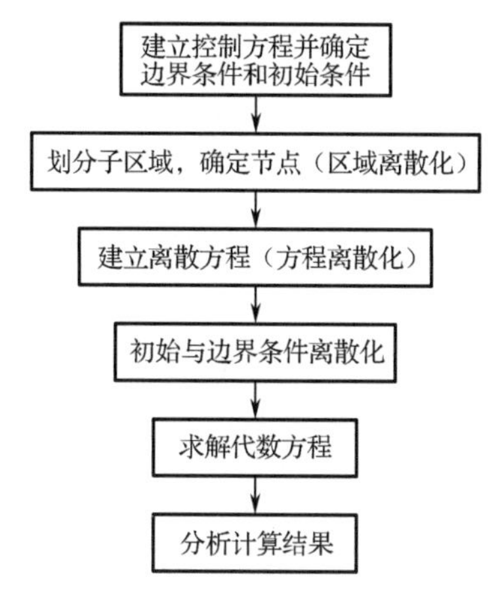

图 2-3　各物理场数值分析流程

2.4 几种典型电子装备场耦合理论模型

天线、机箱机柜以及伺服系统是典型的电子装备，如雷达、通信、导航、深空探测以及射电望远镜等均离不开这几种典型电子装备的支撑。

2.4.1 反射面天线

对于图 2-4（其中 xOy 为等相位口径面，f 为焦距，反射面的口径为 $2a$）所示的理想前馈式反射面天线几何关系，可得到由馈源发出的电磁波经反射面反射后到达口径面的电磁场矢量分布，进而由口径场的幅度（因这时的相位相同）分布，获得反射面天线的辐射远场方向图

$$\boldsymbol{E}(\theta,\phi)=\iint_A E_0(\rho',\phi')\mathrm{e}^{\mathrm{j}k\rho'\sin\theta\cos(\phi-\phi')}\rho'\mathrm{d}\rho'\mathrm{d}\phi' \tag{2-14}$$

$$E_0(\rho',\phi')=f(\xi,\phi')/|\boldsymbol{r}_0| \tag{2-15}$$

式中，(θ,ϕ) 为远区观察方向（见图 2-4）；A 为反射面投影到 xOy 面上的口径面面积；$f(\xi,\phi')$ 为馈源初级方向图；与波长 λ 相关的波常数 $k=2\pi/\lambda$。对于工程中经常使用的双反射面天线，可应用等效馈源法，将馈源和副面等效为一个在副面虚焦点上的馈源。

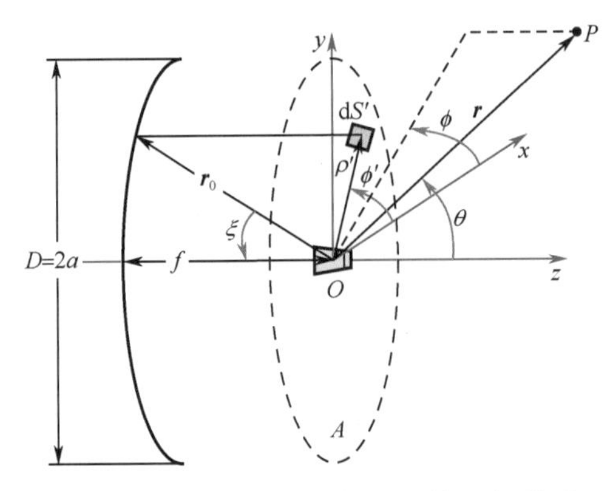

图 2-4　理想前馈式反射面天线几何关系

经分析可知，电磁场中与结构相关的主要因素包括反射面面板、馈源位姿等。而外部载荷作用会引起反射面变形、馈源位置偏移和姿态偏转等结构位移场变化。由此，可知影响电性能的主要因素包括反射面误差、馈源位置与指向误差。下面分别研究各种误差与口径面电磁场幅相分布之间的关系，旨在给出反射面天线存在各种误差情况下的结构位移场与电磁场的场耦合关系模型。

1．主反射面变形的影响

主反射面误差由两部分构成，即随机误差和系统误差。随机误差主要是在面板、背架及中心体的制造、装配等过程中产生的误差。随机误差有三种描述方法；第一，根据具体的加工工艺手段，从众多数据中统计出随机分布的均值与方差，假定一种合理的分布，然后可得出其具体的分布函数；第二，基于均值与方差，由计算机随机生成分布函数；第三，应用分形函数直接描述加工造成的幅度、频度和粗糙度，进而产生相应的分布函数。不论通过哪一种方法，都将产生的随机函数（不妨记为 Δz_{r} ）叠加到系统误差（不妨记为 Δz_{s} ）上，进而作为统一误差参与电性能计算。

系统误差是天线自重、环境温度、风等外部载荷作用下所引起的天线反射面变形，为确定性误差。系统误差可通过对结构有限元分析获得。

由于反射面位于馈源的远区，因此，由馈源发出经反射面到达口径面的电磁场矢量分布，在主反射面误差较小的情况下，对口径面电磁场幅度的影响可忽略不计，而认为只引起口径面相位误差。主反射面误差可采用轴向误差或法向误差来表示，为方便讨论，特采用轴向误差。由图 2-5 可知，当反射面某处不存在误差 Δz 时，电磁波走的路径是 $OCABD$ ，而当反射面存在误差 Δz 时，则电磁波走的路径是 OBD，两者相差 CBA（点 C 为点 B 做垂线与 OA 的交点），所以两者的光程差为

$$\tilde{\varDelta}=AB+AC=\Delta z(1+\cos\xi)=2\Delta z\cos^2(\xi/2) \tag{2-16}$$

由此可得主反射面误差影响下的口径面相位误差为

$$\varphi=2\pi\frac{\tilde{\varDelta}}{\lambda}=k\tilde{\varDelta}=\frac{4\pi}{\lambda}\Delta z\cos^2(\xi/2) \tag{2-17}$$

主反射面的形面误差包含随机误差和系统误差，即

$$\Delta z=\Delta z_{\mathrm{r}}(\gamma)+\Delta z_{\mathrm{s}}(\delta(\beta)) \tag{2-18}$$

式中，γ 为制造、装配等过程中引起的随机误差；$\delta(\beta)$ 为天线结构位移；β 为天线结构设计变量，包括结构尺寸、形状、拓扑、类型等参数。

于是，式（2-17）变为

$$\varphi = \frac{4\pi}{\lambda}(\Delta z_{\mathrm{r}}(\gamma) + \Delta z_{\mathrm{s}}(\delta(\beta)))\cos^2(\xi/2) = \varphi_{\mathrm{r}}(\gamma) + \varphi_{\mathrm{s}}(\delta(\beta)) \tag{2-19}$$

其中，

$$\varphi_{\mathrm{r}}(\gamma) = \frac{4\pi}{\lambda}\Delta z_{\mathrm{r}}(\gamma)\cos^2(\xi/2)，\quad \varphi_{\mathrm{s}}(\delta(\beta)) = \frac{4\pi}{\lambda}\Delta z_{\mathrm{s}}(\delta(\beta))\cos^2(\xi/2) \tag{2-20}$$

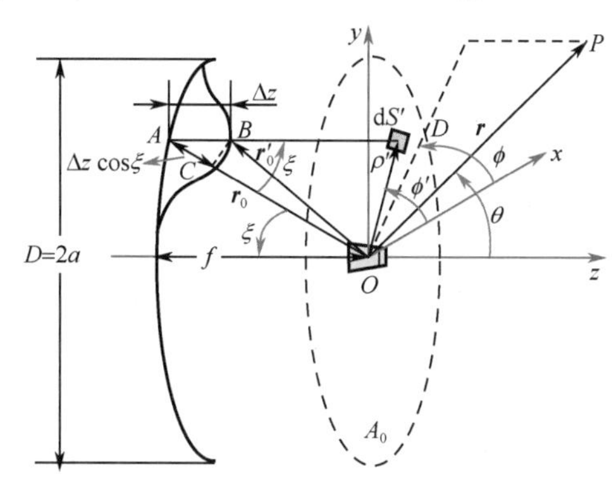

图 2-5　反射面误差示意图

当有主反射面误差时，口径面不再是等相位面，天线在轴线方向上的辐射场将不再彼此同相，合成场强减弱，因而天线增益会下降。根据能量守恒原理，包含在主瓣上的能量会减少，而其他方向的能量则相应增加，因而旁瓣电平就会升高。这里给出了随机误差和系统误差同时存在时，主反射面误差与口径面相位误差的函数关系。将此相位误差信息引入到电磁场的分析模型中，即可得到主反射面误差对反射面天线电性能影响的数学模型。于是，式（2-14）变为

$$\boldsymbol{E}(\theta,\phi) = \iint_A E_0(\rho',\phi') \cdot \exp \mathrm{j}[k\rho'\sin\theta\cos(\phi-\phi')] \cdot \exp \mathrm{j}[\varphi_{\mathrm{s}}(\delta(\beta)) + \varphi_{\mathrm{r}}(\gamma)]\rho'\mathrm{d}\rho'\mathrm{d}\phi' \tag{2-21}$$

2．电磁场与结构位移场间的场耦合理论模型

除上面计入的主反射面系统误差与随机误差外，若同时考虑馈源位置与指向偏差，则可获得如下所示的反射面天线的场耦合理论模型

$$\boldsymbol{E}(\theta,\phi) = \iint_A \frac{f_0(\xi - \Delta\xi(\delta(\beta)), \phi' - \Delta\phi'(\delta(\beta)))}{\boldsymbol{r}_0} \cdot \exp \mathrm{j}[k\rho'\sin\theta\cos(\phi-\phi')] \cdot \exp \mathrm{j}[\varphi_{\mathrm{f}}(\delta(\beta)) + \varphi_{\mathrm{s}}(\delta(\beta)) + \varphi_{\mathrm{r}}(\gamma)]\rho'\mathrm{d}\rho'\mathrm{d}\phi' \tag{2-22}$$

式中，$f_0(\xi - \Delta\xi(\delta(\beta)), \phi' - \Delta\phi'(\delta(\beta)))$ 为反射面结构位移引起的馈源指向误差对口径场幅度的影响；$\varphi_{\mathrm{f}}(\delta(\beta))$ 为馈源位置误差对口径场相位的影响；$\varphi_{\mathrm{s}}(\delta(\beta))$ 为主反射面表面变形对口径场相位的影响；$\varphi_{\mathrm{r}}(\gamma)$ 为反射面随机误差对口径场相位的影响。

该场耦合理论模型的验证可参见相关文献。

2.4.2 平板裂缝天线

平板裂缝天线（见图 2-6）主要用于机载雷达中，如运-20 的气象雷达。该类天线由辐射波导（前面）、耦合波导（中间）与激励波导（背面）组成，这是一类薄壁腔体结构。其加工过程是，每层波导先分别由高精度的加工中心加工出来，然后在两层之间放上焊料并捆绑为一体，接着通过一定的夹持方式，将其置于盐溶液或真空焊中，升温至约 600℃，再以某种梯度曲线逐渐降温至常温。

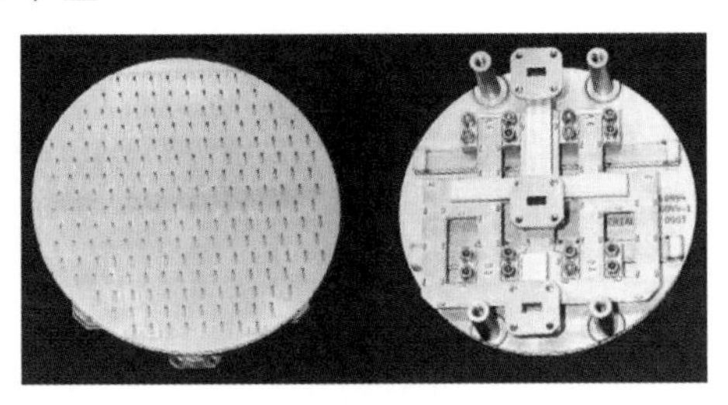

（a）服役实物图　　（b）前面　　（c）背面

图 2-6　平面裂缝天线

在这一加工工艺过程中，有两个影响最终电性能的主要因素：一是单层波导本身的加工精度，尤其是辐射波导的众多辐射缝的加工误差；二是热加工导致的误差。前者容易保证，因为现在多轴加工中心的加工精度可做到很高，能满足要求。困难的是后者，热加工后会将前面的精度“吃掉”。因此，如何保证热加工后的精度是很关键的。

除上述加工引起的随机误差外，还有环境载荷导致的系统误差，两者都会导致天线电性能的下降。

不失一般性，如图 2-7 所示，设天线的辐射阵面位于 xOy 平面内，z 轴正方向为阵面法线方向，原点 O 为阵面的几何中心。辐射阵面为开有大量辐射缝的平板，通过辐射缝将电磁能量辐射到外部空间。设第 n 个缝隙中心的坐标为 $\boldsymbol{r}_n=(x_n,y_n,0)(n=1,2,\cdots,N)$， N 为阵面缝隙的总数。根据天线理论，在观察方向 $P(\theta,\phi)$，平板裂缝天线的场强方向图为

$$\boldsymbol{E}(\theta,\phi)=\sum_{n=1}^{N}V_n\cdot f_n(l_n,w_n,\theta,\phi)\cdot \mathrm{e}^{\mathrm{j}\eta_n+\mathrm{j}k\boldsymbol{r}_n\cdot\hat{\boldsymbol{r}}} \tag{2-23}$$

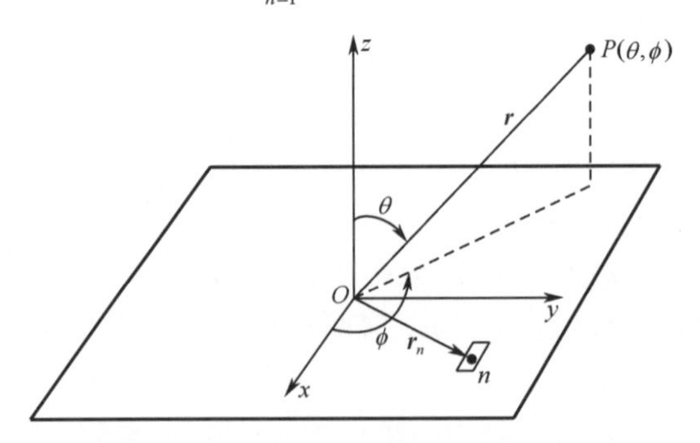

图 2-7　平板裂缝天线辐射缝的几何关系

式中， V_n 、 $\eta_n(n=1,2,\cdots,N)$ 分别为第 n 个缝隙的缝电压幅度和相位； $f_n(l_n,w_n,\theta,\phi)$

$(n=1,2,\cdots,N)$ 为第 n 个缝隙的单元方向图，l_n、w_n 分别为第 n 个缝隙长度和宽度，θ、ϕ 为空间 P 点的观察方向；k 为传播常数；$\hat{\boldsymbol{r}}=\boldsymbol{r}/r=(\sin\theta\cos\phi,\sin\theta\sin\phi,\cos\theta)$ 为矢径 $\boldsymbol{r}$ 的单位矢量。$f_n(l_n,w_n,\theta,\phi)$ 可具体写为

$$f_n(l_n,w_n,\theta,\phi)=\mathrm{j}k(H_n(l_n,w_n,\theta,\phi)\sin\phi\hat{\boldsymbol{a}}_\theta+H_n(l_n,w_n,\theta,\phi)\cos\phi\cos\theta\hat{\boldsymbol{a}}_\phi) \tag{2-24}$$

$$H_n(l_n,w_n,\theta,\phi)=\frac{\dfrac{2\pi}{l_n}\cos\left(\dfrac{kl_n\sin\theta\cos\phi}{2}\right)}{\left(\dfrac{\pi}{l_n}\right)^2-\left(k\sin\theta\cos\phi\right)^2}\cdot\frac{\sin(k\sin\theta\sin\phi w_n/2)}{k\sin\theta\sin\phi w_n/2} \tag{2-25}$$

式中，$\hat{\boldsymbol{a}}_\theta$、$\hat{\boldsymbol{a}}_\phi$ 分别为球坐标系下 θ、ϕ 方向的单位矢量；缝电压 V_n 将影响 P 点的幅度和相位，$f_n(l_n,w_n,\theta,\phi)$ 只影响 P 点幅度，辐射缝的位置 $\boldsymbol{r}_n$ 只影响 P 点相位。

若考虑辐射缝指向偏转、腔体变形对辐射缝辐射电压的影响，则可以最终获得平板裂缝天线的电磁场与结构位移场间的场耦合理论模型

$$\boldsymbol{E}(\theta,\phi)=\sum_{n=1}^{N}A_n\cdot f_n(l_n,w_n,\theta,\phi,\delta(\beta),\gamma)\cdot V_n'(\delta(\beta),\gamma)\mathrm{e}^{\mathrm{j}\eta_n'(\delta(\beta),\gamma)}\cdot\mathrm{e}^{\mathrm{j}\varphi_n(\delta(\beta),\gamma)} \tag{2-26}$$

式中，$A_n=\mathrm{e}^{\mathrm{j}k\boldsymbol{r}_n\cdot\hat{\boldsymbol{r}}_0}$；$\delta(\beta)$ 为与天线变形对应的结构位移场；β 为结构设计变量；γ 为加工与装配引起的随机误差；$f_n(l_n,w_n,\theta,\phi,\delta(\beta),\gamma)$、$V_n'(\delta(\beta),\gamma)$ 及 $\eta_n'(\delta(\beta),\gamma)$ 分别为天线的系统误差与随机误差引起的单元方向图、缝电压的幅度及相位；$\varphi_n(\delta(\beta),\gamma)$ 表示系统与随机误差引起的空间相位改变量。

2.4.3　有源相控阵天线

有源相控阵天线（Active Phased Array Antenna，APAA）被广泛应用于陆、海、空、天领域的雷达、通信、探测等系统中，图 2-8（a）所示为机动式陆基防空反导雷达的有源相控阵天线，其工作在 X 波段，对阵面平面度、指向精度、多目标等都有很高的要求，因要求雷达波束实现全方位扫描，故采用机扫与电扫相结合的驱动方式。影响雷达阵面形面精度的随机误差包括两个方面：一个是从右上角开始，由辐射单元到模块，模块到子阵，子阵再到大阵过程的制造与装配中引起的误差；另一个是从左下角开始，由轮轨到座架，座架到背架，背架到大阵过程中引起的误差。

需要指出的是，阵面中存在大量的发热器件，其中还有对温度特别敏感的发射与接收（T/R）组件。阵面温度分布的不均匀将影响天线阵面的相位控制精度。复杂的工作环境载荷（振动、冲击等）和温度分布都将引起结构变形，从而使阵面辐射阵元的方向图以及相互间的互耦效应发生变化，最终导致天线电性能达不到要求，甚至无法实现。下面论述 APAA 电磁场、结构位移场、温度场间的场耦合理论模型的建立问题。

现考虑图 2-9 所示的 APAA，设其包括 N 个总辐射阵元，且第 n 个辐射阵元激励电流为 $I_n\exp(\mathrm{j}\varphi_{I_n})\hat{\boldsymbol{\tau}}_n$，$\hat{\boldsymbol{\tau}}_n$ 为单元极化单位矢量，I_n 与 φ_{I_n} 分别为幅度与相位。若第 n 个辐射阵元的阵中方向为 $f_n(\theta,\phi)$，位置矢径为 $\boldsymbol{r}_n=x_n\hat{\boldsymbol{i}}+y_n\hat{\boldsymbol{j}}+z_n\hat{\boldsymbol{k}}$，则在远区观察方向 $P(\theta,\phi)$，可将 APAA 的场强表示为

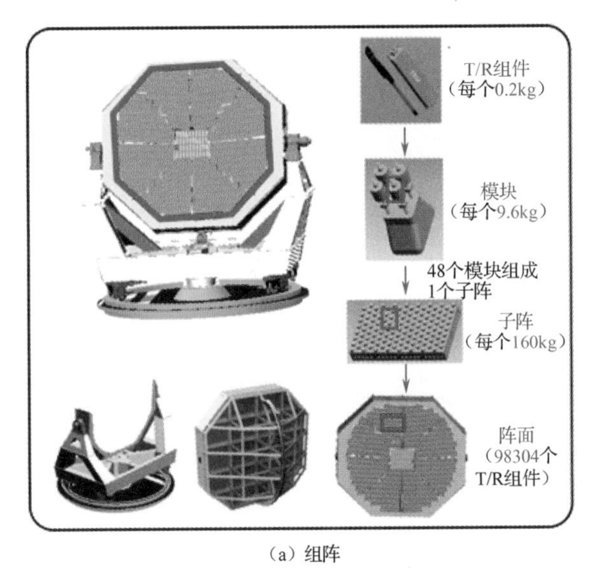

（a）组阵

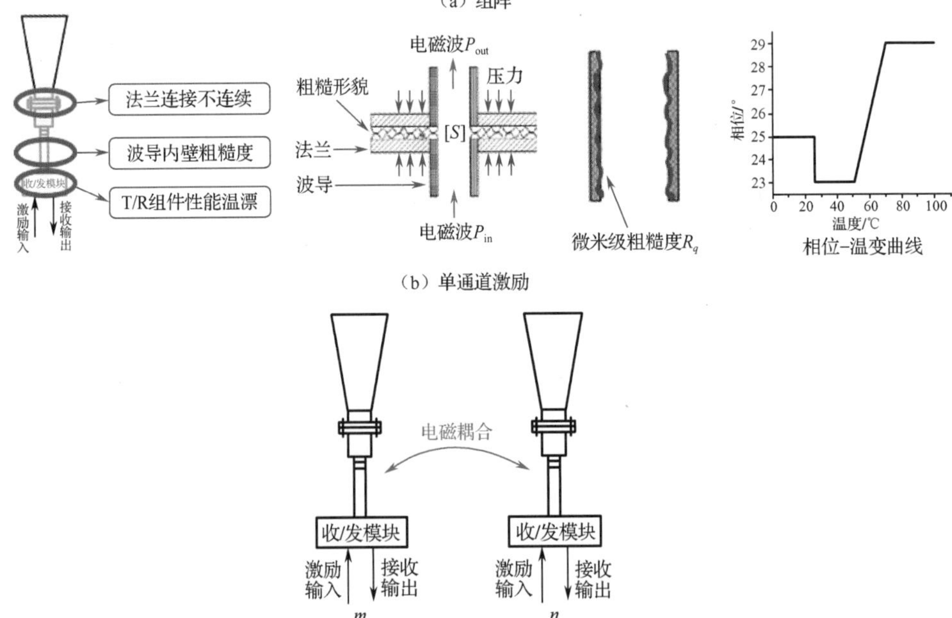

（b）单通道激励

（c）互耦

图 2-8　有源相控阵天线的组阵、单通道激励与互耦示意图

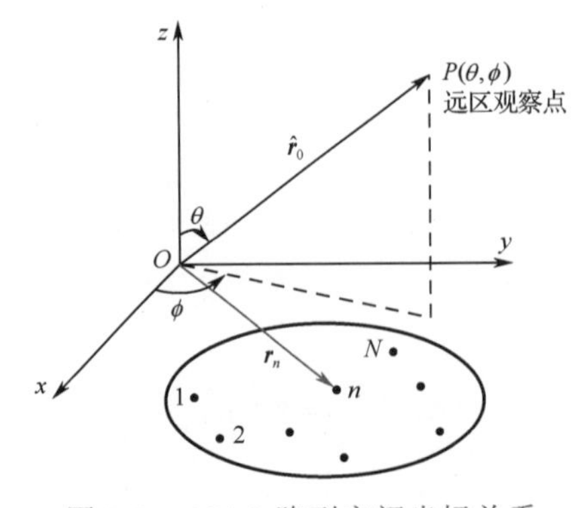

图 2-9　APAA 阵列空间坐标关系

$$\boldsymbol{E}(\theta,\phi)=\sum_{n=1}^{N}A_n\cdot f_n(\theta,\phi)\cdot I_n \mathrm{e}^{\mathrm{j}\varphi_{I_n}} \tag{2-27}$$

式中，A_n 为阵元 n 的空间相位因子，观察方向 $P(\theta,\phi)$ 的单位矢量为 $\hat{\boldsymbol{r}}_0=(\sin\theta\cos\phi,\sin\theta\sin\phi,\cos\theta)^{\mathrm{T}}$。

注意，式（2-27）是假定 APAA 为理想阵面且不计阵元间互耦时的远场方向图，实际上，它不仅存在系统误差与随机误差，并且单元间存在互耦作用。对系统误差而言，环境载荷（风、雪）、自重、温度等，将导致阵面发生变形 δ，致使辐射阵元的位置偏移、指向偏转。对于随机误差 γ，包括以下内容。一是图 2-8（a）所示的某大型有源相控组阵，其由单元到模块、到子阵、再到大阵组阵中的加工与装配误差 γ_1。二是图 2-8（b）所示的单通道中法兰连接不连续、波导内壁粗糙度、T/R 组件温漂引起的误差 γ_2。说到互耦，如图 2-8（c）所示，不仅阵元（不妨设为 n、m）间存在互耦，而且互耦系数 C_{nm} 与系统误差和随机误差均有关系。

为此，首先，分析辐射阵元的位置偏移和指向偏转（包括系统误差与随机误差）对天线电性能的影响。其次，分析随机误差对单通道辐射性能与整个阵面性能的影响。再次，阐述系统误差和随机误差对阵元互耦特性的影响。最后，建立综合阵面结构位移场、电磁场、温度场的 APAA 的场耦合理论模型。

1. 辐射阵元位置与姿态偏差的影响

不失一般性，不妨设图 2-10 中的第 n 号阵元的位置偏移量为 $\Delta\boldsymbol{r}_n$，指向偏转（即最大辐射方向的改变）为 ξ_{θ_n} 与 ξ_{ϕ_n}。

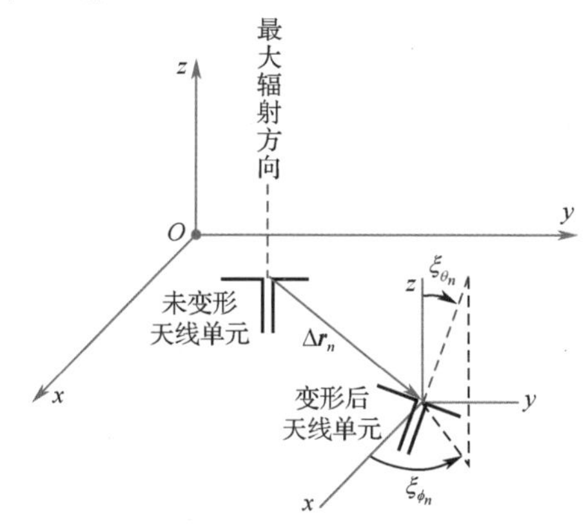

图 2-10 辐射阵元位置偏移和指向偏转的几何示意图

在理想情况下，式（2-27）中第 $n(n=1,2,\cdots,N)$ 个辐射单元的空间相位因子为

$$A_n=\exp(\mathrm{j}k\boldsymbol{r}_n\cdot\hat{\boldsymbol{r}}_0) \tag{2-28}$$

若其位置偏离设计值为 $\Delta\boldsymbol{r}_n$，则空间相位因子变为

$$\begin{aligned}A_n'&=\exp\{\mathrm{j}k[\boldsymbol{r}_n+\Delta\boldsymbol{r}_n(\delta(\beta,T))]\cdot\hat{\boldsymbol{r}}_0\}\\&=\exp(\mathrm{j}k\boldsymbol{r}_n\cdot\boldsymbol{r}_0)\cdot\exp(\mathrm{j}k\Delta\boldsymbol{r}_n(\delta(\beta,T))\cdot\hat{\boldsymbol{r}}_0)\\&=A_n\cdot\exp(\mathrm{j}\varphi_n'(\delta(\beta,T)))\end{aligned} \tag{2-29}$$

式中，$\delta(\beta,T)$ 为由载荷引起的位移；β 为结构设计变量；T 为天线阵面温度分布。

对于第 n 个辐射阵元分别旋转 $\xi_{\theta_n}(\delta(\beta,T))$ 和 $\xi_{\phi_n}(\delta(\beta,T))$ 且不考虑相互耦合效应时，将影响阵中方向图，具体为

$$f_n'(\theta,\phi,\delta(\beta,T))=f_n(\theta-\xi_{\theta_n}(\delta(\beta,T)),\phi-\xi_{\phi_n}(\delta(\beta,T))) \tag{2-30}$$

2．辐射阵面制造与装配误差的影响

需要指出的是，影响阵元空间相位因子与阵中方向图的因素，除上面提到的系统误差外，还有随机误差 γ_1（具体推导见本章后续内容），其产生途径有两个：一是来自座架、背架机械结构的制造与装配误差，二是来自单元-模块-子阵-阵面的制造与装配过程产生的误差，可表示为

$$\begin{aligned}\gamma_1&=S_0+\Delta S_1+\Delta S_2+\Delta S_3\\&=\Delta\varsigma\cdot\boldsymbol{n}+(\tilde{V}^e+\Delta\boldsymbol{S}_0)B(u,w)+R_{\text{hd}}V_{\text{hd}}h_{\text{hd}}+\\&\quad\boldsymbol{K}^{-1}f(S_1,\Delta\boldsymbol{S}_2)+\boldsymbol{T}_{m,n}\cdot\Gamma(\boldsymbol{P}_{m,n})\end{aligned} \tag{2-31}$$

式中，S_0 为理论阵面；$\Delta S_1=[\Delta S_1^{1,1},\Delta S_1^{1,2},\cdots,\Delta S_1^{M,N}]$，$\Delta S_1^{m,n}=[\boldsymbol{T}_{m,n},\boldsymbol{P}_{m,n}]^{\text{T}}$，$(m=1,2,\cdots,M)$，$(n=1,2,\cdots,N)$，$\Delta S_2=p_{\text{hd}}(u,w)=p_{\text{id}}(u,w)+C_{\text{hd}}(u,w)\cdot h_{\text{fd}}(u,w)$，$\Delta S_3$=$\Delta\varsigma\cdot\boldsymbol{n}$；$\tilde{V}^e$ 与 $B(u,w)$ 分别为双三次 B 样条曲面的控制顶点与基函数；$\boldsymbol{T}_{m,n}$ 表示子阵的定位面旋量；$\boldsymbol{P}_{m,n}$ 表示各旋量相对位置的变换向量；$p_{\text{id}}(u,w)$ 表示整数维表面分量；$C_{\text{hd}}(u,w)$ 表示混合维表面关联系数；$h_{\text{fd}}(u,w)$ 表示分数维高度；ΔS_3 为因基础支撑误差累积而产生的拼接形面随机误差 $\Delta\varsigma$ 在各辐射阵元法向 $\boldsymbol{n}$ 的投影；$\boldsymbol{K}$ 为刚度矩阵；f 为装配力；下标 id、hd、fd 分别表示整数维、混合维、分数维。

于是，式（2-29）、式（2-30）进一步分别写为

$$A''=A_n\cdot\exp(\text{j}\varphi_n'(\delta(\beta,T),\gamma_1)) \tag{2-32}$$

$$f_n''(\theta,\phi,\delta(\beta,T),\gamma_1)=f_n(\theta-\xi_{\theta_n}(\delta(\beta,T),\gamma_1),\phi-\xi_{\phi_n}(\delta(\beta,T),\gamma_1)) \tag{2-33}$$

至此，式（2-27）可进一步写为

$$\begin{aligned}E(\theta,\phi)=&\sum_{n=1}^{N}A_n\cdot\exp(\text{j}\varphi_n'(\delta(\beta,T),\gamma_1))\cdot\\&f_n(\theta-\xi_{\theta_n}(\delta(\beta,T),\gamma_1),\phi-\xi_{\phi_n}(\delta(\beta,T),\gamma_1))\cdot I_n\text{e}^{\text{j}\varphi_{I_n}}\end{aligned} \tag{2-34}$$

3．辐射阵元制造与装配误差的影响

如前所述，对单辐射通道而言，其结构因素对电性能影响的因素，主要是法兰连接不连续、波导内壁粗糙度以及 T/R 组件性能温漂，如图 2-8（b）所示，分别阐述如下。

1）法兰连接不连续

波导在传输电磁波的过程中，遇到法兰连接时，传输特性将受到影响，因相互连接的法兰面不可避免地存在误差，即粗糙度。这一制造误差，导致面之间存在图 2-11（a）所示的三种情况，即金属与金属间的直接接触（MM）、非接触（Air）以及氧化物的绝缘层（MIM）。为导出等效阻抗，建立图 2-11（b）所示的阻抗模型，R_{MM} 与 R_{MIM} 分别为对应处的电阻，进而，可导出沿电磁波传输方向法兰面接触结构单位深度时的物理量。

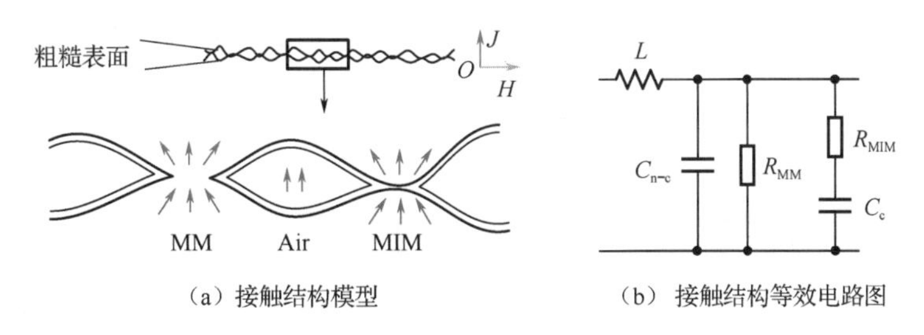

图 2-11　等效阻抗模型建立示意图

电感为

$$L = \mu_0 \cdot (d/l_w) \tag{2-35}$$

氧化物绝缘层的电容为

$$C_c = \varepsilon l_w A_{MIM}/t \tag{2-36}$$

未接触部分的空气电容为

$$C_{n-c} = \varepsilon_0 \cdot (l_w/d) \tag{2-37}$$

式中，d 为法兰面两侧间的平均间距，在螺栓力 F 作用下，d 会随之改变，上面提到的单位深度对应 $d=1$；l_w 为波导的矩形横截面的边长；μ_0 为空气磁导率；ε 与 ε_0 分别为实际与空气介电常数；t 与 A_{MIM} 分别为氧化物绝缘层厚度与面积。

于是，等效阻抗为

$$Z_c = \sqrt{\frac{j\omega L}{j\omega C_{n-c} + \frac{1}{R_{MM}} + \frac{1}{R_{MIM} + (1/j\omega C_c)}}} \tag{2-38}$$

2）波导内壁粗糙度

一般而言，金属波导内壁的粗糙度与加工工艺密切相关。若通过机械拉制而成，则粗糙度在微米级，故粗糙表面高度的均方根误差（RMS）恰与 GHz 频段的趋肤深度基本相当，这将引起传输功率损耗与相位延迟。如何定量描述这一影响呢？可以这样考虑，即将粗糙金属表面等效为电导率渐变的多层光滑薄层的叠加，采用分层媒质模型对电磁场在粗糙表面内的分布加以分析，进而得到粗糙表面的等效阻抗，如图 2-12 所示。

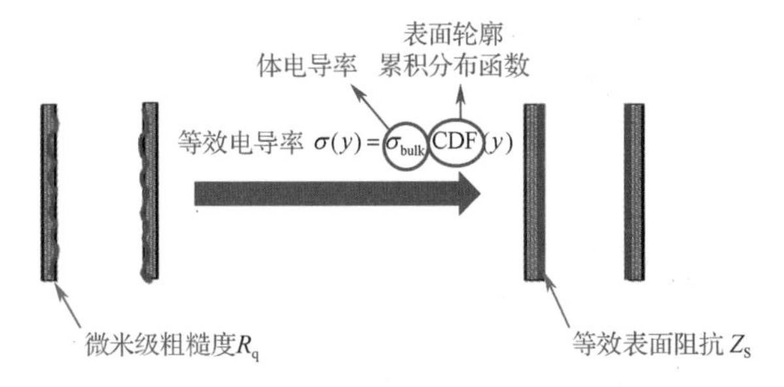

图 2-12　波导内壁粗糙度等效示意图

最终获得内壁粗糙度对波导传输特性的影响（见图 2-13 和图 2-14），图 2-13 描述的是在电导率不变时，内壁粗糙表面均方根误差（RMS 为 1μm、3μm、5μm 分别对应图中的黑色、红色、蓝色曲线）分别对应 S_{21} 值［见图 2-13（a）］与相位滞后［见图 2-13（b）］的影响情况。而图 2-14 则描述了波导内壁粗糙度不变时，电导率（σ 为 $5e^6$、$3.7e^7$、$5.8e^7$

分别对应图中的黑色、红色、蓝色曲线）分别对应 S_{21} 值［见图 2-14（a）］与相位滞后［见图 2-14（b）］的影响情况。

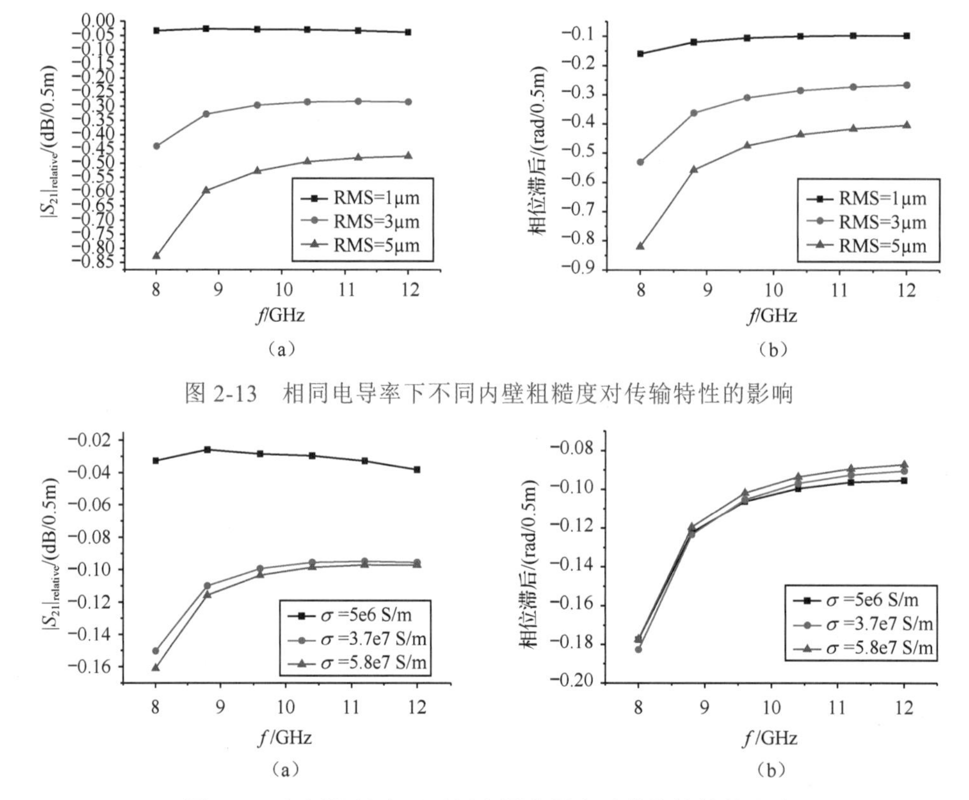

图 2-13　相同电导率下不同内壁粗糙度对传输特性的影响

图 2-14　相同粗糙度下不同金属电导率对传输性能的影响

3）T/R 组件性能温漂

T/R 组件是有源相控阵天线中极为重要的组成部分，其包括功率放大器、移相器、电源等。当阵面温度分布不均时，众多组件的传输性能不一致将导致天线整体的辐射性能下降。这里，以曲线的方式给出了 T/R 组件输出激励的幅度、相位与温度的关系（见图 2-15），用以研究器件传输性能温漂对天线辐射性能的影响。

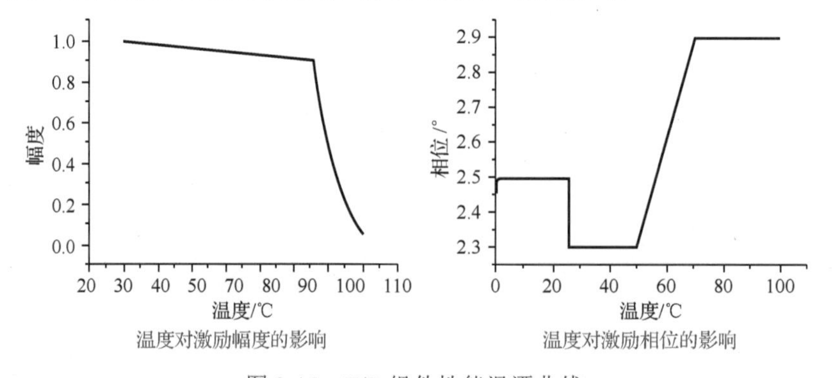

图 2-15　T/R 组件性能温漂曲线

需要指出的是，温度场 T 与随机误差 γ_2 将影响各辐射阵元本身辐射电流的幅度

$I_n(T,\gamma_2)$ 与相位 $\exp(\mathrm{j}\varphi_{I_n}(T,\gamma_2))$，从而场耦合理论模型式（2-34）又可写为

$$\begin{aligned}\boldsymbol{E}(\theta,\phi)=\sum_{n=1}^{N}&A_n\cdot\exp(\mathrm{j}\varphi_n'(\delta(\beta,T),\gamma_1))\cdot\\&f_n(\theta-\xi_{\theta_n}(\delta(\beta,T),\gamma_1),\phi-\xi_{\phi_n}(\delta(\beta,T),\gamma_1))\cdot\\&I_n(T,\gamma_2)\exp(\mathrm{j}\varphi_{I_n}(T,\gamma_2))\end{aligned}\tag{2-39}$$

4．辐射阵元间互耦效应的影响

位于阵列中的辐射阵元因存在相互间的互耦效应，致使辐射阵元在阵列环境与孤立环境中所表现出来的电磁特性迥异。互耦产生的机理、途径以及定量计算，是有源相控阵天线设计的一个不可忽视的重要因素。

设阵元 m 除受阵列外部入射电场的作用外，还受其余阵元的电磁散射作用（见图2-16），两部分之和才是阵元在阵列环境中受到的总电场。

$$\boldsymbol{E}_{\mathrm{inc}}^{m}=\boldsymbol{E}_{m}^{0}+\sum_{\substack{n=1\\n\neq m}}^{N}\boldsymbol{E}_{mn}\tag{2-40}$$

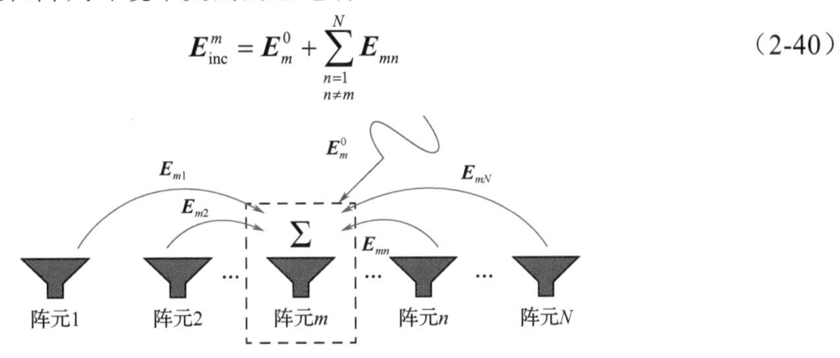

图2-16　阵元在阵列中的电磁环境

互耦效应计算，有多种方法，如偶极子方法等。由特征模理论可知，当工作频率与结构确定时，阵元的各阶特征模就是确定的，该阵元的电性能即可表示为各阶模式的线性组合（见图 2-17），就像力学结构的位移可表示为结构特征向量的线性组合一样。因此，相应的各阶特征模式激励系数的确定就成为关键。

不同阵元间的互耦可从模式耦合角度入手（见图 2-18），若以不同模式之间的电磁反应来度量模式耦合强度，则可建立阵元在阵列环境中的模式耦合平衡方程

$$\boldsymbol{V}=\boldsymbol{V}_0+\boldsymbol{C}\boldsymbol{\Lambda}\boldsymbol{V}\tag{2-41}$$

式中，$\boldsymbol{V}_0$ 为全阵元初始模式激励系数列阵；$\boldsymbol{V}$ 为全阵元阵中模式激励系数列阵；$\boldsymbol{\Lambda}$ 为与阵元特征值相关的对角矩阵。$\boldsymbol{C}$ 为模式耦合矩阵，其元素计算服从

$$C_{ab}^{mn}=-\mathrm{j}\omega\mu\int_{S_m}\int_{S_n}\chi_{ab}^{mn}g(\boldsymbol{r}_{nm}(\gamma_1,\delta,T),\delta(\beta,T))\,\mathrm{d}s\mathrm{d}s\tag{2-42}$$

式中，j为虚数单位；ω 为角频率；μ 为磁导率；χ_{ab}^{mn} 为与模式电流相关的参量；$g(\boldsymbol{r}_{nm},\delta(\beta,T))$ 为标量格林函数，其与阵元相对位矢 $\boldsymbol{r}_{nm}$、结构位移场 δ 相关，同时，$\boldsymbol{r}_{nm}$ 又与 γ_1、δ 及 T 有关。由式（2-42）即可获得阵元互耦系数

$$C_{nm}(\gamma_1,\delta,T)=\begin{cases}1 & m=n\\ \left(\displaystyle\sum_{b=1}^{M}\sum_{a=1}^{M}\frac{I_b^cI_a^c}{1+\eta_b^2}\frac{C_{ba}^{nm}}{1+\mathrm{j}\eta_a}\right)\Big/\left(\displaystyle\sum_{b=1}^{M}\frac{(I_b^c)^2}{1+\eta_b^2}\right) & m\neq n\end{cases}\tag{2-43}$$

式中，η_a 为特征值；I_a^c 为阵元端口模式电流强度。

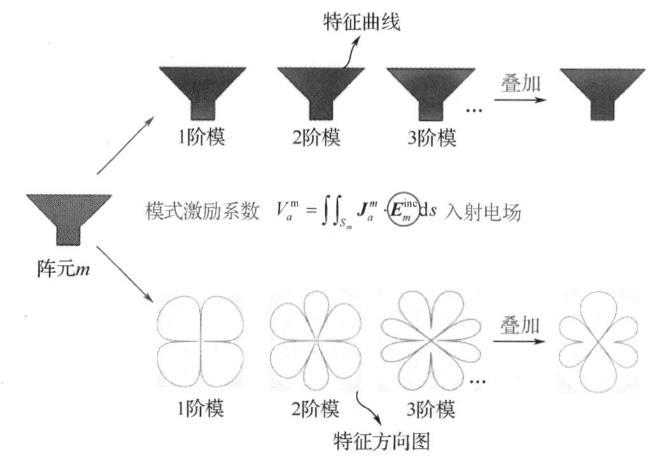

图 2-17　阵元电磁特性的模式分解示意图

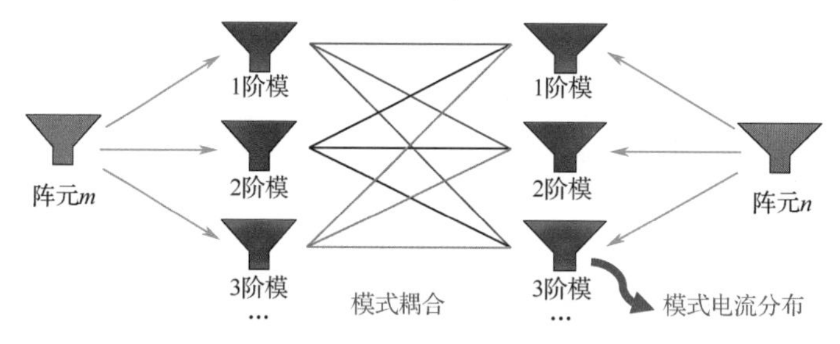

图 2-18　特征模式耦合示意图

如上所述，辐射阵元总数为 N，每个阵元的主要电流特征模总数为 M，为得出电流模式，将阵元做网格剖分，不妨设网格节点总数为 N_e，一般而言，$M \ll N_e$。

电流模式仅与辐射阵元的结构本身有关，与端口激励和环境无关，就如同工程结构的模态只与结构本身有关一样。对不同的辐射阵元（见图 2-19），当只需计算出其主要电流模式，整个辐射阵元的辐射特性的计算时，不需再进行阵元的有限元网格剖分，因此，其计算工作量 $O((NM)^3)$ 远小于全波法的 $O((NN_e)^3)$，这是维数明显降低所致的。

图 2-19　几种典型的辐射阵元

5. 电磁场-结构位移场-温度场场耦合理论模型

综上所述，当考虑阵元间互耦等所有误差时，可进一步将有源相控阵的电磁场-结构位移场-温度场的场耦合理论模型表示为

$$\boldsymbol{E}(\theta,\phi)=\sum_{n=1}^{N}\left[\sum_{m=1}^{N}C_{nm}(\delta(\beta,T),T,\gamma_1)I_m(T,\gamma_2)\mathrm{esp}(\mathrm{j}\varphi_{I_m}(T,\gamma_2)\right]\cdot$$

$$
\begin{aligned}
&f_n(\theta-\xi_{\theta_n}(\delta(\beta,T),\gamma_1),\phi-\xi_{\phi_n}(\delta(\beta,T),\gamma_1))\cdot \\
&A_n\cdot\exp(\mathrm{j}\varphi_n'(\delta(\beta,T),\gamma_1))
\end{aligned}
\tag{2-44}
$$

利用上述 APAA 机电热三场耦合模型，对其结构、热、电磁进行耦合分析，进而可进行 APAA 的耦合设计，实现电性能意义下的最佳结构刚度分布、液冷流道的最优拓扑布局。换句话说，就是使 APAA 系统达到在相同电性能指标要求下，降低对冷却系统、结构加工精度、焊接精度与装配精度的要求。而在相同冷却系统参数和结构精度的要求下，提高冷却效率、降低结构质量、环控要求，提高 APAA 的综合性能。

6．实验验证

为验证场耦合理论模型式（2-44）的正确性，特研制了实验测试平台，其基本组成如图 2-20 所示，主要包括阵面、控制柜、有效工作区域、液冷系统、电源等。

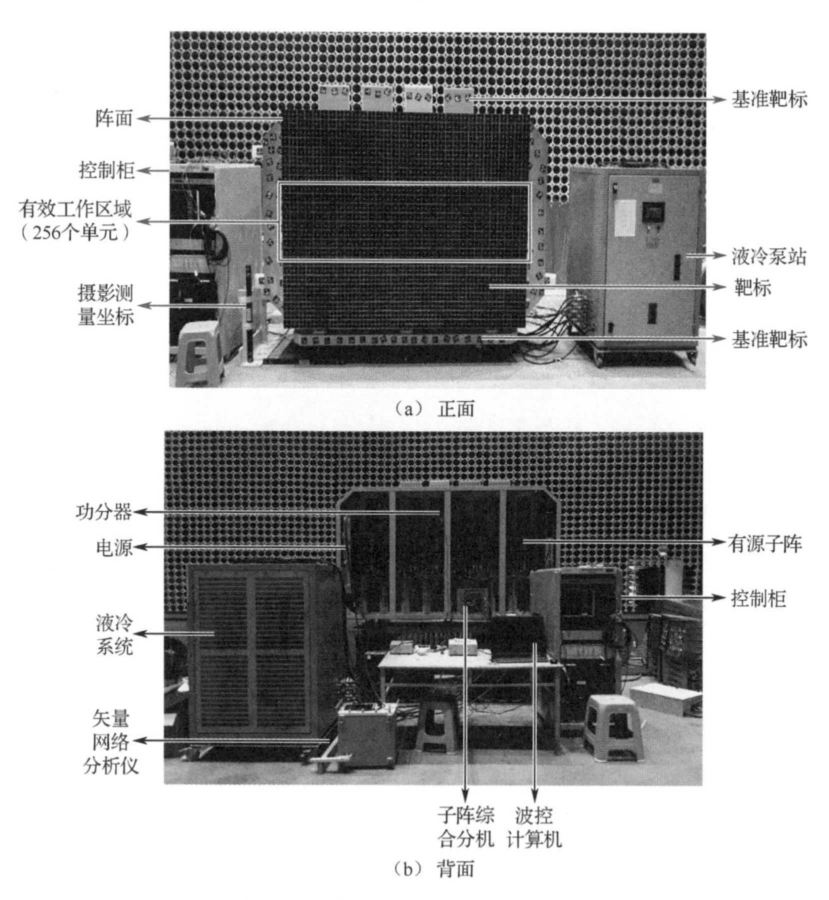

（a）正面

（b）背面

图 2-20　实验测试平台的基本组成

1）基本参数

实验天线为 X 波段（中心频率 10GHz，带宽 4GHz）有源相控阵天线，如图 2-21 所示。该天线辐射阵元总数 256 个，阵面物理尺寸 2880mm×1728mm×1000mm。

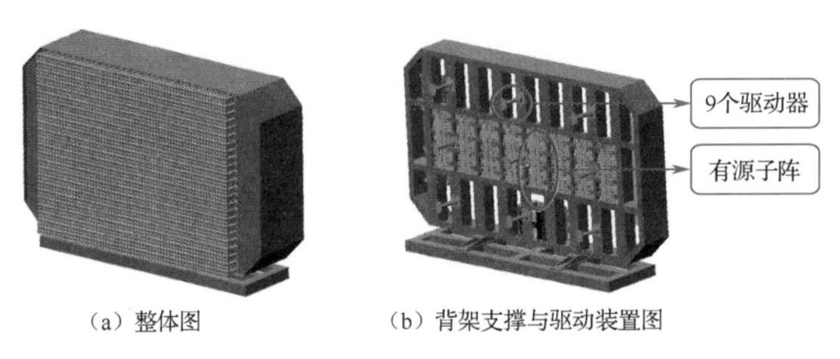

（a）整体图　　（b）背架支撑与驱动装置图

图 2-21　某 X 波段有源相控阵天线

实验天线由天线辐射阵元、电缆、阵面骨架、有源子阵模块（含 T/R 组件）、冷却机组、调整机构等部分组成，如表 2-1 所示。

表 2-1　实验天线的组成

名称	天线辐射阵元	电缆	T/R 组件	有源子阵模块	阵面骨架	冷却机组	调整机构
数量/个	256	256	256	8	1	1	9

有源子阵模块是整个实验平台硬件的核心，由结构框架（含液冷流道），T/R 组件和电源、信号处理、功分器等功能模块构成，其液冷流道和外部的冷却机组连接，通过框架内的液冷流道对组件进行冷却，结构框架是子阵内部设备（含组件）的安装基础，框架与液冷流道采用一体化设计，流道在框架内部形成，阵面侧视图与有源子阵模块如图 2-22 所示。

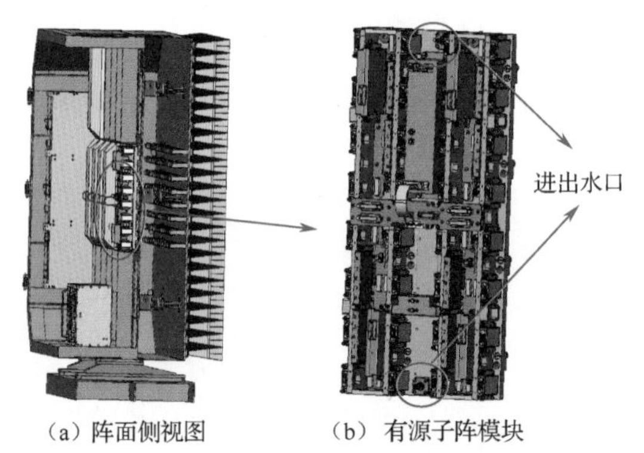

（a）阵面侧视图　　（b）有源子阵模块

图 2-22　阵面侧视图与有源子阵模块

2）基本思路

该实验包括如下步骤：第一，让天线阵面人为地产生误差，同时测量并记录误差值（通过摄影测量）与相应的远场方向图（增益、副瓣电平以及 3dB 波瓣宽度等）；第二，建立与该天线阵面结构相对应的有限元模型，并产生与实际形面相同的误差，进而利用机电热场耦合理论模型式（2-44）得出相应的电性能即远场方向图；第三，将通过机电热场耦合理论模型计算出的电性能与实测的电性能进行比较，以验证机电热场耦合理论模型的正确性。

3）工况与阵面误差

为了人为产生阵面误差，特设计并制作了如图 2-23 所示的蜗轮蜗杆，利用框架上的蜗轮蜗杆从天线背面驱动天线产生误差。同时，基于结构有限元分析得到天线的相应误差信息。

实验中，按三种工况进行，即改变左边与右边各三个调整螺栓中的中间那个，迫使阵面发生变形，第一种工况是这两个螺栓旋进量为 1mm，第二种工况、第三种工况的旋进量为 2.0mm、3.0mm，分别为波长的 1/30、1/15 及 1/10。

单元（24行×32列）规模实验平台现场图

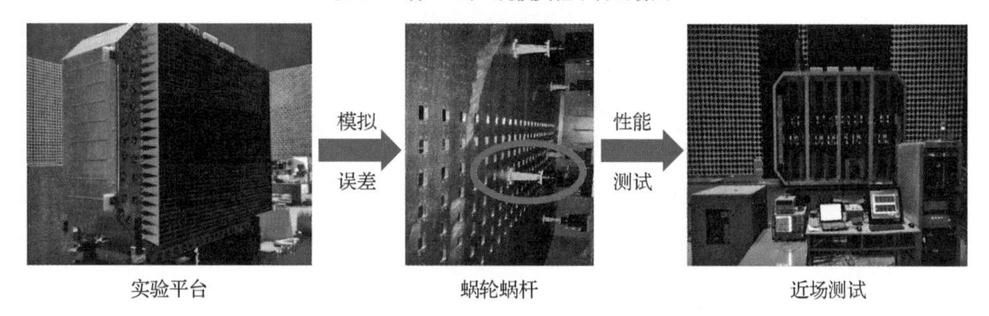

图 2-23　迫使天线阵面产生误差的装夹与性能测试环境实物图

4）测量与环境

机械结构与电性能测量都在室内进行，如图 2-23 和图 2-24 所示。阵面变形情况由摄影测量系统测得，电性能的测量在天线与微波国防科技国家重点实验室的微波暗室中完成。

图 2-24　天线电性能的测试实物图

5）计算与实测结果

表 2-2 给出了某频率为 10GHz 的有源相控阵天线在三种工况下的分析和实测结果。该表对每种工况分别列出了利用机电耦合理论模型的计算结果与实测结果对比的情况。机电耦合理论模型在三种工况下相对于实测结果的最大相对误差分别为：增益 0.56%、

最大副瓣电平相对误差 1.76%、3dB 波瓣宽度相对误差 0.77%。该结果说明了机电热场耦合理论模型的正确性。

表 2-2　某频率为 10GHz 的有源相控阵天线在三种工况下的实测和耦合结果

工　况		增益/dB	相对误差/%	副瓣电平/dB	相对误差/%	3dB 波束宽度/°	相对误差/%
工况 1	实测	32.73	—	−13.67	—	10.14	—
	耦合	32.65	0.24	−13.75	0.59	10.16	0.20
工况 2	实测	32.58	—	−13.22	—	10.17	—
	耦合	32.46	0.37	−13.36	1.06	10.21	0.39
工况 3	实测	32.34	—	−12.51	—	10.32	—
	耦合	32.16	0.56	−12.73	1.76	10.40	0.77

2.4.4　高密度机箱机柜

高密度组装系统被广泛应用于通信、导航、探测、雷达、射电天文等领域，机箱机柜就是其典型代表。在分析设计此类设备时，除需满足机械结构的刚度、强度性能外，还需满足电磁兼容、电磁屏蔽效果等电性能指标要求，为此，就需要统筹电磁、热、结构等多方面性能，这是因为它们之间往往是矛盾的。

下面以机箱为例进行阐述，假设机箱内有 N_e 个电子元器件，e_i 为第 i 个元器件发射的电场强度，又设距机箱中心距离 d 处的点 P，有、无机箱时的场强幅度分别为 $\left|\sum_{i=1}^{N_e} E_i(e_i)\right|$ 和 $\left|\sum_{i=1}^{N_e} E_i^0(e_i)\right|$。

于是，机箱电磁屏蔽效果可写为

$$\mathrm{SE} = 20\lg\frac{\left|\sum_{i=1}^{N_e} E_i^0(e_i)\right|}{\left|\sum_{i=1}^{N_e} E_i(e_i)\right|} \tag{2-45}$$

式中，$E_i(e_i)$ 受各种因素的影响，如接触缝隙、通风散热孔、结构变形、温度等，下面分别予以论述。

1．接触缝隙的影响

缝隙往往是影响机箱屏蔽效果的一个主要因素，在对整个机箱进行电磁分布的有限元仿真计算时，缝隙处的网格剖分是一大难题，因缝隙非常小，有限元网格自然很密，与机箱其他剖分的有限元网格需进行合适的过渡处理，这常常会带来计算上的难度。为此，一种可行的办法是先建立缝隙的转移阻抗模型。在该等效模型中，实际的缝隙被代之以具有一定宏观厚度的导电材料，从而将原问题转化为对该导电填充材料的电磁有限元网格剖分问题。

设已知实际缝隙的厚度、面积（缝长×缝宽）以及阻抗分别为 w_1 、S 及 Z_{T_1}，若填充材料厚度为 w_2，则填充材料的电导率 $\sigma_2 = \sqrt{w_1 \cdot w_2}/(S \cdot Z_{T_1})$，相应地可将等效阻抗表示为 $Z_{T_2} = \sqrt{w_1 \cdot w_2} \cdot Z_{T_1}$。于是，我们可以根据机箱待屏蔽的频率（波长）范围，进行包括导电填充材料在内的整个机箱的电磁有限元网格剖分。

具体计算时，等效缝隙模型中填充材料的磁导率与介电常数均取为 1，即 $\mu_r = \varepsilon_r = 1$，损耗角 $\zeta = 0$，这是因为工程中通常使用的材料的属性范围为 $\varepsilon_r \in (1,10)$、 $\mu_r \in (1,1000)$ 及 $\alpha \in (0, 0.026)$，电子设备上使用的金属材料的 μ_r和ε_r 大多数为 1 或近似为 1，而 $\zeta = 0$。

因此，式（2-45）中分母部分的绝对值符号内的量可写为

$$\sum_{i=1}^{N_e} E_i(e_i, Z_{T_2}) \tag{2-46}$$

其中，μ_r 为磁导率，ε_r 为介电常数，α 为磁导率温度稳定性。

2. 散热孔和结构变形的影响

如图 2-25 所示，设机箱内有电磁发射部件 v_i 与 v_j，有用于通风散热的圆孔形和矩形孔，机箱的结构参数 β 包括机箱的壁厚、加强筋尺寸、内部隔板厚度、散热孔的尺寸与位置，内部电子部件的位置等。当机箱受到外部载荷 p_1 与 p_2 的作用时，机箱结构将发生变形，从而不仅会引起内部器（部）件位置的改变，而且会导致机箱内部电磁场和温度场分布的改变，进而引起机箱电磁屏蔽效果的改变。

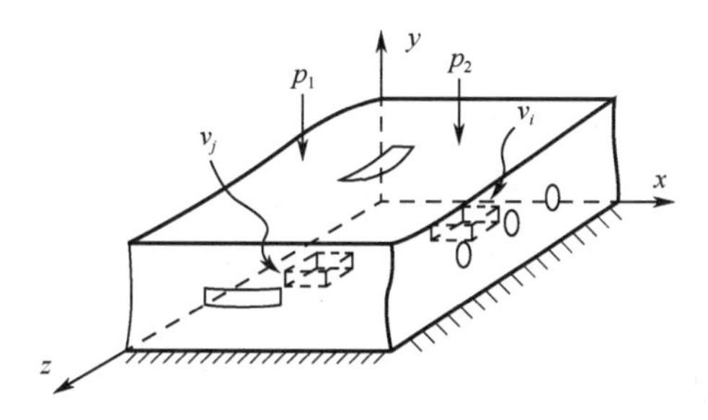

图 2-25 受载荷作用的机箱

这是因为，机箱在载荷作用下发生变形，其感应表面电流的方向将改变（见图 2-26），该方向与机箱结构变形的导数 $\dot{\delta}$ 有关，变形不改变电流的幅度和相位。显然，结构变形是结构参数 β 的函数，即 $\delta(\beta)$。

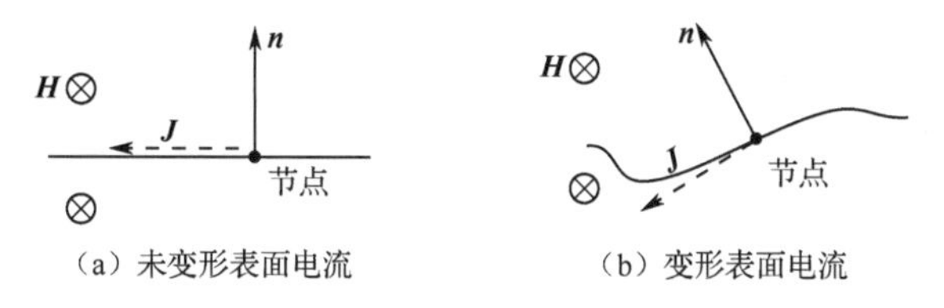

图 2-26 变形前后的表面电流

另外，温度场的改变也将引起结构位移场和电磁场的变化，因为温度场的变化除会引起结构变形外，还会使电磁部（器）件的电气性能发生变化。这两种因素可数学表示为 $\delta(\beta, T)$ 和 $|E_i(e_i(T))|$。

综合考虑以上因素，可将式（2-46）进一步写为

$$\sum_{i=1}^{N_e} E_i(e_i(T), Z_{T_2}, \delta(\beta, T)) \tag{2-47}$$

3．电磁场-结构位移场-温度场场耦合理论模型

综上所述，高密度机箱的电磁场、结构位移场、温度场之间相互影响、相互耦合的关系，影响机箱的电磁屏蔽效果，为从根本上了解、定量分析这一影响关系，建立机电热三场的场耦合理论模型是十分必要的，因为只有这样，才能从根本上揭示它们之间的相互影响规律，指导工程实践。

因此，可将高密度机箱的电磁场-结构位移场-温度场的场耦合理论模型数学表示为

$$\mathrm{SE} = 20\lg \frac{\left|\sum_{i=1}^{N_e} E_i^0(e_i)\right|}{\left|\sum_{i=1}^{N_e} E_i(e_i(T), Z_{T_2}, \delta(\beta, T))\right|} \tag{2-48}$$

基于该场耦合理论模型，可建立多学科耦合优化设计模型，以指导工程设计。

2.5 非线性机械结构因素对电性能的影响

以上讨论了电磁场、结构位移场与温度场三场耦合理论模型的问题，下面重点阐述非线性机械结构因素对电性能的影响问题。

2.5.1 平板裂缝天线

平板裂缝天线是一种由激励、耦合与辐射等三层波导组成的薄壁腔体结构。首先，每层薄壁腔体构件由高精度的加工中心加工完成。然后，在每层之间加焊料，使三层构成一个整体。接着，将整个天线结构以一定的方式完成夹持。最后，将天线结构置于盐溶液或真空中进行焊接。平板裂缝天线的制造精度包括两层含义：一是每层波导构件的加工精度，尤其是众多辐射缝的尺寸、位置及形状精度；二是热加工精度。对于前者，高精度的加工中心可以保证其精度。难点在后者，前面的高精度往往容易被后面的热加工“吃掉”。也就是说，保证平板裂缝天线高加工精度的主要矛盾是后面的焊接成型，而非前面的薄壁腔体件的机加工。因此，合理选择热加工工艺，满足平板裂缝天线对加工精度及其电性能要求，就成为一个关键瓶颈问题。

从公开报道的文献来看，对平板裂缝天线焊接的热变形和残余应力分布及其对电性能影响的研究很少。为此，下面针对大型机载平板裂缝天线的热加工过程进行数值模拟，研究不同的降温曲线、焊料及工装方式，以及对天线的结构性能（变形与残余应力）与电性能的影响问题。

1．影响结构与电性能的主要因素

影响平板裂缝天线焊接效果的因素主要有降温曲线、焊料及工装方式等，这 3 种因素都将导致天线焊接后产生残余应力，进而影响电性能。

（1）在不同降温曲线下，波导结构材料的物性参数（如弹性模量、泊松比等）变化趋势会不同。由于热膨胀系数在热加工过程中随曲线变化，导致焊接过程中，天线结构应力与变形均在改变之中，冷却后在结构中累积而成的残余应力（变形）自然也会不同。

（2）焊料与铝合金的物性参数不同。在焊接过程中，因焊料和铝合金基板的热膨胀系数不同，即应力场在焊料与基体相接处发生奇异，给结构性能与电性能带来影响。

（3）工装方式不同。在高温阶段，波导基体因处于塑性形态而出现软化，工装会在一定程度上对此有影响，进而影响天线的结构与电性能。

2．焊接过程数值分析

平板裂缝天线的焊接分析包括三个方面，分别是热分析、结构（弹塑性）分析以及电性能分析，三者是相互依存的。

在热分析中，涉及热辐射之外的热传导与热对流分析。热传导的有限元分析模型 Γ_t，包括 420991 个三角形壳单元（母材 325499，焊料 95492）与 194908 个节点。节点坐标 $X_{\Gamma_t} \in \Gamma_t$ 在迭代中随着焊料节点坐标的改变而改变。

在结构分析中，有限元分析模型 Γ_s 与 Γ_t 相同，所不同的是，结构中是壳单元，而与 Γ_t 对应的是热传导单元，节点坐标为 X_{Γ_s}。在结构分析中，将引入热弹塑性有限元技术与生死单元技术。

在每一迭代步中，热场分布与结构的弹塑性分析交替进行，在第 k 步，基于热传导的有限元分析模型 Γ_t 得到温度分布后，传递给结构有限元分析模型 Γ_s 通过弹塑性分析，得到位移 δ^k 与应力。然后，可得第 $k+1$ 步坐标 $X_{\Gamma_s}^{k+1} = X_{\Gamma_s}^{k} + \delta^k$，进而得到 $X_{\Gamma_t}^{k+1} = X_{\Gamma_s}^{k+1}$ 与 Γ_t^{k+1}。这样的迭代计算，直至降温曲线的最后一步。

一旦残余应力与变形得出，便可计算出包括增益、副瓣电平等在内的平板裂缝天线的电性能。

综上所述，可将焊接过程的分析归结为如下算法以及流程图（见图 2-27）。

给定降温曲线及划分时间步数 NCV，工装方式以及其他参数。

步骤 1　令 $k=0$；

步骤 2　基于已知温度 T^k 与热分析模型 $\Gamma_t^k(X_{\Gamma_t}^k)$，得到热分布；

步骤 3　基于热载荷与工装，由 $\Gamma_s^k(X_{\Gamma_s}^k)$ 得到变形 δ^k；

步骤 4　如果 k = NCV，计算出裂缝的偏移与扭转量 $r_n + \Delta r_n$（n=1,2,⋯,N），转步骤 5。否则，令 $k=k+1$，$X_{\Gamma_s}^{k+1} = X_{\Gamma_s}^{k} + \delta^k$，$X_{\Gamma_t}^{k+1} = X_{\Gamma_s}^{k+1}$，转步骤 2；

步骤 5　基于已知的位移与应力，由式（2-49）计算辐射缝电压 $v_n + \Delta v_n$（n=1,2,⋯,N），进而基于式（2-26）得到天线的增益、副瓣电平等电性能值。

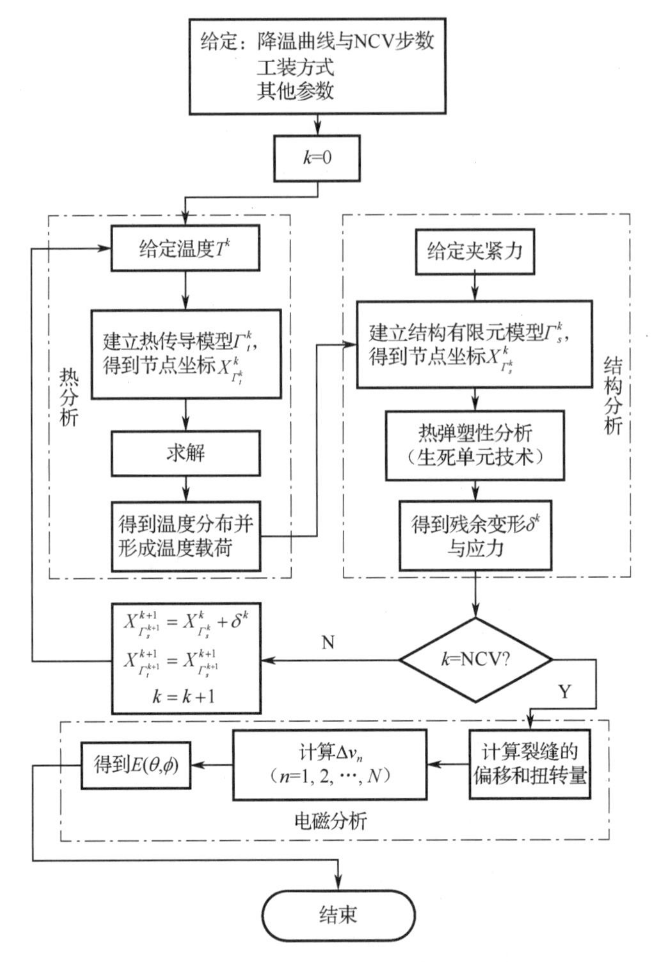

图 2-27　焊接过程数值分析流程图

1）热弹塑性有限元技术

热弹塑性有限元技术可以在焊接热循环过程中动态地记录材料的力学行为，详尽地掌握焊接残余应力和变形的产生及发展过程，因此是预测焊接变形的最重要和适应性最强的方法之一。应用热弹塑性有限元技术进行分析，以得到详尽的残余应力和变形在焊接过程中的变化情况。

热弹塑性有限元技术包括如下 4 个基本内容：应力-应变关系（本构关系）、应变-位移关系（相容性条件）、相应边界条件及平衡条件。在进行热弹塑性分析时做如下假定：材料的屈服服从米塞斯屈服准则，塑性区内的行为服从流动法则并显示出应变硬化，弹性应变、温度应变与塑性应变是可分的，与温度有关的机械性能、应力应变在微小的时间增量内线性变化。

2）生死单元技术

在焊接过程中，焊料在温度超过熔点时会熔化成液态，此时焊料在模型中失去刚度贡献，焊料单元被认为是“死亡单元”。单元生死选项并非真正删除或重新加入单元，死亡单元在模型中依然存在，只是在刚度矩阵中将对应的影响项乘以一个很小的数（如

ANSYS 默认设置为 1e-6)，使求解时其单元载荷、刚度、质量、阻尼、比热等接近 0。而当温度降低到焊料的熔点以下时，焊料开始凝固，单元在有限元模型中“出生”，“单元出生”并不是将新单元添加到模型中，而是将以前“死亡”的单元重新激活。当一个单元被激活后，其单元载荷、刚度、质量等将被恢复为其上一步的值。这个过程是一个材料从无到有的过程，数值结果说明，使用有限元生死单元技术可以很好地模拟这个过程。

在模拟焊接过程中，建模时须建立完整的有限元模型，包括母材和焊料在内的整体模型。开始计算时先将焊料单元“杀死”，焊接过程的温度下降到焊料熔点时，再让这些单元“出生”。对焊料熔化过程中焊料的单元采用生死单元技术处理，可得到焊料在温度曲线下的应力和应变情况。

3．基于机电耦合模型的电性能分析

平板裂缝天线经过焊接后，结构将产生塑性应变及热应变等，这些应变都将带来天线结构变形。由于本研究中未计入波导、缝隙在机加工过程等引入的随机误差，通过焊接过程的数值模拟，得到的是天线结构受热加工过程引起的系统误差。从平板裂缝天线的电磁传播和辐射机理角度看，结构系统误差一方面影响了波导中电磁传播的路径，另一方面影响了电磁辐射空间的阵面边界。

在波导的电磁传播路径上，馈电网络变形主要为天线阵面辐射缝的面内偏移和偏转等系统误差，进而影响辐射缝电压分布。由于天线模型本身比较大，直接计算天线结构变形后的缝电压工作量太大。同时，考虑到影响电性能的系统误差中的主要矛盾是辐射缝的面内偏移和偏转（见图 2-28），故采用如下办法进行。

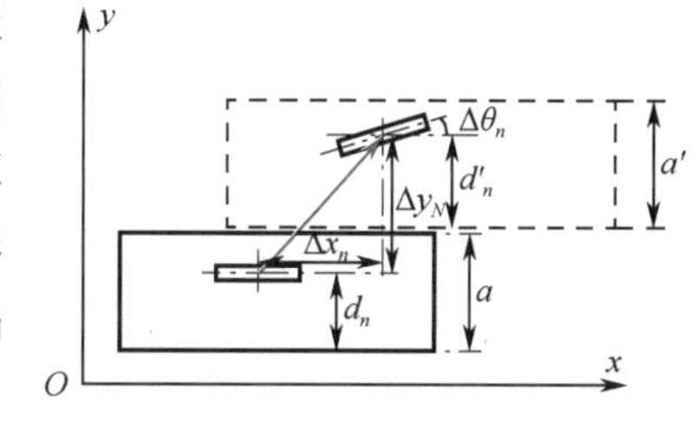

图 2-28　辐射缝在波导中的变形示意图

设变形前后辐射缝到所在波导边的距离分别为 d_n 与 d'_n，变形后辐射缝偏转角度为 $\Delta\theta_n$，则辐射缝电压的变化量为

$$\Delta v = v'_n - v_n = \frac{8.10}{a}\left\{\frac{\cos\left[\frac{\pi}{2}\cos(i'-\Delta\theta_n)\right]}{\sin(i'-\Delta\theta_n)}\mathrm{e}^{\mathrm{j}\pi d'_n/a'} + \frac{\cos\left[\frac{\pi}{2}\cos(i'+\Delta\theta_n)\right]}{\sin(i'+\Delta\theta_n)}\mathrm{e}^{-\mathrm{j}\pi d'_n/a'}\right\} - \frac{32.40}{\lambda}\cos\left(\frac{\pi}{2}\cos i\right)\cos(\pi d_n/a) \tag{2-49}$$

式中，v_n 和 v'_n 分别为变形前后第 n 个辐射缝电压，λ 为工作波长，a 与 a' 分别为变形前后辐射缝所在波导的宽度，$i=\arcsin(\lambda/2a)$, $i'=\arcsin(\lambda/2a')$。

在天线电磁辐射的边界上，结构变形主要为天线阵面上辐射缝的面内偏移和偏转等系统误差（见图 2-29）。辐射缝的面内偏移引起单元间的空间相位误差，偏转引起单元方向图变化，进而对天线电性能产生影响。结合辐射缝电压受馈电网络变形的影响关系式（2-49），便可由式（2-26）得到天线的远场方向图。

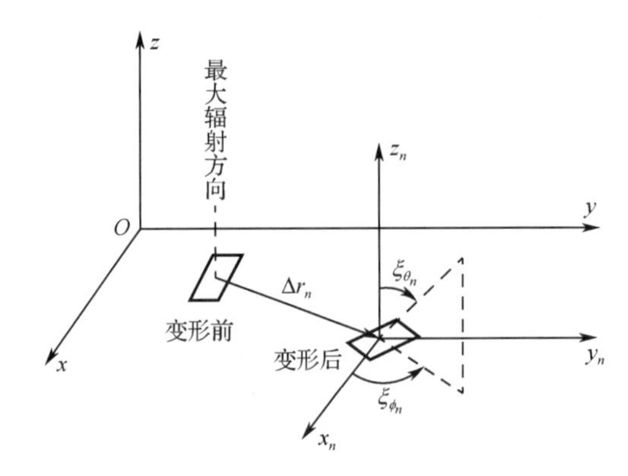

图 2-29 天线缝隙变形前后的几何关系

4. 某平板裂缝天线数值分析与讨论

现针对某机载平板裂缝天线，进行焊接过程和电性能分析。该天线（见图 2-30）整体尺寸为 900mm×900mm×15mm，包含激励层、耦合层及辐射层，且各层波导壁厚均为 1mm，其中 32 个激励波导上各开有一个激励缝，辐射波导阵面上开有 1172 个辐射缝，为多层空腔薄壁结构。

采用壳单元建立该天线结构的有限元模型，共包含 420991 个单元和 194908 个节点，其中母材部分的单元总数为 325499，焊料部分单元总数为 95492，焊料位置如图 2-30 所示。数值模拟中使用的铝合金和焊料的物性参数见表 2-3 和表 2-4。

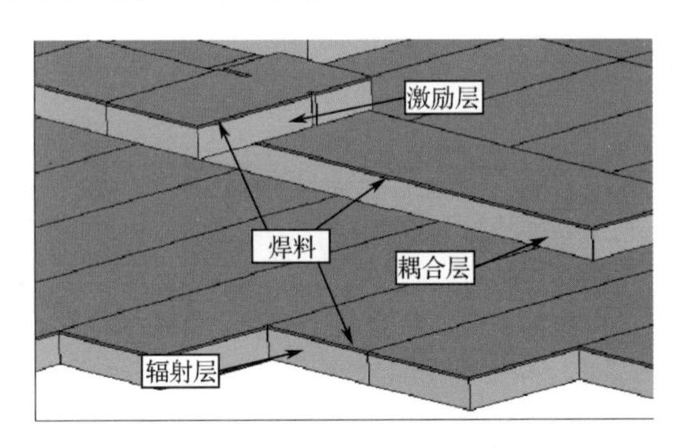

图 2-30 焊料填充位置示意图

表 2-3 铝合金的物性参数

温度/℃	线膨胀系数 /$℃^{-1}$	导热系数 /（$W·m^{-2}·℃^{-1}$）	比热 /（$J·kg^{-1}·℃^{-1}$）	密度/（$kg·m^{-3}$）	泊松比	弹性模量/Pa
20	23.9e-6	201	903	2.7e3	0.33	50e9
200	24.8e-6	213	985	2.7e3	0.33	35e9
400	26.9e-6	208	1210	2.7e3	0.33	10e9
600	29.7e-6	210	1398	2.7e3	0.33	0.05e9

表 2-4　焊料的物性参数

温度/℃	线膨胀系数 /$℃^{-1}$	导热系数 /（$W·m^{-2}·℃^{-1}$）	比热 /（$J·kg^{-1}·℃^{-1}$）	密度/（$kg·m^{-3}$）	泊松比	弹性模量/Pa
20	22.7e-6	190	890	2.7e3	0.28	30e9
200	23.6e-6	195	950	2.7e3	0.28	10e9
400	25.8e-6	198	1000	2.7e3	0.28	0.5e9
600	27.6e-6	200	1100	2.7e3	0.28	0.02e9

1）不同降温曲线的影响

焊接结束后的总应变主要包括塑性应变、热应变及相变应变的残余量之和，由于这些应变都受到热载荷的影响，故通过改变降温曲线，研究降温过程中降温曲线对这些应变的影响，以及变形对其相应天线电性能的影响。不同降温曲线通过使天线在降温过程中改变其周围环境温度来实现。因此，只要设定不同的时间－环境温度曲线，就能实现天线的不同降温曲线。焊接时一般将保温温度控制在低于母材固相线温度而高于焊料液相线温度。温度过高易产生母材熔蚀缺陷，温度过低易出现焊接强度低，甚至焊料不全熔。焊接保温时间以工件达到焊料液相线温度后 2 分钟左右为宜。保温时间过短，焊料不饱满圆滑，甚至不完全熔化。保温时间过长，则出现焊料漫流或漏焊等问题。当然，保温与冷却时间同时受到零件大小、工装的影响。这里设计了 3 条降温曲线，如图 2-31 所示。

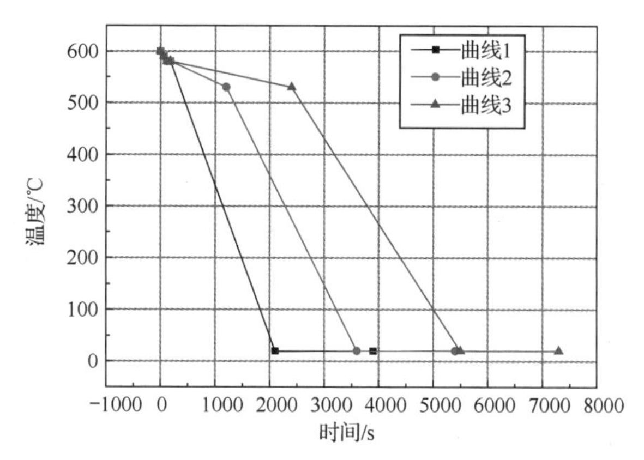

图 2-31　降温曲线

由图 2-31 可见，曲线 1 是在 2100s 内，从 600℃降至室温的降温过程。曲线 2 是在 1200s 内降至 530℃，然后在 2400s 内从 530℃降至室温的降温过程。曲线 3 则是在 2400s 内降至 530℃，然后在 3100s 内从 530℃降至室温的降温过程。从曲线 1 到曲线 3，降温速度逐步变慢。曲线 2 和曲线 3 在高温阶段的降温速度比较慢，这是为了使天线在高温时的温差比较小，以免对晶相产生影响。不同的降温曲线将影响材料晶相生长，进而引起天线在降温过程中的物性参数发生变化。目前许多工程材料尚缺乏高温时的各种物性参数，经过试验测得当冷却速率增大时，材料热膨胀系数增大。针对图 2-31 的降温曲线假设了几组不同的热膨胀系数（见图 2-32）。

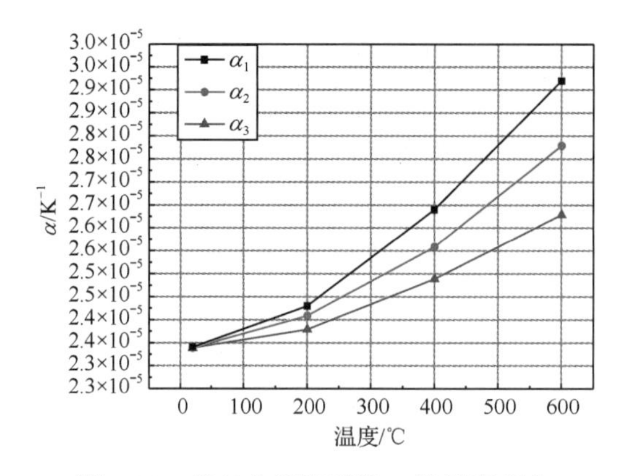

图 2-32　母材热膨胀系数 α 随温度变化

图 2-32 中的 α_1、α_2、α_3 分别为降温曲线 1、2、3 对应的母材热膨胀系数。不同降温曲线的降温过程在整个模型上产生的温差如图 2-33 所示。

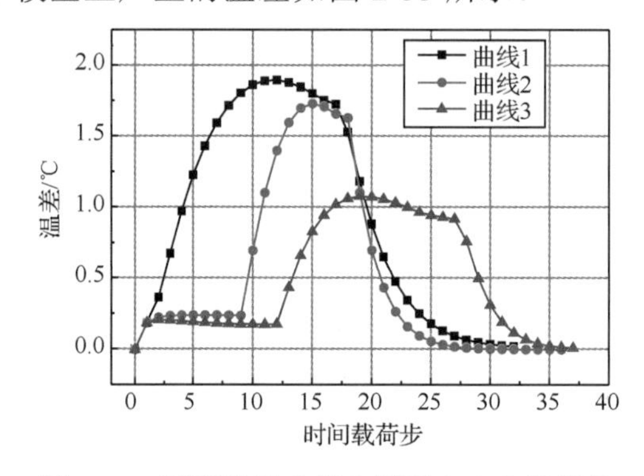

图 2-33　不同降温曲线在模型上产生的温差

由图 2-33 可见，降温最快的曲线 1 产生的最大温差达到 1.9℃，而降温最慢的曲线 3 产生的最大温差只有 1.1℃。即降温曲线越平缓，模型中的最大温差越小，可以使模型中的温度梯度比较均匀。从降温曲线 1、3 的温差不难发现，延长降温时间，降温曲线会变缓，这样可使天线内部的热量通过传导扩散到散热表面，对天线内部的温度下降比较有利。

天线结构在降温过程中，最大应力随着焊料的凝固而增加，在温度降到室温时，应力达到最大值。高温阶段的最大应力会随着降温曲线的变化而变化，高温阶段的降温时间比较长，焊料的凝固时间也较长，因此同样的最大应力出现的时间也发生了变化（见图 2-34）。

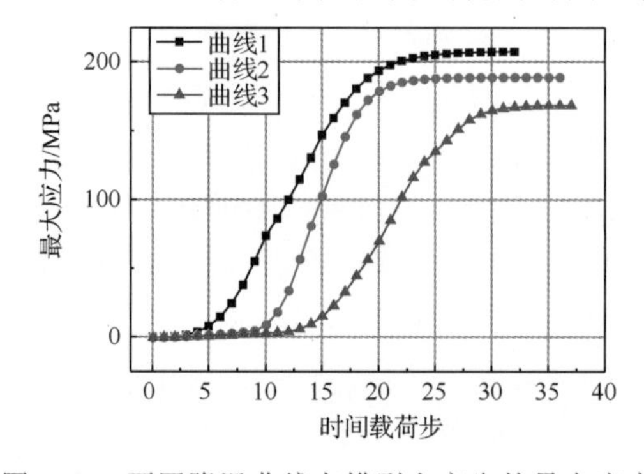

图 2-34　不同降温曲线在模型上产生的最大应力

在不同降温曲线下，天线焊接后的残余应力及变形见表 2-5。

表 2-5　不同降温曲线下残余应力及变形

降温曲线	残余应力/MPa	Z 方向最大位移/mm	Z 方向 RMS/mm
1	207.54	0.616	0.3435
2	189.03	0.561	0.3127
3	168.81	0.501	0.2796

由表 2-5 可知，降温越慢，天线结构在整个降温过程中的温度分布越均匀，能明显改善天线焊接后的残余应力和变形。譬如，降温最快的曲线 1 对应的残余应力为 207.54MPa，降温最慢的曲线 3 对应的残余应力为 168.81MPa，减小了约 18.7%。同时，降低降温速率，对改善变形也很明显。如相对曲线 1 而言，曲线 3 对应的阵面法向（*Z* 方向）最大位移减小了 0.115mm，改善了约 18.7%，*Z* 方向 RMS 则减小了 0.0639mm，改善了约 18.6%。

从天线结构变形中提取出辐射缝的面内偏移量和偏转量，并应用式（2-49）计算出缝电压的变化量。表 2-6 给出了降温曲线 2 的情况，其中天线工作频率为 10GHz。

表 2-6　降温曲线 2 下的辐射缝信息

辐射缝信息		最　大　值	平　均　值
面内偏移量/mm	*X* 向	0.0165	0.0073
	Y 向	0.0082	0.0033
面内偏转量/rad		3.433e-5	1.194e-5
缝电压变化量	幅度/V	0.0730	0.0036
	相位/rad	0.9838	0.0227

由表 2-6 可知，平板裂缝天线焊接后结构变形引起的面内偏移量较小，尤其是辐射缝的面内偏转量几乎可以忽略，这与辐射缝位于同层波导有关。结合表 2-5 中的法向（*Z* 方向）最大位移信息，应用式（2-49）可得天线远场方向图的变化情况，不同降温曲线下的电参数见表 2-7。

表 2-7　不同降温曲线下的电参数

降 温 曲 线	增益损失/dB	最大副瓣电平/dB	
		H 面	*E* 面
1	0.0229	0.3415	−0.0439
2	0.0207	0.2868	−0.0295
3	0.0178	0.2287	−0.0283

由表 2-7 可知，降温过程慢，最终的阵面均方根误差较小，天线电性能也相应变好，与理论一致。因此，随着降温曲线的曲率变缓，天线的电性能随之变好，降温曲线 3 的增益损失比降温曲线 1 改善了约 22%。

2）不同焊料的影响

选用合适的焊料能提升焊接后天线的强度、减小变形。为此，特选取 3 组焊料 Bal86SiMg、Bal88SiMg 及 Bal89SiMg，它们的热膨胀系数与母材分别相差约 15%、10%、5%。在进行焊接模拟分析时，采用了 3 种不同的焊料热膨胀系数，具体见表 2-8。其中低胀是指焊料的热膨胀系数低于母材的热膨胀系数，热胀系数比分别为 15%、10%、5%。对不同的热胀系数比，分析结果见表 2-9。

表 2-8　焊料的热膨胀系数

温度/℃	低胀 15%/K^{-1}	低胀 10%/K^{-1}	低胀 5%/K^{-1}
20	2.03e-5	2.15e-5	2.27e-5
200	2.11e-5	2.23e-5	2.36e-5
400	2.29e-5	2.42e-5	2.56e-5
600	2.53e-5	2.67e-5	2.82e-5

表 2-9　不同热胀系数比下的残余应力和变形

热胀系数比	*Z* 方向最大变形/mm	*Z* 方向 RMS/mm	残余应力/MPa
低胀 15%	0.616	0.343 5	207.68
低胀 10%	0.568	0.316 7	191.63
低胀 5%	0.520	0.2898	175.56

由表 2-9 可知，*Z* 方向最大变形和 RMS 均随着热胀系数比的减小而减小，这是由于热膨胀系数差异越小，降温过程中焊料与母材的收缩量越趋于一致，使得结构变形减小。在焊料热膨胀系数接近母材热膨胀系数时，由于焊料的收缩量变大，焊料受到的压应力随之减小。

在不同热胀系数比的情况下，焊接后的天线电参数见表 2-10。

表 2-10　不同热胀系数比下的天线电参数

热胀系数比	增益损失/dB	最大副瓣电平/dB	
		H 面	*E* 面
低胀 15%	0.0167	0.3431	-0.0335
低胀 10%	0.0148	0.2560	-0.0389
低胀 5%	0.0130	0.1994	-0.0188

由表 2-10 可知，随着热胀系数比的减小，天线的增益损失和副瓣电平减小，如低胀 5%的增益损失比低胀 15%的相应增益下降了约 22%。这说明降低热胀系数比，可有效改善焊接后的天线电性能。

3）不同工装方式的影响

工装方式也是影响焊接后结构变形的关键因素之一。由图 2-35 所示的工装示意图可知，通常平板裂缝天线的辐射层阵面置于云母之上，弹簧的夹紧力施加到其背面，具体包括辐射层、耦合层及激励层的背面。根据弹簧夹紧力在天线背面施加的位置和方式，特设计了 3 种工装方式，如图 2-36、图 2-37 及图 2-38 所示。

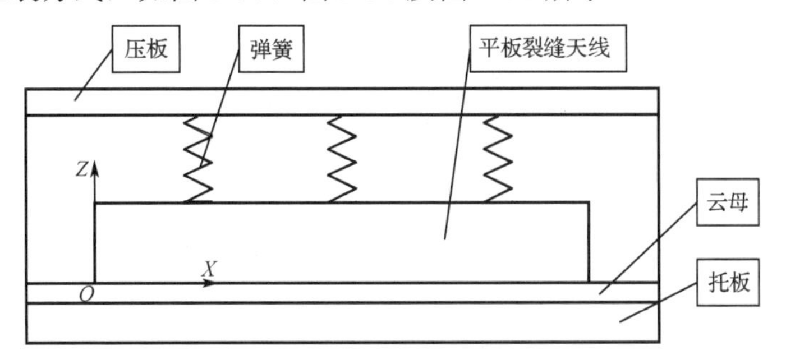

图 2-35　天线焊接过程中的工装示意图

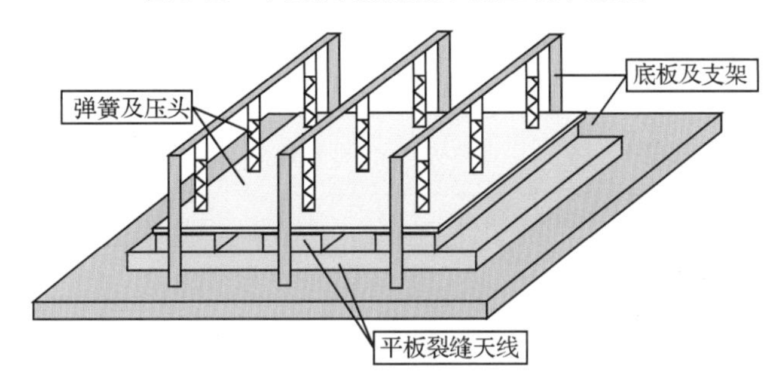

图 2-36　工装方式 1

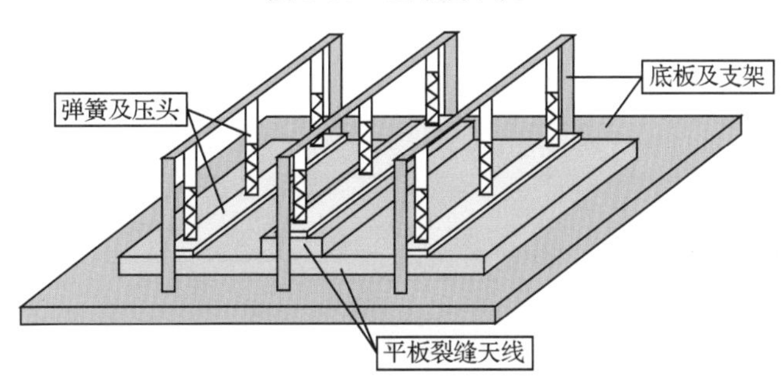

图 2-37　工装方式 2

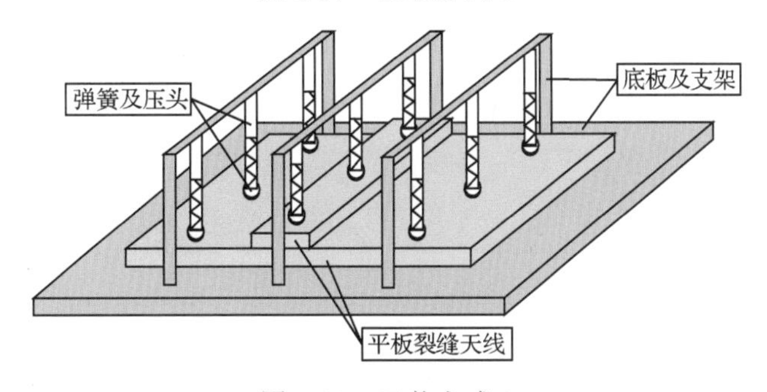

图 2-38　工装方式 3

在图 2-36 所示的工装方式 1 中，通过连接弹簧的平面钢板将夹紧力施加到平板裂缝天线的背面。由于激励层所在位置高于其他波导层，夹紧力仅施加到激励层的背面。而仅压激励层，会导致焊接面积比较大的辐射层没有被压紧，容易出现虚焊问题。这里主要用这种工装方式与其他方式做比较。

将工装方式 1 的钢板拆分成多块，部分钢板可置于辐射层背面，形成工装方式 2（见图 2-37）。这样夹紧力不仅施加在激励层背面，还包括辐射层的背面，可使工件背面受力较为均匀。

进一步将工装方式 2 的多块钢板拆分成多个小圆板，每个弹簧连接一个小圆板，形成工装方式 3（见图 2-38）。由于天线的受力面积相对于工装方式 2 减小了，其受力情况不如工装方式 2 均匀。在这 3 种工装方式中，当支架刚度不够时，可以添加横梁来加强刚度。由于这 3 种工装方式的压头都与装在支架上的弹簧连在一起，因此不会影响熔盐的流动。

根据有关文献，选取弹簧夹紧力为 0.005～0.01MPa，分别为 2.5e-3、5e-3、7.5e-3、10e-3MPa 等 4 种。

在进行焊接模拟时，降温曲线为图 2-31 中的曲线 1，热胀系数比为低胀 15%，不同工装方式的分析结果见表 2-11～表 2-14。

表 2-11　工装方式 1 不同夹紧力下的变形

压力/MPa	残余应力/MPa	最大变形/mm	表面 RMS/mm
0.0025	206.97	0.169	0.0544
0.0050	206.97	0.169	0.0544
0.0075	206.97	0.169	0.0544
0.0100	210.20	0.182	0.0580

表 2-12　工装方式 2 不同夹紧力下的变形

压力/MPa	残余应力/MPa	最大变形/mm	表面 RMS/mm
0.0025	205.96	0.169	0.0544
0.0050	205.96	0.169	0.0544
0.0075	205.96	0.169	0.0544
0.0100	209.01	0.171	0.0551

表 2-13　工装方式 3 不同夹紧力下的变形（7 个压头）

压力/MPa	残余应力/MPa	最大变形/mm	表面 RMS/mm
0.0025	210.04	0.171	0.0551
0.0050	210.04	0.171	0.0551
0.0075	210.04	0.171	0.0551
0.0100	210.20	0.182	0.0580

表 2-14　工装方式 3 不同夹紧力下的变形（18 个压头）

压力/MPa	残余应力/MPa	最大变形/mm	表面 RMS/mm
0.0025	210.04	0.171	0.0551
0.0050	210.04	0.171	0.0551
0.0075	210.04	0.171	0.0551
0.0100	210.20	0.182	0.0580

由表 2-11～表 2-14 可知：

（1）当夹紧力小于 0.01MPa 时，天线焊接后的效果都是比较理想的，最终天线辐射面的表面 RMS 都能保持在 0.05mm 左右。当夹紧力达到 0.01MPa 时，天线焊接后的最大变形和表面 RMS 出现明显变化，因此在使用工装方式 2 或 3 时，最大夹紧力应控制在 0.0075MPa 左右。

（2）由表 2-12～表 2-14 可知，在夹紧力相同的情况下，使用工装方式 2 或 3 两种不同的压头分布，受力均匀的工装方式 2 的计算结果较好。

（3）由表 2-13 和表 2-14 可知，在同一种工装方式下，增加压头的数量并不一定能改善天线焊接效果。当把工装方式 2 视为工装方式 3 增加压头的情况时，只有当天线受力分布均匀时，才能改善天线的焊接效果。

（4）各因素的影响比重。

通过分析各工艺因素在焊接过程中对焊接结果的影响比重，可知在实际焊接过程中控制这些关键工艺因素，改善焊接后的天线结构变形，降低对天线电性能的影响。为此，设定各工艺因素影响焊接变形最小时的参数为最优工况，并将其作为基准工况。然后分别改变各参数至最差参数，计算天线焊接后的表面 RMS。与基准工况的表面 RMS 进行对比，求得各因素的影响量和比重。模拟过程中选择了表 2-15 所示的不同工况参数，得到天线焊接后的表面 RMS、影响量及比重。

表 2-15　不同工况参数

	降温曲线	热胀系数比	工装方式	表面 RMS/mm	影响量/mm	比重/%
基准工况	3	5%	2	0.0363	—	—
工况 1	3	5%	3	0.0364	0.003	5.2%
工况 2	1	5%	2	0.0465	0.029	50%
工况 3	3	15%	2	0.0448	0.026	44.8%

各工况下表面 RMS 的影响量计算公式为

$$\Delta x_i = \sqrt{x_i^2 - x_0^2},\ i = 1,2,3 \tag{2-50}$$

式中，x_0 为基准工况的表面 RMS，x_i 为第 i 个工况的 RMS。影响量给出的比重计算公式为

$$\tau_i = \Delta x_i / \sum_{i=1}^{3} \Delta x_i,\ i = 1,2,3 \tag{2-51}$$

由表 2-15 可知，降温曲线对天线的焊接变形影响最大，约占 50%，热胀系数比次之，约占 44.8%，而改变工装方式的影响最小。可见，在降温过程中，控制降温曲线和选择合适的焊料可明显改善天线焊接后的残余应力与变形，进而改善其电性能。

通过对平板裂缝天线焊接工艺的数值模拟，获得了不同的降温曲线、热胀系数比及工装方式等工艺因素对天线结构焊接后变形、残余应力及天线电性能的影响。同时分析了不同工艺因素对焊接变形的影响比重，这些结果对平板裂缝天线阵面结构的工艺参数的选择具有一定参考价值。

需指出的是，上述结果是基于 3 层波导的机加工本身不存在误差的情况下得出的，这不符合工程实际。因此，下一步工作应在模型中加入各层波导的加工误差，研究可在多大程度上降低对波导加工精度的要求，从而降低制造成本。

2.5.2 有源相控阵天线

对 GBR 这类机扫与电扫相结合的波束做大范围扫描的有源相控阵天线而言，其辐射阵面的随机误差 γ_1 由以下因素产生，一是由单元—模块—子阵—大阵组装过程中，各层面制造与装配随机误差引起的，二是从实现全方位高精度运动的轨道—滚轮、到支撑座架、再到实现大范围高精度俯仰运动的俯仰轴系、最后到支撑整个阵面的背架结构。显然，γ_1 取决于三个面的情况，分别是基础支撑面、离散阵元面以及介于二者之间的拼接共形曲面（见图 2-39）。自然，误差的数学表征也取决于这三个面随机误差的合理且简洁的数学描述。

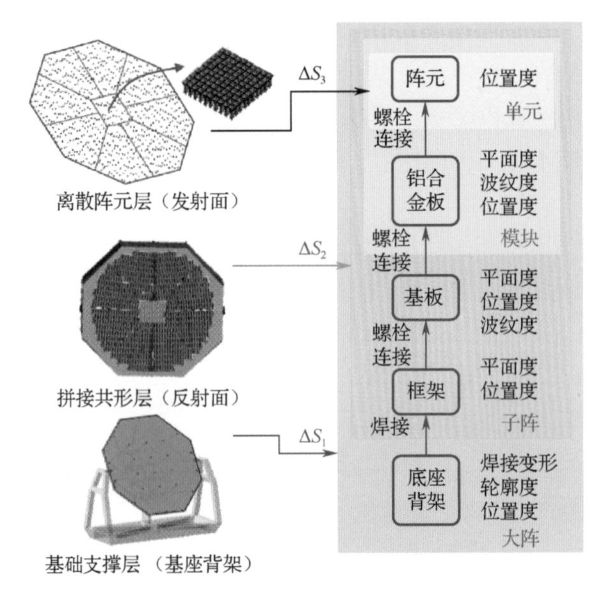

图 2-39　功能形面多层曲面精度关联叠加

1. 多层共形曲面的分解与精度传递

1）多层共形曲面分解

针对有源相控阵天线阵面的制造与装配误差的产生根源及其对天线性能的影响，特构建包括基础支撑曲面、拼接共形曲面、离散阵元曲面在内的多层曲面精度分解模型。

（1）基础支撑曲面 ΔS_1。其由轮轨、座架与背架结构决定，任务是实现对各子阵的支撑，重点考虑桁、梁定位误差、背架位姿等结构误差传递累积误差对阵面支撑的影响，采用旋量簇表征方法来建立基础支撑曲面的精度表征模型。

（2）拼接共形曲面 ΔS_2。其由众多子阵来决定，主要起对 T/R 组件的定位功能，重点考虑壁板拼焊、拼焊变形、热处理变形、子阵拼接变形等误差对曲面拼接精度的影响。为此，特建立混合维表征模型，其既能表征阵面的整数维误差，又可描述各子阵的分数维误差。

（3）离散阵元曲面 ΔS_3。该曲面一般由大量离散 T/R 组件装配而成，需重点考虑螺栓连接、焊接等装配工艺对阵元位置偏差与指向偏差的影响。

2）多层共形曲面精度的关联传递

建立包括基础支撑曲面、拼接共形曲面、离散阵元曲面三层共形曲面的几何精度传递链（见图 2-39），具体步骤：一是采用关联映射方法将基础支撑曲面上连接点的偏差叠加到拼接共形曲面整数维部分，对变动后的拼接共形曲面整数维部分进行双三次 B 样条拟合，并与分数维部分进行关联叠加，以实现基础支撑曲面的几何偏差向拼接共形曲面的传递；二是采用投影法将离散阵元曲面中的离散阵元投影到拼接共形曲面上，确定离散阵元在拼接共形曲面中的对应点，通过对应点坐标叠加，获取最终功能形面的几何精度。

辐射阵面的制造与装配带来的随机误差见式（2-31）。

通过精度的曲面分解与精度关联，可定量表征阵面支撑骨架加工误差、子阵面拼接误差、阵元装配位姿误差等不同误差作用下辐射形面的精度。

2. 基础支撑曲面的精度表征

基础支撑曲面本身由多个子阵定位面拼接装配在支撑底架上，其结构存在离散性，单纯采用现有的旋量模型难以完整描述多子阵拼接形成的基础支撑曲面的整体精度。为此，提出基于旋量簇的精度表征模型，即在基准参考系下，根据各子阵支撑面的几何特征分别建立旋量模型，并根据各子阵的相对空间位置，建立各旋量的相对位置变换向量，将在各自参考系下的旋量模型归并至同一参考系下，用于描述基础支撑曲面的离散几何特性，进而完成对多子阵定位面的旋量簇精度表征，基础支撑曲面表征如图 2-40 所示。

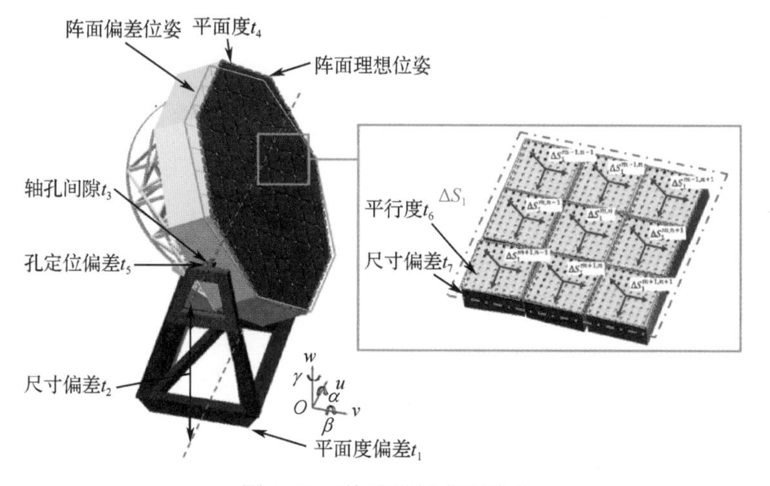

图 2-40 基础支撑曲面表征

基于旋量簇的精度表征模型，在实现完整子阵定位面的精度统一表征的同时，又保留了每个子阵的独立精度信息。基于有限元分析获取焊接变形导致的背架偏转误差 T_0，根据底座、支撑背架、子阵的装配空间关系，可建立基于雅可比矩阵的精度传递模型，由底座平面度、支撑件高度及支撑件与阵面轴孔间隙偏差，可得到基础支撑曲面的精度表征。

3．拼接共形曲面的精度表征

阵面拼接结构既包含整体阵面拼接误差等整体偏差，又包含各子阵面板波纹度等细节误差，该误差难以用规则的整数维描述，也难以单纯地用不规则的分数维来描述。为克服此困难，需在整体上表达拼接共形曲面整数维信息的同时，也能精确地表达拼接共形曲面的分数维细节，以便更完整地表征拼接共形曲面的表面精度特性。

（1）整数维部分 $p_{\mathrm{id}}(u,w)$。采用双三次 B 样条曲面表征整数维表面分量，包括子阵拼接精度、整体阵面变形等。将测量获取的阵面拼接偏差与整体阵面形变转化为曲面型值点矩阵，采用最小二乘法获得整数维曲面的控制点矩阵 $\boldsymbol{V}$，进而建立双三次 B 样条曲面。

$$p_{\mathrm{id}}(u,w)=\sum_{i=0}^{m}\sum_{j=0}^{n}V_{ij}N_{i,4}(u)N_{j,4}(w) \tag{2-52}$$

（2）分数维部分 $h_{\mathrm{fd}}(u,w)$。采用分形函数表征分数维表面分量，包括子阵表面粗糙度、波纹度等。通过对 A-B 函数进行坐标变换与归一化处理，使分数维分量在与整数维分量相同的(u,w)空间中统一表达。$h_{\mathrm{fd}}(u,w)$为定义在(u,w)空间中的分数维表面的高度场特征函数

$$\begin{aligned}h_{\mathrm{fd}}(u,w)=&L\sqrt{\ln\gamma/M}\sum_{m=1}^{M}\sum_{n=0}^{n_{\max}}\gamma^{(D-3)n}\cdot\\&\left(\cos\varphi_{m,n}-\cos\left(\frac{2\pi\gamma^{n}}{L}\sqrt{\left(p_{\mathrm{id}}(u,w)\big|_{x}\right)^{2}+\left(p_{\mathrm{id}}(u,w)\big|_{y}\right)^{2}}\cdot\right.\right.\\&\left.\left.\cos\left(\arctan\left(\frac{p_{\mathrm{id}}(u,w)\big|_{y}}{p_{\mathrm{id}}(u,w)\big|_{x}}\right)-\frac{\pi m}{M}\right)+\varphi_{m,n}\right)\right)\end{aligned} \tag{2-53}$$

式中，$p_{\mathrm{id}}(u,w)\big|_{x}$ 与 $p_{\mathrm{id}}(u,w)\big|_{y}$ 分别为整数维任意一点的坐标值；$h_{\mathrm{fd}}(u,w)$ 为该点在分数维粗糙表面上的高度值；$D(2<D<3)$为粗糙表面的分数维维数；γ（$\gamma>1$）为表征粗糙表面频谱密度的尺度参数；M 为构造表面时叠加轮廓峰的数量；$\varphi_{m,n}$ 为$[0,2\pi]$中的随机相位；L（$L=\max(L_u,L_w)$）为整数维分量的单方向长度；n 为累加次数且 $n_{\max}=\mathrm{int}\left|\lg n_0/\lg\gamma\right|$，$n_0=\max(u_s^{-1},w_s^{-1})$ 为整数维分量的单方向最大采样点数。

（3）混合维模型 $p_{\mathrm{hd}}(u,w)$。通过分数维维数 D、分数维粗糙度 G 及控制顶点网格面积 A_V，可将混合维影响因子 R_{hd} 与混合维偏离虚拟控制点 V_{hd} 表示为

$$\begin{cases}R_{\mathrm{hd}}=\left[G/\sqrt{A_V}\right]^{(D-2)}\\V_{\mathrm{hd}}(u,w)=\left(\dfrac{P_{wu}(u,w)_x}{\left|\boldsymbol{P}_{wu}(u,w)\right|},\dfrac{P_{wu}(u,w)_y}{\left|\boldsymbol{P}_{wu}(u,w)\right|},\dfrac{P_{wu}(u,w)_z}{\left|\boldsymbol{P}_{wu}(u,w)\right|}\right)\end{cases} \tag{2-54}$$

进而，构造出混合维表面关联系数 C_{hd}：

$$C_{\mathrm{hd}}(u,w)=R_{\mathrm{hd}}\cdot V_{\mathrm{hd}}(u,w)\cdot\frac{G^{(D-2)}}{\left|\boldsymbol{P}_{wu}(u,w)\right|\cdot A_V^{(D/2-1)}}\cdot\left(P_{wu}(u,w)_x,P_{wu}(u,w)_y,P_{wu}(u,w)_z\right) \tag{2-55}$$

至此，可将拼接共形曲面的混合维模型表示为

$$p_{\mathrm{hd}}(u,w)=p_{\mathrm{id}}(u,w)+C_{\mathrm{hd}}(u,w)\cdot h_{\mathrm{fd}}(u,w) \tag{2-56}$$

也就是前面所说的 ΔS_2。

4．离散阵元曲面的精度表征

一般而言，辐射阵面的离散点阵数量庞大，通常由多个子阵拼接而成，不同子阵的阵元误差对整体电性能的影响并不相同。传统采样方法忽略了不同子阵对性能影响的差异性，导致大规模离散阵元的位置误差采样效率低，精度表征效果差。为解决此问题，特提出电性能幅度加权的分块分域采样方法，即在较低的采样工作量的基础上，可精确估计各子阵离散阵元几何误差的分布类型与分布参数，进而精确估计辐射子阵所有离散阵元的误差，实现离散阵元曲面的精度表征，以解决传统均匀采样方法难以考虑不同子阵、不同区域阵元对电性能影响不同的情况。

2.6 非线性机械结构因素对天线伺服系统性能影响

随着对天线指向精度等系统性能要求的不断提高，传统的结构与控制分离设计方法越来越难以奏效，将结构设计和控制设计纳入一个统一的框架中进行势在必行，以追求总体性能最优，这就是结构与控制集成设计。而要实现结构与控制的集成设计，探明机械结构因素对伺服系统性能的影响规律至关重要，即需要掌握摩擦、间隙、惯量分布、结构支撑等机械结构因素对伺服系统跟踪性能的影响机理。

为此，针对天线伺服系统的特点，下面研究将质（惯）量、摩擦、间隙等结构因素集成于质量阵、阻尼阵、刚度阵以及激励向量的方法，进而导出考虑上述结构因素的多（柔）体动力学方程，即机械结构因素对伺服系统的影响机理分析模型。为支持深入剖析非线性机械结构因素对伺服性能的影响、验证模型的正确性与有效性，特研制伺服实验平台。

2.6.1 间隙对伺服系统性能的影响

1．齿轮啮合间隙的影响

齿轮传动是广泛应用于雷达天线伺服系统中的一种传动方式。为保证传动的正常进行，在相互啮合的两齿轮齿面间须留有一定的侧向间隙，如图 2-41 所示。齿隙的存在不但会引起传动误差，而且会导致振荡或冲击从而降低跟踪性能。下面讲述将齿隙引入系统模型的方法。

设 $k_{\mathrm{m}i}$ 和 $c_{\mathrm{m}i}$ 分别为第 i 对啮合齿轮的啮合刚度和阻尼，δ_i 为主动轮和从动轮的转动位移差，即 $\delta_i=r_{\mathrm{p}i}\theta_{\mathrm{p}i}-r_{\mathrm{g}i}\theta_{\mathrm{g}i}$，其中，$\theta_{\mathrm{p}i}$ 和 $\theta_{\mathrm{g}i}$ 分别为主动齿轮和从动齿轮的转角，$r_{\mathrm{p}i}$ 和 $r_{\mathrm{g}i}$ 分别为主动齿轮和从动齿轮的半径。

若考虑啮合间隙，则啮合力可表示为

$$f(\delta_i,\dot{\delta}_i)=k_{\mathrm{m}i}\begin{cases}(\delta_i-b_i)(1+\beta_i\dot{\delta}_i), & \delta_i\geqslant b_i\\ 0, & -b_i<\delta_i<b_i\\ (\delta_i+b_i)(1+\beta_i\dot{\delta}_i), & \delta_i\leqslant -b_i\end{cases}\tag{2-57}$$

式中，b_i 为第 i 对啮合齿轮的齿隙，冲击系数 β_i 一般取 0～0.2。含间隙的啮合齿轮示意图如图 2-41 所示，其中，$J_{\mathrm{p}i}$ 是主动齿轮转动惯量，T_{in} 是该对齿轮的输入力矩，$J_{\mathrm{g}i}$ 是从动齿轮转动惯量，T_{out} 是该对齿轮的输出力矩。

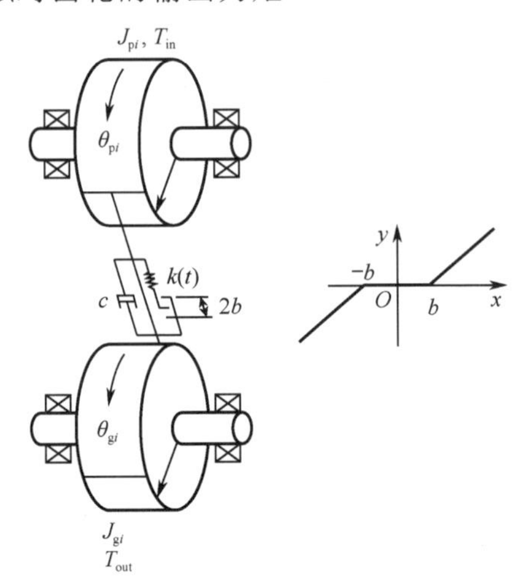

图 2-41　含间隙的啮合齿轮示意图

为使分段函数式（2-57）表示为连续函数，特引入参数 b_i^* 和 $n_{\mathrm{m}i}$

$$b_i^*=\begin{cases}-b_i, & \delta\geqslant b_i\\ b_i, & \delta\leqslant -b_i\end{cases}\tag{2-58}$$

$$n_{\mathrm{m}i}=\begin{cases}1, & |\delta_i|>b_i\\ 0, & |\delta_i|\leqslant b_i\end{cases}\tag{2-59}$$

代入式（2-57）可得

$$f(\delta_i,\dot{\delta}_i)=k_{\mathrm{m}i}n_{\mathrm{m}i}[(r_{\mathrm{p}i}\theta_{\mathrm{p}i}-r_{\mathrm{g}i}\theta_{\mathrm{g}i})(1+\beta_i\dot{\delta}_{\mathrm{m}i})+(r_{\mathrm{p}i}\dot{\theta}_{\mathrm{p}i}-r_{\mathrm{g}i}\dot{\theta}_{\mathrm{g}i})\beta_i(b_i^*+\delta_{\mathrm{m}i})+(b_i^*-\beta_i\delta_{\mathrm{m}i}\dot{\delta}_{\mathrm{m}i})]\tag{2-60}$$

于是，考虑间隙时齿轮的啮合力可表示为

$$F_{\mathrm{m}i}=(c_{\mathrm{m}i}+\beta_i k_{\mathrm{m}i}(b_i^*+\delta_{\mathrm{m}i}))\dot{\delta}_i+n_{\mathrm{m}i}(1+\beta_i\dot{\delta}_{\mathrm{m}i})k_{\mathrm{m}i}R_{\mathrm{p}i}\delta_i+n_{\mathrm{m}i}k_{\mathrm{m}i}(b_i^*-\beta_i\dot{\delta}_{\mathrm{m}i}\delta_{\mathrm{m}i})\tag{2-61}$$

可见，考虑齿隙后，啮合的阻尼、刚度和外激励项都将发生变化，并且因 b_i^* 的取值随轮系转动跳变，导致啮合阻尼与刚度也是跳变的。

2．轴承间隙的影响

除齿隙外，轴承间隙也对伺服性能有着重要的影响。若轴承间隙过大，不但会降低系统谐振频率，并且会增加轴系回转误差，从而降低系统的快速性和准确性。反之，轴承间隙过小，会增加摩擦力矩，不但增加磨损，而且易引起低速爬行，降低系统的低速平稳性。下面讨论将滚珠轴承中的间隙引入系统模型的方法。

设滚珠与内外圈之间存在间隙 b_1（见图 2-42）、第 j 个滚珠与水平方向的夹角为 ϕ_j，

则其与内外圈之间的径向位移 ξ_j 可表示为

$$\xi_j = (x_s - x_p)\cos\phi_j + (y_s - y_p)\sin\phi_j - b_1 \tag{2-62}$$

式中，x_s、y_s、x_p 及 y_p 分别表示轴承内圈、外圈在 x 和 y 方向的位移。

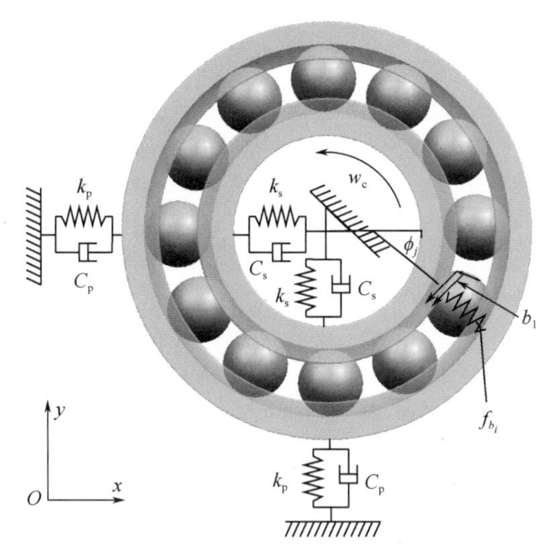

图 2-42　轴承非线性模型

将全部滚珠在水平和竖直方向上承受的压力作为激励施加到齿轮转动方程中，即可建立轴承与齿轮传动的二阶微分方程

$$\boldsymbol{M}_i\ddot{\boldsymbol{X}} + \boldsymbol{C}_i\dot{\boldsymbol{X}} + \boldsymbol{K}_i\boldsymbol{X} = \boldsymbol{P}_i \tag{2-63}$$

式中，状态变量为 $\boldsymbol{X} = [\theta_{pi} \quad \theta_{gi} \quad x_{pi} \quad x_{gi} \quad y_{pi} \quad y_{gi} \quad x_s \quad y_s]^T$。

设轴承内圈的质量和阻尼分别为 m_{bp} 和 c_{bp}，与之对应的轴和齿轮的总质量为 m_s，且轴承内圈与轴的接触刚度和阻尼分别为 k_s 和 c_s，齿轮啮合角为 α，则引入啮合间隙和轴承间隙后，式（2-63）中的质量阵可表示为

$$\boldsymbol{M}_i = \begin{bmatrix} J_{pi} + \frac{1}{3}J_{spi} & 0 & 0 & 0 & 0 & 0 & 0 & 0 \\ 0 & J_{gi} + \frac{1}{3}J_{sgi} & 0 & 0 & 0 & 0 & 0 & 0 \\ 0 & 0 & m_{bp} & 0 & 0 & 0 & 0 & 0 \\ 0 & 0 & 0 & m_{bg} & 0 & 0 & 0 & 0 \\ 0 & 0 & 0 & 0 & m_{bp} & 0 & 0 & 0 \\ 0 & 0 & 0 & 0 & 0 & m_{bp} & 0 & 0 \\ 0 & 0 & 0 & 0 & 0 & 0 & m_s & 0 \\ 0 & 0 & 0 & 0 & 0 & 0 & 0 & m_s \end{bmatrix}$$

阻尼阵为

$$
\boldsymbol{C}_i=\begin{bmatrix}
c_i r_{\mathrm{p}i}^2 & -c_i r_{\mathrm{p}i} r_{gi} & c_i r_{\mathrm{p}i}\cos\alpha & -c_i r_{\mathrm{p}i}\cos\alpha & c_i r_{\mathrm{p}i}\sin\alpha & -c_i r_{\mathrm{p}i}\sin\alpha & 0 & 0\\
-c_i r_{\mathrm{p}i} r_{gi} & c_i r_{gi}^2 & -c_i r_{gi}\cos\alpha & c_i r_{gi}\cos\alpha & -c_i r_{gi}\sin\alpha & c_i r_{gi}\sin\alpha & 0 & 0\\
c_i r_{\mathrm{p}i}\cos\alpha & -c_i r_{gi}\cos\alpha & c_{\mathrm{ps}}+c_i\cos\alpha & -c_i\cos\alpha & 0 & 0 & -c_{\mathrm{ps}} & 0\\
-c_i r_{\mathrm{p}i}\cos\alpha & c_i r_{gi}\cos\alpha & -c_i\cos\alpha & c_{\mathrm{gs}}+c_i\cos\alpha & 0 & 0 & 0 & 0\\
c_i r_{\mathrm{p}i}\sin\alpha & -c_i r_{gi}\sin\alpha & 0 & 0 & c_{\mathrm{ps}}+c_i\cos\alpha & -c_{\mathrm{m}}\sin\alpha & 0 & -c_{\mathrm{ps}}\\
-c_i r_{\mathrm{p}i}\sin\alpha & c_i r_{gi}\sin\alpha & 0 & 0 & -c_{\mathrm{m}}\sin\alpha & c_{\mathrm{gs}}+c_i\cos\alpha & 0 & 0\\
0 & 0 & -c_{\mathrm{ps}} & 0 & 0 & 0 & c_{\mathrm{s}} & 0\\
0 & 0 & 0 & 0 & -c_{\mathrm{ps}} & 0 & 0 & c_{\mathrm{s}}
\end{bmatrix}
$$

刚度阵为

$$
\boldsymbol{K}_i=\begin{bmatrix}
k_i r_{\mathrm{p}i}^2 & -k_i r_{\mathrm{p}i} r_{gi} & k_i r_{\mathrm{p}i}\cos\alpha & -k_i r_{\mathrm{p}i}\cos\alpha & k_i r_{\mathrm{p}i}\sin\alpha & -k_i r_{\mathrm{p}i}\sin\alpha & 0 & 0\\
-k_i r_{\mathrm{p}i} r_{gi} & k_i r_{gi}^2 & -k_i r_{gi}\cos\alpha & k_i r_{gi}\cos\alpha & -k_i r_{gi}\sin\alpha & k_i r_{gi}\sin\alpha & 0 & 0\\
k_i r_{\mathrm{p}i}\cos\alpha & -k_i r_{gi}\cos\alpha & k_{\mathrm{s}}+k_i\cos\alpha & -k_i\cos\alpha & 0 & 0 & -k_{\mathrm{s}} & 0\\
-k r_{\mathrm{p}}\cos\alpha & k_i r_{\mathrm{g}}\cos\alpha & -k_i\cos\alpha & k_{\mathrm{s}}+k_i\cos\alpha & 0 & 0 & 0 & 0\\
k r_{\mathrm{p}}\sin\alpha & -k_i r_{\mathrm{g}}\sin\alpha & 0 & 0 & k_{\mathrm{s}}+k_i\cos\alpha & -k_{\mathrm{m}}\sin\alpha & 0 & -k_{\mathrm{s}}\\
-k_i r_{\mathrm{p}i}\sin\alpha & k_i r_{gi}\sin\alpha & 0 & 0 & -k_{\mathrm{m}}\sin\alpha & k_{\mathrm{s}}+k_i\cos\alpha & 0 & 0\\
0 & 0 & -k_{\mathrm{s}} & 0 & 0 & 0 & k_{\mathrm{s}} & 0\\
0 & 0 & 0 & 0 & -k_{\mathrm{s}} & 0 & 0 & k_{\mathrm{s}}
\end{bmatrix}
$$

激励项为

$$
\boldsymbol{P}_i=\begin{bmatrix}
T_{\mathrm{in}}-n_{\mathrm{m}i}k_{\mathrm{m}i}R_{\mathrm{p}i}(b_i^*-\beta_i\dot{\delta}_{\mathrm{m}i}\delta_{\mathrm{m}i})\\
T_{\mathrm{out}}+n_{\mathrm{m}i}k_{\mathrm{m}i}R_{gi}(b_i^*-\beta\dot{\delta}_{\mathrm{m}i}\delta_{\mathrm{m}i})\\
n_{\mathrm{m}i}k_{\mathrm{m}i}(b_i^*-\beta\dot{\delta}_{\mathrm{m}i}\delta_{\mathrm{m}i})\cos\alpha+f_{\mathrm{p}x}\\
-n_{\mathrm{m}i}k_{\mathrm{m}i}(b_i^*-\beta\dot{\delta}_{\mathrm{m}}\delta_{\mathrm{m}})\cos\alpha+f_{\mathrm{g}x}\\
n_{\mathrm{m}i}k_{\mathrm{m}i}(b_i^*-\beta\dot{\delta}_{\mathrm{m}}\delta_{\mathrm{m}})\sin\alpha+f_{\mathrm{p}y}\\
-n_{\mathrm{m}i}k_{\mathrm{m}i}(b_i^*-\beta\dot{\delta}_{\mathrm{m}}\delta_{\mathrm{m}})\sin\alpha+f_{\mathrm{g}y}\\
-f_{\mathrm{p}x}-f_{\mathrm{g}x}\\
-f_{\mathrm{p}y}-f_{\mathrm{g}y}
\end{bmatrix}
$$

式中，$c_i=c_{\mathrm{m}i}+\beta_i k_{\mathrm{m}i}(b_i^*+\delta_{\mathrm{m}i})$，$k_i=k_{\mathrm{m}i}n_{\mathrm{m}i}(1+\beta\dot{\delta}_{\mathrm{m}})$。

2.6.2 摩擦对伺服系统性能的影响

摩擦是普遍存在于伺服系统中的一种非线性环节，它导致低速爬行、增加系统的稳态误差、降低稳定性。在雷达天线伺服系统中，摩擦主要存在于啮合齿面和轴承处，下面分别予以讨论。

1．齿轮啮合摩擦的影响

在齿轮传动过程中，啮合的一对齿面间存在着相对滑移齿面啮合示意图如图 2-43 所示。

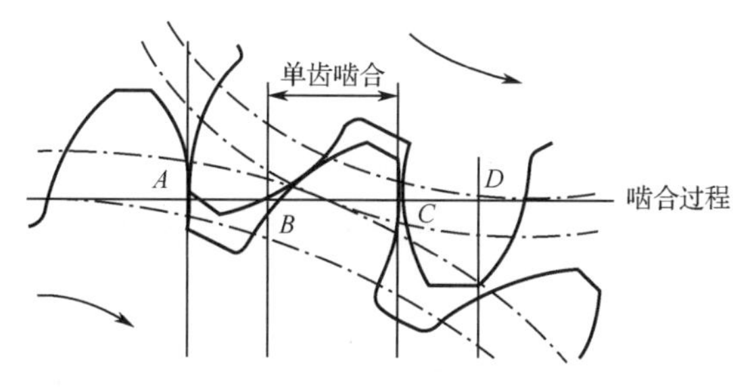

图 2-43　齿面啮合示意图

这种相对滑移将导致啮合摩擦的出现，所以可认为啮合摩擦主要表现为滑动摩擦，且摩擦力的大小和齿面的压力相关。因此，滑动摩擦力矩也可以类似于齿轮啮合力的形式计入阻尼阵、刚度阵。

2．轴承摩擦的影响

类似地，由于轴承处的摩擦主要表现为滚动摩擦，已有的研究表明 LuGre 模型可以较为真实地反映旋转机械处的摩擦力矩。下面以一级啮合齿轮为例，将齿隙、轴承间隙和摩擦引入系统动力学模型中，其传动耦合方程的形式与式（2-63）相同，不同的是其中的系统质量阵、阻尼阵、刚度阵以及激励项的内涵，分别为

$$\boldsymbol{M}_i=\begin{bmatrix} J_{\mathrm{p}i}+\frac{1}{3}J_{\mathrm{sp}i} & 0 & 0 & 0 & 0 & 0 & 0 & 0 \\ 0 & J_{\mathrm{g}i}+\frac{1}{3}J_{\mathrm{sg}i} & 0 & 0 & 0 & 0 & 0 & 0 \\ 0 & 0 & m_{\mathrm{p}i} & 0 & 0 & 0 & 0 & 0 \\ 0 & 0 & 0 & m_{\mathrm{g}i} & 0 & 0 & 0 & 0 \\ 0 & 0 & 0 & 0 & m_{\mathrm{p}i} & 0 & 0 & 0 \\ 0 & 0 & 0 & 0 & 0 & m_{\mathrm{p}i} & 0 & 0 \\ 0 & 0 & 0 & 0 & 0 & 0 & m_{\mathrm{s}} & 0 \\ 0 & 0 & 0 & 0 & 0 & 0 & 0 & m_{\mathrm{s}} \end{bmatrix}$$

$$\boldsymbol{C}_i=\begin{bmatrix} c_i^f r_{\mathrm{p}i}^2 & -c_i^f r_{\mathrm{p}i}r_{\mathrm{g}i} & c_i r_{\mathrm{p}i}\cos\alpha & -c_i r_{\mathrm{p}i}\cos\alpha & c_i r_{\mathrm{p}i}\sin\alpha & -c_i r_{\mathrm{p}i}\sin\alpha & 0 & 0 \\ -c_i^f r_{\mathrm{p}i}r_{\mathrm{g}i} & c_i^f r_{\mathrm{g}i}^2 & -c_i r_{\mathrm{g}i}\cos\alpha & c_i r_{\mathrm{g}i}\cos\alpha & -c_i r_{\mathrm{g}i}\sin\alpha & c_i r_{\mathrm{g}i}\sin\alpha & 0 & 0 \\ c_i r_{\mathrm{p}i}\cos\alpha & -c_i r_{\mathrm{g}i}\cos\alpha & c_{\mathrm{ps}}+c_i\cos\alpha & -c_i\cos\alpha & 0 & 0 & -c_{\mathrm{s}} & 0 \\ -c_i r_{\mathrm{p}i}\cos\alpha & c_i r_{\mathrm{g}i}\cos\alpha & -c_i\cos\alpha & c_{\mathrm{gs}}+c_i\cos\alpha & 0 & 0 & 0 & 0 \\ c_i r_{\mathrm{p}i}\sin\alpha & -c_i r_{\mathrm{g}i}\sin\alpha & 0 & 0 & c_{\mathrm{ps}}+c_i\cos\alpha & -c_i\sin\alpha & 0 & -c_{\mathrm{s}} \\ -c_i r_{\mathrm{p}i}\sin\alpha & c_i r_{\mathrm{g}i}\sin\alpha & 0 & 0 & -c_{\mathrm{m}i}\sin\alpha & c_{\mathrm{gs}}+c_i\cos\alpha & 0 & 0 \\ 0 & 0 & -c_{\mathrm{s}} & 0 & 0 & 0 & c_{\mathrm{s}} & 0 \\ 0 & 0 & 0 & 0 & -c_{\mathrm{s}} & 0 & 0 & c_{\mathrm{s}} \end{bmatrix}$$

$$\boldsymbol{K}_i=\begin{bmatrix} k_i^f r_{pi}^2 & -k_i^f r_{pi} r_{gi} & k_i r_{pi}\cos\alpha & -k_i r_{pi}\cos\alpha & k_i r_{pi}\sin\alpha & -k_i r_{pi}\sin\alpha & 0 & 0 \\ -k_i^f r_{pi} r_{gi} & k_i^f r_{gi}^2 & -k_i r_{gi}\cos\alpha & k_i r_{gi}\cos\alpha & -k_i r_{gi}\sin\alpha & k_i r_{gi}\sin\alpha & 0 & 0 \\ k_i r_{pi}\cos\alpha & -k_i r_{gi}\cos\alpha & k_{ps}+k_i\cos\alpha & -k_i\cos\alpha & 0 & 0 & -k_s & 0 \\ -k_i r_{pi}\cos\alpha & k_i r_{gi}\cos\alpha & -k_i\cos\alpha & k_{gs}+k_i\cos\alpha & 0 & 0 & 0 & 0 \\ k_i r_{pi}\sin\alpha & -k_i r_{gi}\sin\alpha & 0 & 0 & k_{ps}+k_i\cos\alpha & -k_i\sin\alpha & 0 & -k_s \\ -k_i r_{pi}\sin\alpha & k_i r_{gi}\sin\alpha & 0 & 0 & -k_{mi}\sin\alpha & k_{gs}+k_i\cos\alpha & 0 & 0 \\ 0 & 0 & -k_s & 0 & 0 & 0 & k_s & 0 \\ 0 & 0 & 0 & 0 & -k_s & 0 & 0 & k_s \end{bmatrix}$$

$$\boldsymbol{P}_i=\begin{bmatrix} T_{in}-n_{mi}k_{mi}R_p(b^*-a\dot{\delta}_m\delta_m)(1+\mu_i\varsigma)-F_{pf} \\ T_{out}+n_{mi}k_{mi}R_g(b^*-a\dot{\delta}_m\delta_m)(1+\mu_i\varsigma)-F_{gf} \\ n_{mi}k_{mi}(b^*-a\dot{\delta}_m\delta_m)\cos\alpha+f_{px} \\ -n_{mi}k_{mi}(b^*-a\dot{\delta}_m\delta_m)\cos\alpha+f_{gx} \\ n_{mi}k_{mi}(b^*-a\dot{\delta}_m\delta_m)\sin\alpha+f_{py} \\ -n_{mi}k_{mi}(b^*-a\dot{\delta}_m\delta_m)\sin\alpha+f_{gy} \\ -f_{px}-f_{gx} \\ -f_{py}-f_{gy} \end{bmatrix}$$

$$c_i^f=c_i(1+\mu\varsigma),\quad k_i^f=k_i(1+\mu\varsigma)$$

式中，J 与 m 分别为转动惯量与质量；C、θ、R、k_s 及 k_m 分别为阻尼、转动角度、齿轮半径、扭转刚度和啮合刚度；下角标 p、g 分别表示主动齿轮和被动齿轮；α 为齿轮的啮合角；下角标 i 表示第 i 对啮合齿轮；T_{in} 与 T_{out} 分别表示该对齿轮的输入与输出力矩；k_i^f 为摩擦刚度，上标 f 表示摩擦力。

2.6.3 伺服实验台的研制与实验验证

1. 伺服实验台

为验证机械结构因素对伺服系统性能影响机理及分析模型，特研制了一台可变结构参数的伺服实验装置，其主要包括机械结构和数字控制系统两部分。机械结构部分为单轴回转平台，如图 2-44 所示。该平台具有以下 5 个功能：

（1）齿轮间隙。可通过调节齿轮中心距来改变其齿隙（调节范围为1′～5′）。

（2）传动精度。可通过更换齿轮来改变传动精度（6～7 级）。

（3）扭转刚度。可通过改变传动轴来改变系统的扭转刚度（谐振频率可从 9Hz 非连续地变至 19Hz）。

（4）负载惯量。可通过调节质量块的回转半径来改变系统负载惯量（惯量调节范围为 0.02248～0.22032kg·m^2，总惯量变比范围为 1～2.314）。

（5）摩擦力矩。通过调节摩擦加载装置的压力来获得不同的摩擦力矩（最大静摩擦力矩调节范围为 0.2～5N·m）。

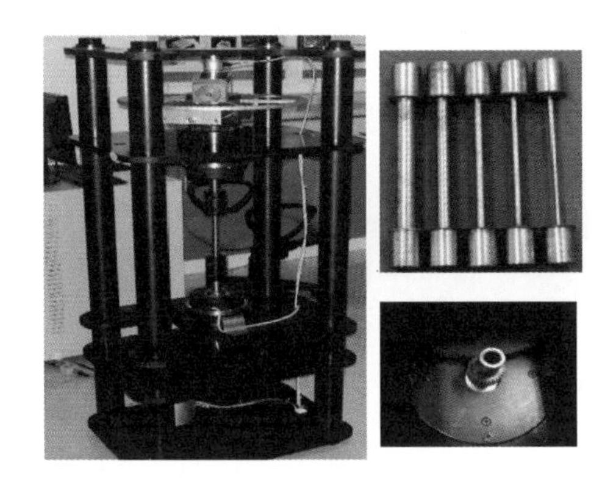

图 2-44 机械结构部分

伺服实验台中结构参数的改变是通过参数调节机构实现的，参数调节机构和传感检测部分如图 2-45 所示。为实现系统的精确建模，结构调节前后的相应参数值应可测，其中齿隙的测量通过实验台上安装的高精度编码器（精度 1.5″）实现，电机端和大齿轮上端均安装有编码器，它们分别与大小齿轮固连，电机驱动传动系统正向、反向转动，通过两个编码器的读数即可知齿隙。系统的扭转刚度可通过锁紧转轴、驱动电机、读出扭矩和上下编码器的转角差的方法计算得到。负载惯量可通过实验台几何参数与调节质量块的螺杆直接计算求得，而摩擦力矩则可通过安装在摩擦加载机构上的力矩传感器（SM-0150）直接测量获得。为保证上述参数的测试精度，可以采用多次测量求平均值的方法。

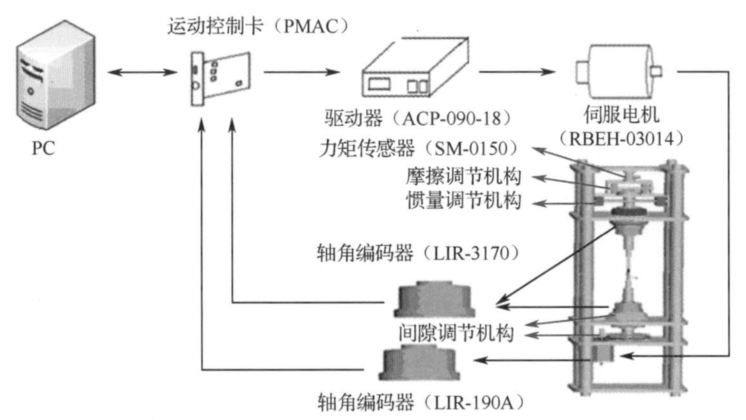

图 2-45 参数调节机构和传感检测部分

该伺服实验台的控制由二轴运动控制卡（PMAC）实现，设计的控制方案在 PC 上编程后即可直接通过 PMAC 对实验台的运行进行操控，同时系统的运行情况由相应传感器测量后也通过 PMAC 传输到 PC 上进行存储、显示或进行闭环控制。此外，系统设计有专用的接口，可方便地连接动态特性分析仪（如 Agilent 35670A）以实现扫频实验，获得实验台的频率响应曲线，为建模分析提供参考。

2．实验验证

由前述方法可以建立该传动系统的影响机理分析模型，并通过开环实验对所建模型进行验证。

开环实验的基本思路是，先通过仿真计算得到考虑非线性因素时系统对正弦响应的情况，然后通过实验得到相应的测试结果，再进行比较以验证建立模型的正确性。具体地讲，即给直流伺服电机施加电压幅度为4V，频率分别为1Hz、3Hz、5Hz及7Hz的正弦激励信号，比较实验结果和仿真结果。限于篇幅，这里仅给出5Hz的情况，系统速度响应仿真与实验比较，以及速度响应误差曲线，分别如图2-46和图2-47所示。

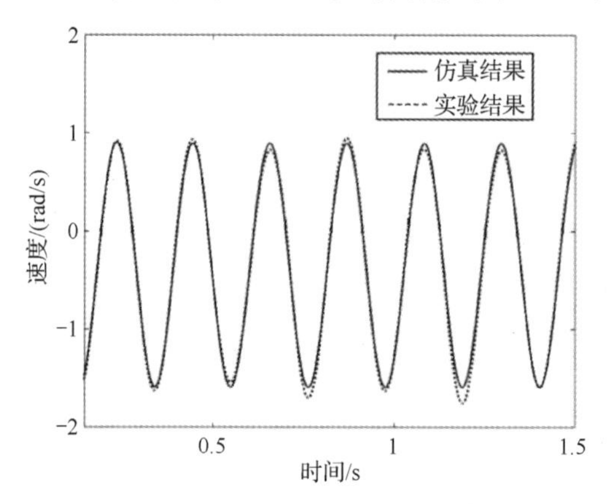

图2-46　速度响应仿真与实验比较（频率5Hz，电压4V）

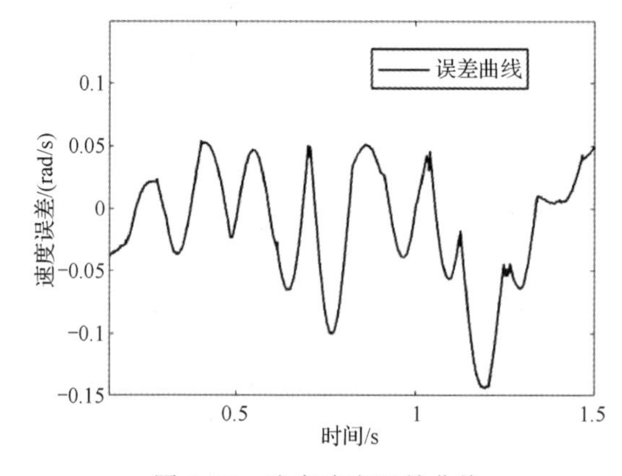

图2-47　速度响应误差曲线

综合不同频率的开环仿真结果和实测结果可知，仿真与实测的最大误差不超过0.15rad/s，相对误差不超过10%，这说明所建的模型是正确的。

Chapter 3

第3章 机电耦合设计

【概要】

本章阐述基于电子装备机电耦合理论的机电耦合设计问题。首先，针对机、电、热间的相互影响，讨论多学科综合分析的基本方法，重点是基于模型传递的多学科分析方法，如多场间网格信息传递的准确性与完备性、多物理场网格匹配、机电两场之间的网格转换与信息传递以及机、电、热三场之间的网格转换与信息传递；其次，讨论基于机电耦合技术的多学科设计优化方法，包括多学科设计优化的问题、基本策略、模型的建立和求解策略与方法等，进而提出基于统一设计向量的多物理场耦合问题优化设计模型。

3.1 概述

电子设备作为一类以实现电性能为主要目标、机电性能相互耦合的系统，其设备研制的突出特点是机、电、热、液、控多学科交叉融合，特别是机械结构、通风散热和电磁设计之间，其相互影响、紧密关联的特点更为突出。

在工程实际中，电子设备不同性能指标的实现并不是相互独立的，设计中不同性能的参数之间存在着相互联系，常常令设计者顾此失彼。例如，设计高密度机箱时，常需在机箱壁上开孔以提升机箱的通风散热性能，但开孔会导致机箱电磁兼容性能的下降。因此，在设计高性能电子设备时，必须同时考虑机、电、热等多个物理场之间的相互耦合关系，从机电耦合的角度进行电子设备性能的分析和优化。

第 2 章讨论了电子设备机电耦合的基础理论和影响机理，对机电耦合的原理、数学模型、影响要素和影响机理等做了较为深入的阐述。但在实际工程应用时，还需要有切实可行的设计方法和手段。本章将着重讨论电子机械设计过程常用的多学科分析和多学科设计优化问题。

3.2 多学科分析方法

随着以有限元和边界元为代表的数值方法在电子设备设计中的广泛应用，单学科的分析方法已经推广普及，在电子设备的研制中发挥着巨大的作用。但是，电子机械工程仍然面临多科学分析问题亟待深入研究，亟待涅槃重生式的理念破茧、原理创新、方法提升、技术突破、工具支撑。为此，需要勇敢面对、潜心解决以下几个核心科学与技术问题。

3.2.1 基本分析方法

多学科分析的基本目标是实现不同学科仿真结果之间的关联和协同。如图 3-1 所示，电子设备的多学科分析包括“结构-热”“结构-电磁”“结构-电路”“流-固”等耦合分析需求。

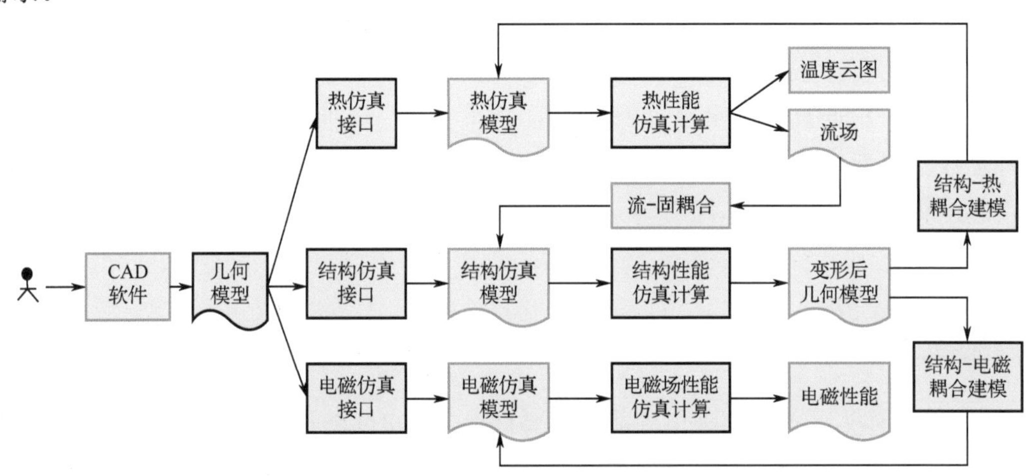

图 3-1　电子设备机电耦合设计的流程

要实现上述多学科分析的目标，需采用一定的多学科分析方法。从物理场几何模型传递的角度看，可将多学科分析分为“基于参数传递”“基于模型传递”和“基于统一模型”等不同方法。

1. 基于参数传递的多学科分析

基于参数传递的多学科分析方法的基本思想是：从源学科的分析结果中，提取影响目标学科的特征参数，然后通过特征参数构建目标学科的仿真模型，进而获得目标学科的关联分析结果。

如图 3-2 所示，从结构振动变形后的线性位移传感器（Linear Variable Differential Transformer，LVDT）仿真结果中，提取中轴线的控制点数据，依据结构变形后控制点的实际数据，得到振动变形后铁心倾角；然后将结构仿真得到的铁心倾角数据输入到电磁分析仿真模型的参数化程序中，最终生成振动情况下 LVDT 的仿真模型。通过铁心倾角参数，可获得结构分析对电磁分析结果的影响，实现 LVDT 结构和电磁的多学科分析。

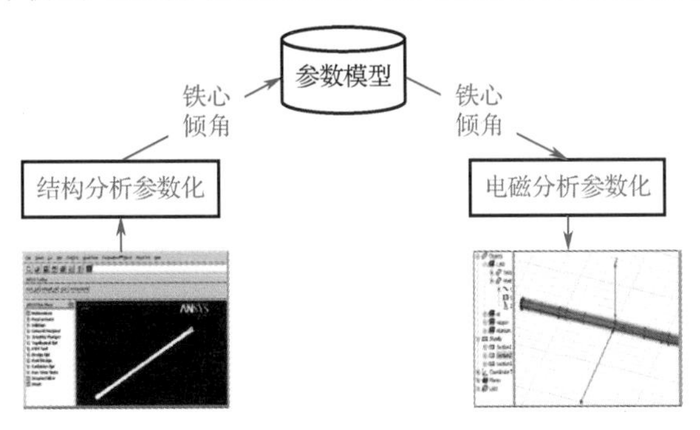

图 3-2 基于参数传递的多学科分析

基于参数传递的多学科分析方法的优点是方法简单、效率高，缺点是需事先建立目标学科的参数化仿真模型。同时，参数提取的过程可能会造成耦合信息传递的失真。

2. 基于模型传递的多学科分析

当不同学科的仿真分析模型通过几何边界发生相互作用时，基于模型传递是一种有效的多学科分析方式。如图 3-3 所示，首先进行结构仿真，然后由专用软件模块自动取出结构变形后模型的网格边界，并在电磁仿真、热仿真等环境下重构变形后的模型，作为电磁仿真和热仿真的初始几何边界，再做进一步的仿真分析。这样，可将结构分析的结果准确地传递到电磁性能和热性能的分析，实现多学科分析结果之间的信息传递。

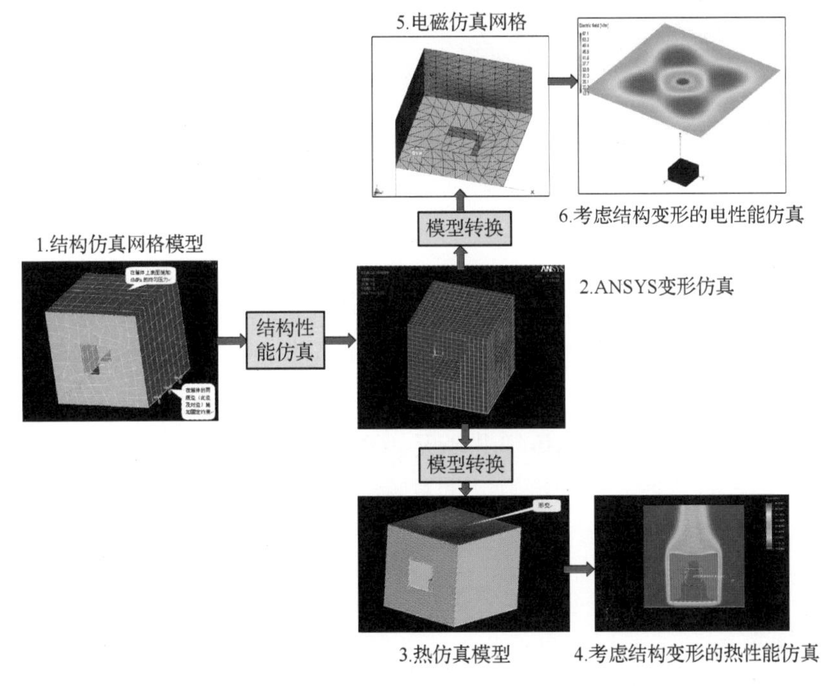

图 3-3 基于模型传递的多学科分析

基于模型传递的多学科分析方法的优点是精度高，不同学科之间耦合信息转换的失真小。缺点是信息传递的数据量大，费时。同时，受网格离散等因素的影响，仍存在一定的误差，需通过网格匹配和修正技术做进一步处理。

3．基于统一模型的多学科分析

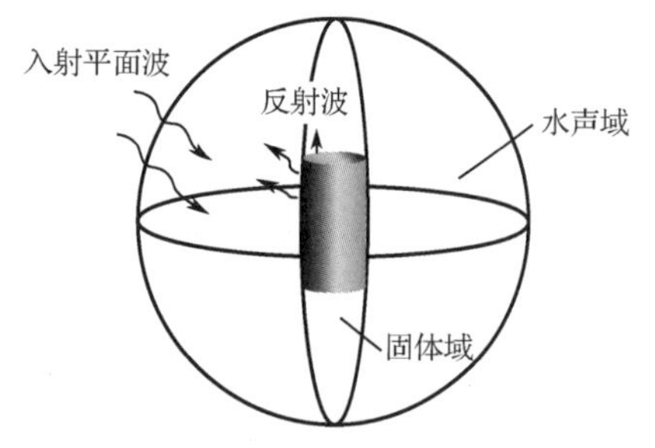

图 3-4　基于统一模型的多学科分析

基于统一模型的多学科分析方法的基本思想是，构建包含所有学科仿真所需信息的统一分析模型，如图 3-4 所示，构建了水声域和固体域，在此基础上根据流体和固体分析的本构方程，建立统一的方程组，求解后即可得到流体参数和固体参数。

基于统一模型的多学科分析方法的优点是理论上严谨，可避免不同学科信息转换过程中的信息丢失与失真。其缺点是因涉及多学科控制方程的联立求解问题，故算法的收敛性和准确性有待提高。另外，因需同时照顾多个学科的分析，故对设计特征的简化往往很难进行，网格规模和计算量很大。特别是对详细设计中的多学科仿真分析，很难得到令人满意的结果，因此，该方法主要用在结构比较简单的概念设计和总体方案设计阶段。

综上所述，基于模型传递的多学科分析方法是目前工程中应用较为广泛、应用效果较好的多学科分析方法，下面对其中涉及的“多场间信息传递的准确性与完备性”“多物理场网格匹配”“机电两场之间的网格转换与信息传递”“机电热三场之间的网格转换与信息传递”等问题进行讨论。

3.2.2　多场间信息传递的准确性与完备性

在基于模型传递的多学科分析中，几何（网格）、简化特征及分析结果等信息，在不同仿真模型间的无失真传递至关重要。

1．几何（网格）信息

如图 3-1 和图 3-3 所示，在进行机、电、热等多学科分析时，实现机电耦合的基础是几何边界信息的传递，即源学科分析后得到的网格的点、线和面信息，经过一定的处理后，准确地传递到目标系统，作为目标系统分析的起点。

需要指出的是，网格信息的传递并不是简单地从源系统复制到目标系统，而是需考虑多种因素之后的转换。例如，当分析对象是曲面边界时，需要考虑网格离散误差（详见 3.2.3 节多物理场网格匹配）；再如，当源系统为热分析时，需要考虑热胀冷缩而引起的网格改变。

2．简化特征信息

在进行单一学科分析时，为了控制仿真规模，在确保仿真精度的情况下，往往会对某些类型的特征进行简化，例如，在进行结构性能分析时，往往会忽略某些细小的孔洞和缝隙。但在电磁性能分析中，这些特征可能是关键的，是必须保留的。因此，在多学科分析中的多场信息传递时，需将源学科简化的特征信息传递给目标学科，根据需要在传递的网格中加入这些特征。

3．分析结果信息

源学科分析得到的计算结果，可能对目标学科的结果产生影响。例如，温度场计算得到的温差，可能成为结构分析时的温度载荷输入。温度场计算得到的元器件温度，或者是振动分析得到的振动幅度和频率，会影响电磁计算时元器件的电导率，或者是磁性元件的磁导率，从而影响电磁场的仿真结果。

可见，在进行多学科仿真分析之前，应该对学科之间的相关信息进行准确性和完备性分析。首先，确定需要在不同学科之间传递的、影响多学科仿真结果的关键信息组成和种类；其次，确定传递信息在不同场之间传递的方式和方法；再次，确定信息传递可能出现的失真和误差，以及这些失真和误差可能导致最终结果的误差范围；最后，对多学科仿真结果的准确性和可信度进行评判。

3.2.3　多物理场网格匹配

在上述的多场间信息传递中，物理场网格信息的传递是最为关键的一项工作。从上面的分析可知，各物理场网格之间耦合信息传递是进行耦合分析的关键。首先，需了解不同物理场剖分网格之间的关系，因为通常不同物理场网格划分的形式和精度不同，不仅造成不同物理场共同界面的网格间不匹配，而且会带来网格空隙和网格覆盖。图 3-5 给出了一个二维情况下不同物理场离散界面间的网格不匹配的情况。图 3-5 中的 Γ 为两个不同物理场之间的连续共同边界，Γ_A和Γ_B 为不同物理场的离散边界，不同物理场离散边界 Γ_A和Γ_B 上的信息通过数学物理方法建立起信息传递关系。

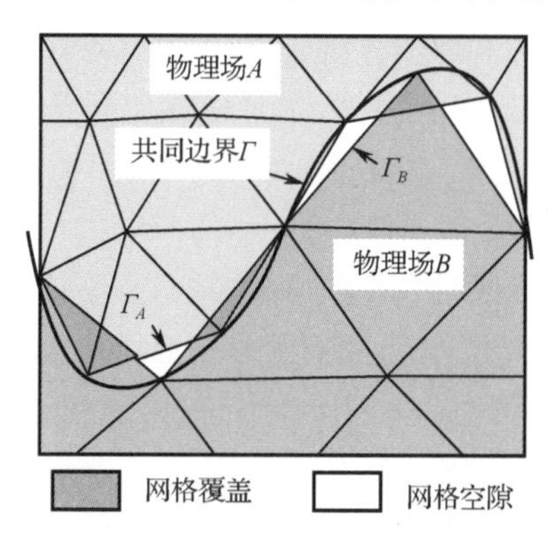

图 3-5　二维情况下不同物理场离散界面间的网格不匹配

多场耦合问题中的耦合信息传递需满足五个基本准则：能量在整个界面上守恒；载荷在整个界面上平衡；满足精度要求；耦合求解各阶数的守恒；满足效率（精度与计算费用之比）要求。而多数情况是基于界面能量守恒的。

假设上述二维物理场的离散界面上的耦合信息与一般意义下的场耦合问题数学模型中所描述的情况一样，由于$\Gamma_A \neq \Gamma_B \neq \Gamma$，故耦合信息需要进行变换才能满足各物理场分析计算的要求，这样式（2-12）与式（2-13）便可写为

$$\boldsymbol{Y}_{A\to B} = \boldsymbol{H}_{A\to B}\boldsymbol{X}_{A\to B} \tag{3-1}$$

$$\boldsymbol{X}_{B\to A} = \boldsymbol{H}_{B\to A}\boldsymbol{Y}_{B\to A} \tag{3-2}$$

式中，$\boldsymbol{H}_{A\to B}$、$\boldsymbol{H}_{B\to A}$分别为耦合信息传递的转换矩阵；$\boldsymbol{X}_{A\to B}$、$\boldsymbol{Y}_{A\to B}$、$\boldsymbol{X}_{B\to A}$及$\boldsymbol{Y}_{B\to A}$分别为各物理场间相互影响的信息向量。如何确定转换矩阵，则可通过上面给出的传递关系推导出来。

下面讲述几个常见的转换矩阵$\boldsymbol{H}$的确定方法。

1．邻近插值法

邻近插值法是一种便捷的插值方法。其基本思想是通过搜索算法确定与网格A中的某节点x_A最邻近的网格B中的某节点x_B，再将x_A处的信息直接传给x_B，这样得到的转换矩阵$\boldsymbol{H}$中每一行只有一项等于1，其余均为0。这种方法只有在物理场A和B的网格几乎完全匹配时才能得到满意结果。

2．映射法

为能从网格B的信息中得到网格A中的节点的信息，需将节点x_A正交映射到网格B的一个映射点上，通过映射点的信息得到节点x_A的耦合信息。映射点的信息可采用插值法得到。同样，对单元通过交集法也可以进行映射。由于采用正交映射，有些节点或单元难以映射到对应的网格中，易造成耦合传递不平衡。因此，需考虑采用补偿的方法来解决这种问题。

3．样条函数插值法

采用样条函数来描述流体网格和结构网格的位移，通过界面平衡条件，得到转换矩阵$\boldsymbol{H}$，从而建立两种网格之间信息的传递方式。如应用C^2径向基函数来建立流-固耦合问题中的耦合信息的传递矩阵，应用二次曲面双调和样条函数与薄板样条函数建立。

4．延拓法

这是一种在不增加节点数目的情况下，将通常意义下的单元进行延拓来传递信息的方法。首先，定义嵌套单元域，利用单元外的节点信息，强迫单元内的插值函数高次化，从而构造出广义的形状函数，最终得到利用周围外点信息构造网格移动的一种高精度方法。

上面提到的信息传递方法都遵守界面能量守恒定律和界面力平衡条件，造成的分析误差来源于插值和映射。对准确度和计算效率而言，样条函数法更具优越性。而高精度的延拓法也将随着计算精度的提高而得到发展。

可见，CMFP 模型求解的准确性的关键在于耦合信息传递的精度。随着电子装备向着高频段、高增益、快响应、高精度、高密度、小型化的方向发展，电磁场、结构位移场、温度场之间的场耦合理论模型将更趋复杂，场之间信息传递的准确性与完备性要求

必将越来越高，故其高效高精度求解方法的研究是十分迫切的。

3.2.4　机电两场之间的网格转换与信息传递

结构有限元分析模型和电磁场计算网格以及信息的转换与传递包括以下两种途径：一是电磁网格直接在已建立的结构有限元网格中产生；二是通过网格映射产生。

1．直接在已建立的结构有限元网格中产生

直接在结构三角形单元中产生电网格如图 3-6 所示，取三条边的中点并将它们连起来，从而在三角形 ABC 内生成 4 个三角形，照此进行下去，可生成 16 个、64 个及 256 个三角形，直至满足用于电磁性能计算的三角形边长为工作波长的 1/5～1/8 为止。

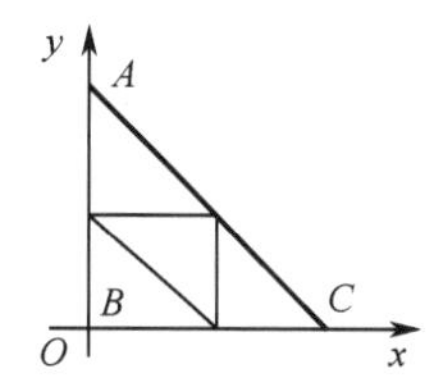

图 3-6　直接在结构三角形单元中产生电网格

2．通过网格映射产生

以大型反射面天线为例，结构分析、电磁分析所形成的网格的不一致性以及电磁模型规模的庞大，使得结构-电磁的耦合分析变得非常困难。为此，将函数映射应用到结构分析模型与电磁分析模型的网格信息转换中，反射面结构与电磁之间的网格映射如图 3-7 所示。

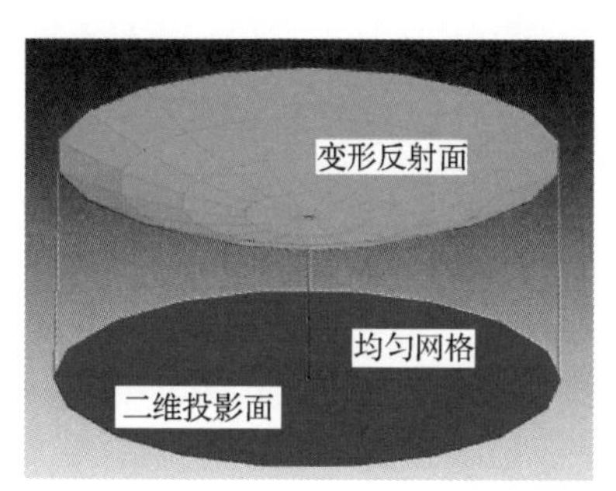

图 3-7　反射面结构与电磁之间的网格映射

（1）对反射面天线划分有限元网格，进行结构分析，得到变形后的反射面三维结构网格。

（2）在原反射面的二维投影面上，根据工作波长的 1/5～1/8 的原则，进行网格划分，形成比较均匀的平面三角形网格。

（3）将均匀的平面三角形网格映射到变形反射面上，通过插值得到已采样变形信息的三维电磁网格。该网格相对均匀而又满足电磁计算要求，进而可实现结构-电磁的分析。

3.2.5 机电热三场之间的网格转换与信息传递

高密度机箱或有源相控阵天线涉及电磁场、结构位移场以及温度场的计算，这就需要在各个物理场之间传递耦合信息。常见的是将结构变形信息分别提供给温度分析模块和电磁分析模块。尽管三个学科所依据的物理方程不同，但数值分析方法均是在离散化网格上进行的，而且关键是可以方便地实现耦合信息的传递。实际上，结构分析多采用有限元法，电磁分析可应用有限元、时域有限差分及矩量法等方法，温度场分析则多应用有限容积法。三个物理场不但分析方法不同，网格形式也不尽相同，结构上单元类型多样，网格形式各不相同，如三角形、四边形、四面体、六面体等单元都较为常见。电磁分析中有限元法和矩量法一般是四面体和三角形，而时域有限差分法采用六面体和四边形网格。温度分析中常用六面体单元。显然，广义上的统一三个物理场的网格是十分困难的事情。

如果确定了每个物理场的具体算法，则通过一套离散网格传递变形信息还是可以实现的。参数化建模应用软件 Pro/E，结构分析采用 ANSYS、Workbench，电磁分析则应用 FEKO，温度场分析采用 ICEPAK。应用这些商品化软件进行实体造型和多物理场数值分析是基础，但需要进行适合于电子装备特征的二次开发，即建立机电热耦合数字化模型、研制相应的专业软件，进而形成电子装备机电热综合设计平台，这恰恰是更为重要和艰难的工作。

1．变形信息的传递

在进行结构有限元分析时，机箱结构常采用板单元、壳单元和体单元。板壳单元主要为三角形和四边形板壳单元，体单元则主要有四面体单元和六面体单元。用于温度场计算的 ICEPAK 软件能够导入以平面三角形单元拼接的模型，这时，将三角形单元构成的几何体视作实体，在此基础上划分各自的网格，进而完成分析计算。因此，提取结构网格中外表面上的变形节点坐标和单元信息，并将单元重组形成三角片，再分别写成 FEKO 软件和 ICEPAK 软件可识别的网格文件格式，即可将结构变形信息传递到电磁分析和温度分析中，实现多场分析。此过程的基本思想是用平面小三角形逼近变形后的曲面。

结构位移场到温度场和电磁场的信息传递流程如图 3-8 所示，首先将参数化 CAD 实体模型导入到 ANSYS 结构分析模型中进行结构分析，然后提取变形后的热分析网格和电磁分析网格进行热和电磁分析。

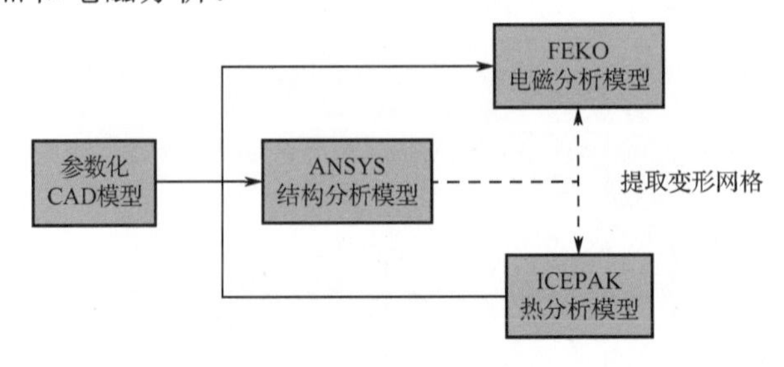

图 3-8　结构位移场到温度场和电磁场的信息传递流程

2．变形网格的提取

变形网格提取的基本流程如图 3-9 所示，即在结构分析完成后，输出含有全部节点的坐标、位移和单元信息。按照单元类型的不同分别处理如下，对二维面单元（板、壳），判断是否为三角形单元，若是，则直接提取单元信息，否则，进行三角化处理后再提取。对于三维体单元（实体），则先将实体化为平面，提取外表面单元，删除内部节点与单元，然后应用二维面单元的处理过程进行。最后将处理后的单元重新组合编号，写成 FEKO 和 ICEPAK 可识别的文件。

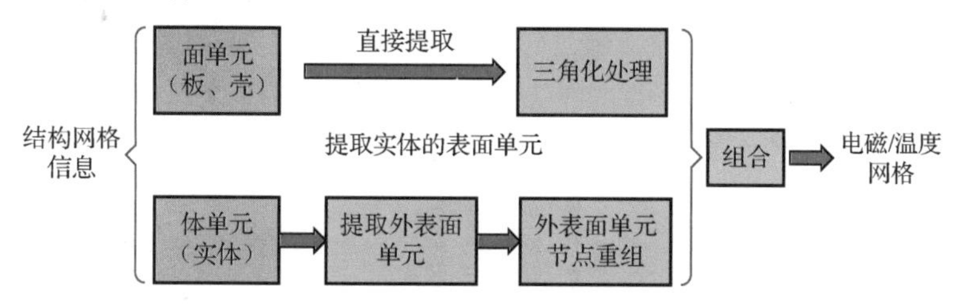

图 3-9　变形网格提取的基本流程

其中，板、壳表面网格提取及三角化流程为：首先判断是否存在板、壳单元，若不存在，则不需要提取表面网格；若存在，则选择需要提取的板、壳面；然后设板、壳面总数为 N_b，对每个板、壳面进行表面网格提取和三角化处理；最后按电磁分析或热分析软件格式要求输出处理后的节点单元信息。

实体外表面网格提取流程为：首先判断是否存在实体，若不存在，则不需要提取表面网格；若存在，则选择提取的实体；然后设实体总数为 N_t，对每个实体进行表面节点提取和三角化单元重组处理。当实体划分为四面体网格时，其表面网格则为三角形，只需直接提取表面网格即可。但当实体划分为六面体网格时，提取表面网格后还需进行三角化单元重组处理。

选择实体单元的外表面是比较麻烦的。其选择流程为：首先提取实体单元信息，对每个实体单元，取它的表面信息，如四面体单元有 4 个面，六面体单元有 6 个面，判断每个面是否只存在于同一个实体单元上，若是，则表明该面是单元的外表面，保存该面单元；否则，表明该面是单元的内表面，直接删除，然后判断下一个实体单元。这样处理完全部的实体单元后，即可得到一个实体结构的外表面单元信息。

3.3　基于机电耦合技术的多学科设计优化

3.3.1　多学科设计优化问题

产品设计的本质是寻求高性能、低成本的最优设计方案。随着电子设备日益精密、复杂，性能指标要求越来越严格，传统依靠人工经验寻找最优设计方案的方法往往顾此失彼，即使经过很长时间的试凑，也难以获得满意的设计方案。优化设计是建立在严格数学理论上的设计方法，可在产品各项性能指标之间进行权衡，快速得到满意的设计方案。

一个标准的工程优化问题通常可以描述为：寻求一组设计变量，最小化（或最大化）若干目标函数，同时满足一定约束条件。通过建立优化模型，将设计问题转化为一个非线性规划问题，采用合理、有效的寻优算法可得到优化设计方案。近年来，工程优化理论和技术在各个学科领域都得到了长足发展，已成为电子设备研制过程中不可缺少的一个重要环节。

但是，目前电子设备的优化设计方法多局限在各学科内部，属于所谓的“单学科设计优化”，多学科分析方法的应用使得“多学科设计优化”成为可能。多学科设计优化从系统、全局的高度考虑电子设备设计优化问题，其处理的问题要远比单学科设计优化复杂，这体现在三个方面：一是设计优化涉及多个学科领域，需多个学科团队共同参与，形成一个包含多个决策子系统的分布式决策系统；二是每个决策子系统都具有自主性，都可以在其内部定义相应的优化问题；三是各学科之间存在着复杂的耦合关系。天线系统的多学科耦合关系如图 3-10 所示，包括了相互紧密耦合的电磁、结构及伺服等的设计。

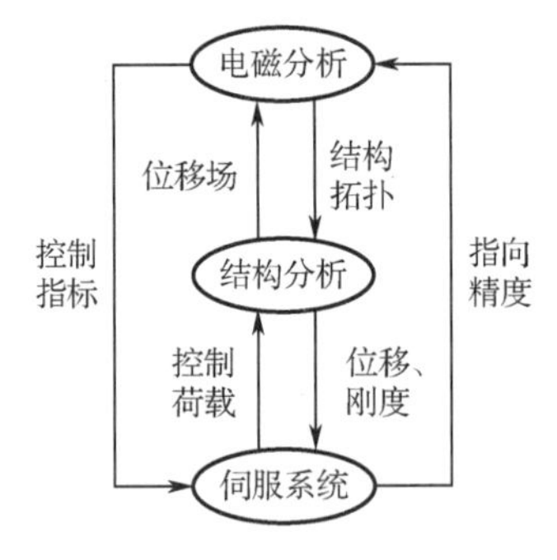

图 3-10　天线系统的多学科耦合关系

多学科设计优化（Multidisciplinary Design Optimization，MDO）是在传统优化设计理论基础上发展起来的优化方法，它着眼于系统的全局利益而不是各学科的局部利益。它主张通过充分探索和利用各学科之间相互作用所产生的协同效应，用定量的优化方法协调各设计部门的设计活动，使得各设计部门的决策朝着提高系统整机性能的方向进行。它包含一系列正规的协调和求解算法，为协调各设计部门之间的工作，解决他们的意见冲突，提供了一种必要的手段，通过科学管理、优化协调及并行计算，可提高产品的设计质量和设计效率。

3.3.2　多学科设计优化的基本策略

考察多学科设计优化算法的发展历史和现状，可简要地将 MDO 的基本策略归结为如下四个相互关联的方面。

1. 分解

在多学科设计优化的早期，人们将各个学科分析代码直接整合起来，进行完整的多学科系统分析，再将系统分析与寻优算法集成起来完成优化计算，即所谓的 All-in-One 算法。这一阶段人们主要关注寻优算法本身的算法特性，试图通过改进寻优算法来提高优化效率。All-in-One 算法对小规模的 MDO 问题是很有效的，实现起来也比较简单；而对于规模稍大的 MDO 问题，该算法因其过于昂贵的计算费用而变得不再适用，同时，学科代码的直接集成也会带来数据管理和软件维护上的诸多问题。为了克服 All-in-One 算法的不足，便出现了基于分布式分析的所谓第二代 MDO 算法。这种算法将各学科分析暂时解耦，使其可以并行，并建立相应的优化模型，以保证各学科分析的兼容性。与 All-in-One 算法相比，这类算法采用多台计算机同时进行仿真分析，提高了计算效率，同时也使得数据库的管理和仿真软件的维护变得相对方便了。但这类方法一般需要引入辅助设计变量，从而使得优化规模变大，优化效率仍不能令人满意。另外，在这类算法中，所有决策均由一个单独的优化器完成，各个学科部门只提供分析数据，而不参与设计决策，换言之，各学科缺乏决策的自主性和自由度。这些不足之处导致了所谓第三代 MDO 算法的出现，即将一个大系统的设计问题分解为若干小规模的子系统设计问题，这种“分而治之”的思想，一方面适应了当前设计部门的组织形式，另一方面也提高了设计效率。MDO 发展的三个阶段如图 3-11 所示。

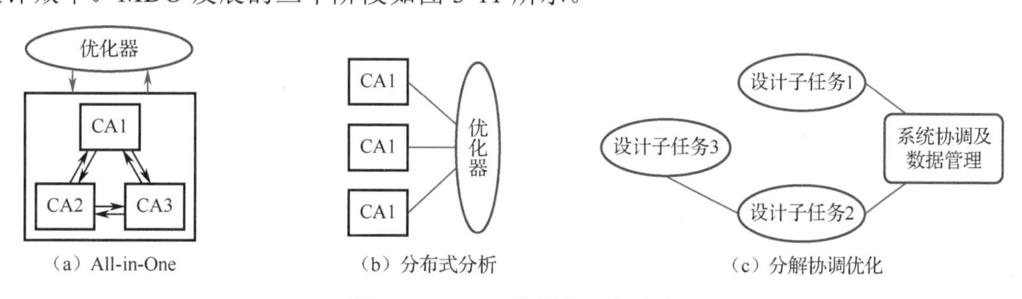

图 3-11　MDO 发展的三个阶段

2. 协调

分布式设计需要解决的一个关键问题是，将各子系统的最优设计组合起来后并不一定是整个系统的最优设计，有时甚至是不可行的设计，简言之，“局优”（局部最优解）的组合并不是“全优”（全局最优解），这是因为子系统之间存在着天然的耦合关系，设计任务分解后，必须采取适当的协调策略，使得各子系统的决策朝着提高系统整体性能（全优）的方向进行，而不应仅考虑本系统的局部利益。事实上，在当前的设计机构中，也普遍采用分布式的设计方式，以天线设计为例，通常有结构设计、电磁设计、伺服系统设计、工艺设计以及总体设计等部门。由于耦合的存在，各设计部门之间也需要协商，系统设计者也需对各学科的利益进行权衡。需要指出的是，这种权衡多是依靠工程经验以被动的、粗略的协调形式进行的。MDO 则力求为这种协调建立合理的定量模型，从而使设计过程更趋科学、有效。

3. 并行

所谓并行，即各部门同时进行设计。直观地看，并行总是有益的，然而并行也带来协调上的不便。如前所述，耦合的存在使得各学科之间的信息交流十分关键，并行设计无疑将增加信息的不确定性，从而影响各部门之间协调的有效性，所以“并行”和“串行”是一对矛盾，如何协调这对矛盾是 MDO 的又一特点。

4．近似

在 MDO 中，近似模型的采用非常普遍，主要有两种近似形式：

（1）对响应量（状态变量）的近似。通常，MDO 所要解决的问题规模都比较大，计算耗时也较单学科大得多，为减少计算工作量，对一些分析时间较长的仿真模块，MDO 常常将其输入输出关系采用一定的近似模型来替代，常用的近似模型主要有多项式响应面模型、神经网络模型、Kriging 代理模型以及变精度近似模型等。

（2）对优化结果的近似。MDO 要求各设计部门在进行决策时，不但要考虑本学科的利益，还要兼顾其他学科甚至整个系统的利益。这就需各设计部门预测其决策对其他学科的影响，这种预测通常是近似的。如何有效地建立近似预测模型便成为 MDO 的一个关键课题。对优化结果的近似如图 3-12 所示，在 MDO 中，学科 1 的设计变量，在学科 2 进行优化时，往往作为常数而保持不变，对学科 2 决策结果的预测，实质上是要建立学科 2 的最优设计结果与其固定参量之间的近似函数关系（如 $\tilde{Z}_2^*(\boldsymbol{X}_1)$，“*”表示与最优点对应的函数值），称为后优化近似（Post-Optimality Approximation）。

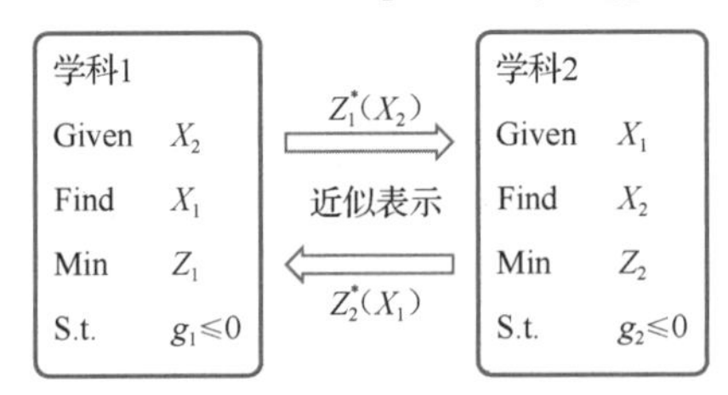

图 3-12　对优化结果的近似

在目前的 MDO 算法中，最常用的后优化近似方式是线性近似，即通过后优化敏度信息建立目标函数对其固定参数的一阶泰勒近似模型。

3.3.3　多学科设计优化模型的建立

多学科设计优化建模的方法很多，主要有 All-in-One 算法、一致性约束优化算法、协同优化算法及并行子空间优化算法等。

1．All-in-One 算法

所谓 All-in-One 算法，是将多学科系统分析直接嵌入到寻优算法中，其算法结构图如图 3-13 所示。All-in-One 算法的实质是用现有的优化算法将多学科系统作为一个整体进行优化设计，因此其并不是真正意义上的 MDO 算法，只适用于状态变量、目标函数以及约束计算不太复杂、设计变量不多的场合，其优点是计算结果可靠，常用来对其他 MDO 算法的性能进行比较检验。由于多学科分析的迭代性质，该算法包含两个嵌套的迭代过程。其外层循环为优化迭代，内层循环为多学科分析过程，优化过程直接调用系统分析以便计算系统的设计函数及相应的敏度信息。这种算法计算量比较大，一方面，每次计算设计函数都需要多次调用子系统分析；另一方面，大多数寻优算法都需利用设计函数对设计变量的敏度信息，而系统分析的收敛性会影响优化过程中敏度信息的精度，高的收敛精度无疑会导致学科分析次数增多；而低的收敛精度，又往往使得优化效率较低，从而加大了优化所需要的系统分析次数和子系统分析次数。

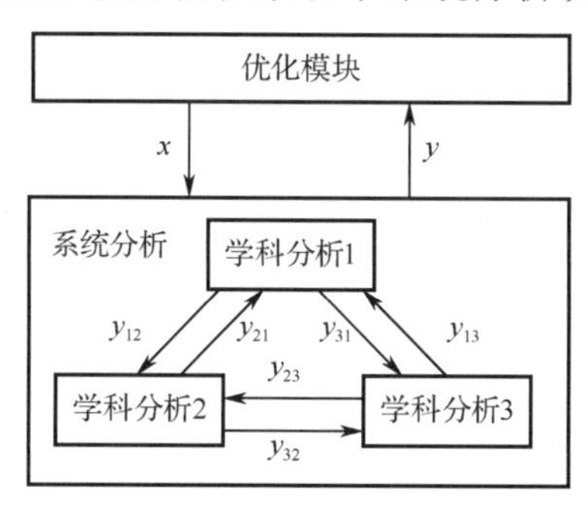

图 3-13 All-in-One 算法结构图

2. 一致性约束优化（Compatibility Constrained Optimization，CCO）算法

图 3-14 所示为一致性约束优化算法结构图，该算法又称为 IDF（Individual Discipline Feasible）法。为克服 All-in-One 算法需要直接调用多学科分析结果的不足，IDF 法将耦合状态变量（连接变量）作为辅助设计变量，这使得各子系统能够独立地进行分析，从而避免了优化过程中各子系统分析之间的直接耦合关系。在进行子系统分析时，其他子系统的输出状态变量用辅助变量代替。子系统之间的耦合则通过含有等式约束（称为一致性约束）的系统级优化过程来协调。IDF 法的优化过程不再调用多学科分析，而直接调用单一学科分析，学科间的协同通过耦合状态变量来保证。与 All-in-One 算法相比，该算法只包含一个单一的优化循环，主要敏度信息由各学科分析提供，易于保证精度。另外，各学科分析可以并行以提高优化效率。其缺点是：辅助设计变量的引入，将增加整个优化问题的求解规模；等式约束的引入使得优化的自由度减小，从而可能导致算法收敛缓慢。所以，IDF 法适用于耦合变量较少、耦合关系较简单的多学科设计问题。

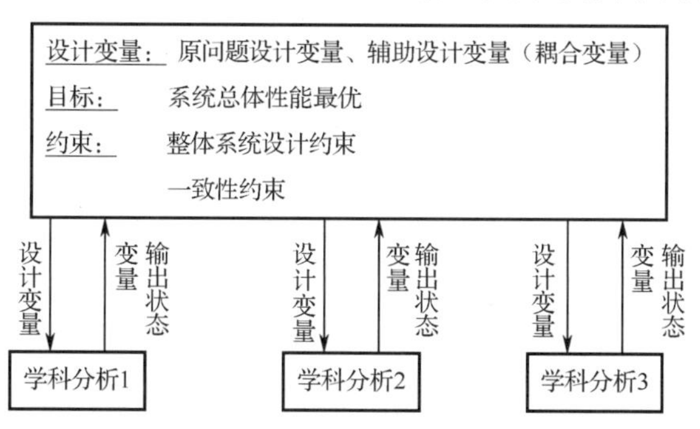

图 3-14 一致性约束优化算法结构图

3. 协同优化（Collaborative Optimization，CO）算法

IDF 法通过引入辅助设计变量，使得各学科分析暂时解耦，各学科可以独立并行地进行分析，然而在 IDF 法中，各学科只能进行分析而不能进行优化决策，即各学科的自主性不够。CO 模型对 IDF 法进行了改进，它同样引入了辅助设计变量，与 IDF 法不同的是，在 CO 中，各学科不但可以独立地进行分析，而且可以相对独立地进行优化设计，图 3-15 描述了 CO 算法结构图，图 3-16 给出了同时包含系统层和子系统层的 CO 模型。各学科设计团队对其局部设计变量拥有决策权，其设计任务除满足局部约束外，还需尽量与系统层设定的一些标靶变量相匹配。而系统层则通过调整标靶变量来协调整个系统，使得各子系统层的设计相互兼容，同时最小化系统的目标函数。

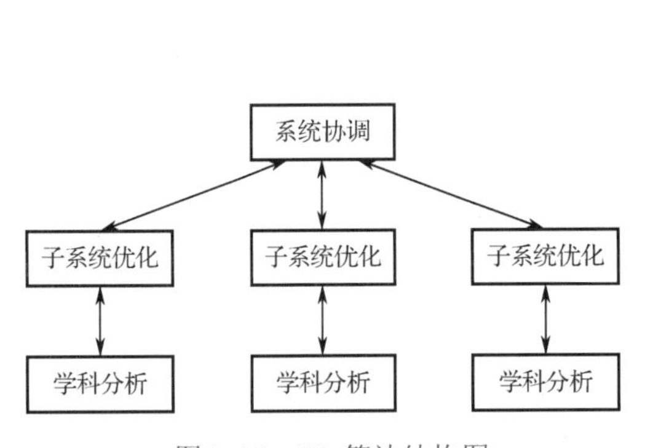

图 3-15　CO 算法结构图

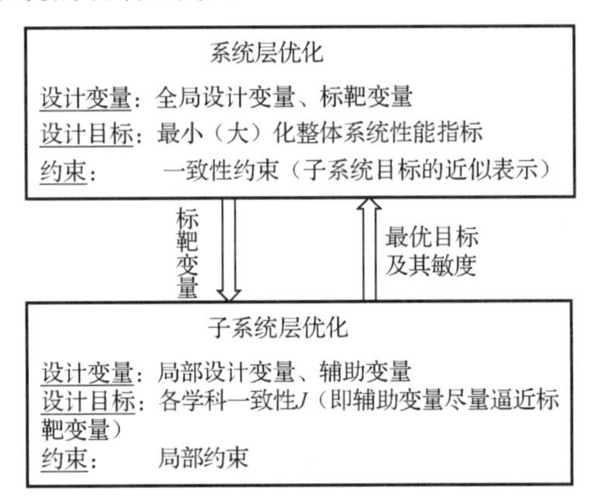

图 3-16　CO 系统层和子系统层模型

图 3-17 所示为 CO 基本思想示意图，图中变量 z 为辅助设计变量，J 为子系统目标函数。由系统层所确定的标靶变量对应图中的 P 点，各子系统通过选择局部设计变量的取值以满足各自的局部约束，同时使得系统的设计性能尽可能逼近标靶点 P。系统层则将标靶点逐渐往目标函数的下降方向移动，同时兼顾各子系统，使其拥有足够的设计自由度以逼近标靶点。

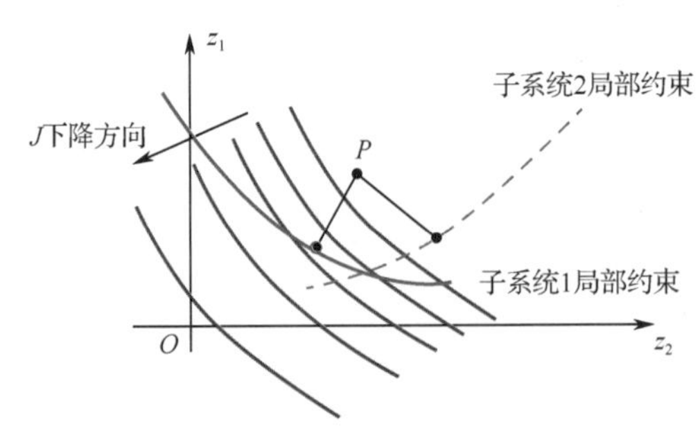

图 3-17　CO 基本思想示意图

4. 并行子空间优化（Concurrent SubSpace Optimization，CSSO）算法

CSSO 算法结构图如图 3-18 所示，其基本思想是将整个系统的优化问题分解为若干

子空间的优化问题和一个系统级的协调问题。在系统级来处理各子系统之间的耦合，而各子空间优化的设计变量为整个系统设计变量的一个子集。各子空间进行优化时，其非局部的状态变量（即耦合变量）通过全局敏度方程（GSE）进行一阶近似。该算法的优点是每个子空间能同时进行设计优化，可实现并行设计的思想，同时通过基于 GSE 的近似分析和协调优化，考虑各个学科的相互影响，保持原系统的耦合特性。但由于 CSSO 算法是基于 GSE 的线性近似，故子空间设计变量的迭代步长较小，且其在系统层要考虑所有的设计变量，系统层的设计规模较大。更为严重的是，许多研究表明，CSSO 算法不一定能保证收敛，往往会在迭代设计中出现振荡，主要是步长选择的问题。

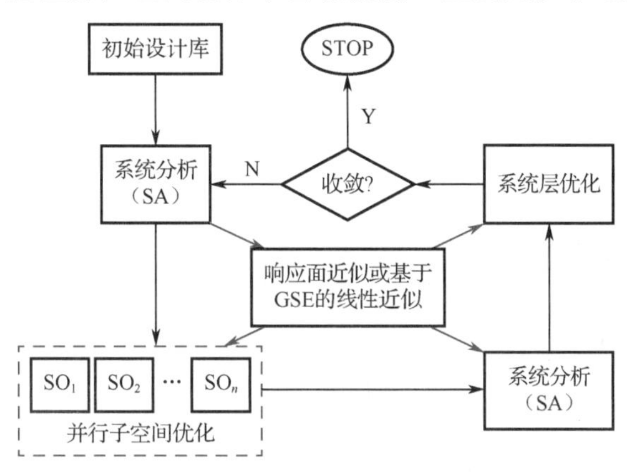

图 3-18　CSSO 算法结构图

3.3.4　多学科设计优化的求解策略与方法

多学科系统的设计空间无疑比单学科的情况要复杂得多，多学科设计优化求解的难点来自三个方面：一是计算规模大，与单学科设计优化相比，多学科设计优化模型常包含更多的设计变量和约束条件，计算规模大；二是并行求解，多学科设计优化求解的探索过程是一个多学科并行处理的过程，不同子系统之间的协同是难点和关键点；三是近似求解，在多学科设计优化中，会伴有近似代理模型的分析。

常见的多学科设计优化的求解策略和方法如下。

1. 大规模非线性规划问题的求解方法

目前的寻优算法，无论在系统级还是学科级，大多数沿用传统的数学规划法，如何有效运用数学规划理论解决大规模的优化问题，是亟待解决的问题。

2. 多级分解优化理论的研究

前述的各种 MDO 算法，其收敛性在理论上得到证明的较少，实际计算也发现有时算法存在振荡和发散等问题。这一方面说明多学科系统的设计空间的复杂性，另一方面也说明 MDO 算法的发展迫切需要深入研究多级优化的数学理论，使其在理论上更为完善。

3．基于规则的启发式寻优算法

在概念设计阶段，不易建立准确的数学模型，可获知的信息往往是一些工程经验，如规则和图表等。这使得数学规划法的应用受限，因此研究基于规则的启发式算法是十分必要的。

4．近似代理模型的建立和管理

目前，近似代理模型大多是基于统计试验设计的，其采用插值或回归算法来建立，如多项式响应面模型、Kriging 代理模型、神经网络模型等。这类模型往往只适用于低维的情况，对高维近似模型的建立，还缺乏有效的方法。所谓近似模型的管理问题是指在设计中如何合理使用各种近似模型，包括近似精度的调节、近似模型的重建以及设计变量的屏蔽等。

3.3.5　基于统一设计向量的多物理场耦合问题优化设计

多物理场耦合问题的优化设计是建立在 CMFP 的数学模型及求解策略与方法基础上的。这里包括两个方面，一是分析，二是优化。对分析而言，为减小问题的规模，合理选择设计元（Design Element）是关键，因为各学科的计算网格可通过设计元建立联系。

对于优化，为减少设计变量数，可引入统一的设计向量，该设计向量包括可控制多个学科，进而明显缩小优化问题的规模。

于是，优化问题可数学描述为

$$\text{find}\quad \boldsymbol{X}=(x_1,x_2,\cdots,x_{\text{nus}})^{\mathrm{T}}$$

$$\min.\quad z(\boldsymbol{X}),\quad \boldsymbol{X}\in R^{n_x} \tag{3-3}$$

$$\text{s. t.}\quad g_i(\boldsymbol{X})\leqslant 0,\quad g_i\in R^{n_g},\ (i=1,2,\cdots,m) \tag{3-4}$$

$$h_j(\boldsymbol{X})\leqslant 0,\ h_j\in R^{n_h},\ (j=1,2,\cdots,n) \tag{3-5}$$

$$\boldsymbol{X}^{\mathrm{L}}\leqslant \boldsymbol{X}\leqslant \boldsymbol{X}^{\mathrm{U}} \tag{3-6}$$

式中，$z(\boldsymbol{X})$ 为目标函数；$g_i(\boldsymbol{X})$ 与 $h_j(\boldsymbol{X})$ 分别为非线性的不等式与等式约束；$\boldsymbol{X}^{\mathrm{L}}$和$\boldsymbol{X}^{\mathrm{U}}$ 为统一设计向量 $\boldsymbol{X}$ 的下界、上界。

统一设计向量 $\boldsymbol{X}$ 是各物理场中设计参数的集合，为减少统一设计向量数，提高优化分析效率，引入的设计元将与各物理场的设计参数有机地联系起来。

场分析模块采用一种五场耦合分析模型，除结构、电磁、热的分析模型外，还有机-电与机-热网格间的信息模型，即

$$S(\boldsymbol{X},\boldsymbol{U},\boldsymbol{X}_{\mathrm{e}},\boldsymbol{X}_{\mathrm{t}})=0\qquad \text{结构位移场} \tag{3-7}$$

$$E(\boldsymbol{X},\boldsymbol{V},\boldsymbol{X}_{\mathrm{e}})=0\qquad \text{电磁场} \tag{3-8}$$

$$R(\boldsymbol{X},\boldsymbol{U},\boldsymbol{X}_{\mathrm{e}})=0\qquad \text{结构与电磁} \tag{3-9}$$

$$T(\boldsymbol{X},\boldsymbol{W},\boldsymbol{X}_{\mathrm{t}})=0\qquad \text{温度场} \tag{3-10}$$

$$D(\boldsymbol{X},\boldsymbol{U},\boldsymbol{X}_{\mathrm{t}})=0\qquad \text{结构与温度} \tag{3-11}$$

式中，$\boldsymbol{U}$、$\boldsymbol{V}$、$\boldsymbol{W}$ 分别为结构位移场节点的位移向量、电磁场节点的电磁向量及温度场节点的温度向量；$\boldsymbol{X}_{\mathrm{e}}$、$\boldsymbol{X}_{\mathrm{t}}$ 分别为电磁场、温度场的网格位移向量。式（3-9）与式（3-11）分别描述了结构位移场与电磁场、结构位移场与温度场之间信息的传递。注意，这里的设计向量 $\boldsymbol{X}$ 是提供给优化模型的。

至此，即可给出针对电子装备机电热耦合问题优化设计的整体框架。当然，还需要考虑优化模型的求解方法、设计元的实现方法、耦合模型的求解方法以及敏度方程的推导方法等。这有待于进行深入而系统的研究工作。

Chapter 4

第4章 机电集成制造

【概要】

本章阐述基于机电耦合技术的电子装备制造技术，在总结电子装备制造对象和制造方式、特点的基础上，重点对基于3S的微系统制造、微波器件3D打印、电气互联等现代制造技术展开论述。

4.1 概述

随着新一代电子装备向多功能、小型化、大功率、低功耗及智能化方向发展，人们对制造技术的要求也越来越高，以数字化、网络化、智能化、高密度、高精度为主要特征的现代制造技术对电子装备研制性能和水平的重要性日益凸显。就微波组件制造而言，组装密度每提高10%，电路模块体积可减小40%～50%，质量可降低20%～30%，组件整体性能也随之显著增强。

电子装备作为一类特殊的复杂产品，从制造对象的尺度与规模看，包括芯片、微系统、印制电路板（Printed Circuit Board，PCB）、机械零部件、电子模块及整机。对于电子装备制造，除传统机械加工与装配外，还涉及与电性能密切相关的特殊加工和装配方法，如集成电路制造、微系统封装、微波器件加工及电气互联等。

近年来，电子装备不断提升的性能需求对制造系统的加工精度、组装密度、互联可靠性、自动化运行、自适应控制、智能决策等提出了越来越高的要求，传统制造技术与方式已难以满足其需求。一方面，随着指标要求的不断提升，制造数据在线采集、图像识别、智能控制、自动化运行、高精度定位等新技术在电子装备制造系统中的应用越来越多，导致制造装备智能化程度及工艺复杂度越来越高；另一方面，微电子加工和组装的精度已逼近物理极限，亟待引入智能制造技术，如制造过程中的数据采集、大数据分析及智能控制等，这自然增加了制造的难度。

4.2 基于 3S 的微系统制造技术

高密度、微小型化，对电子装备性能的保障与提升至关重要。首先，电子元器件越小，实现某项功能需要移动的电荷量就越少，状态切换就越快，耗电自然越少。其次，电子元器件越小，电路越紧凑，这意味着信号延迟越低，系统运行速度越快。最后，电子组件和系统越小，可在单位空间内放置的电子元器件数越多，自然可实现更多、更复杂的功能。

最初的电子装备微小型化的技术途径是集成电路（Integrated Circuit，IC）。IC 是面向电子组件的制造技术，通过将电阻、电容及电感等元件微小型化，并在微小晶片或基板上相互连接，使之成为具有独立电路功能的微小结构。IC 技术使电子系统向微小型、低功耗及高可靠迈进了一大步。图 4-1 给出了 IC 的发展历程：1947 年，美国贝尔实验室第一次观测到具有放大作用的晶体管放大器，1958 年美国德州仪器公司发明了世界上第一片集成电路，拉开了电子设备微小型化的序幕，标志着电子装备制造进入以微电子为基础的时代。20 世纪 60 年代初，IC 很少超过 5 个晶体管，但从 20 世纪 60 年代中期开始，市场上出现了超过 100 个晶体管的 IC。1971 年，Intel4004 CPU 实现了 2300 个晶体管的 IC，1980 年，IC 芯片可包含 3 万个晶体管，1990 年，达到 100 万个晶体管，2000 年，达到 3000 万个晶体管，2010 年，达到 10 亿个晶体管。到 2014 年，苹果公司的 A10 处理器已达到 33 亿个晶体管，而面积仅有 $1cm^2$。

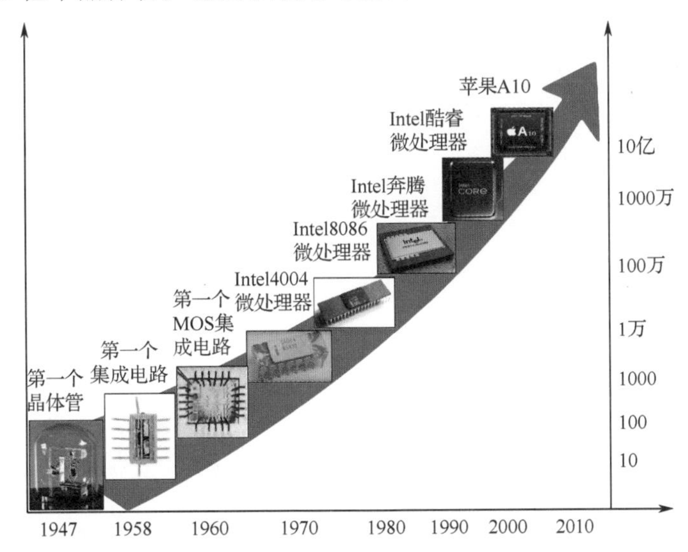

图 4-1　IC 的发展历程（纵坐标为元器件数量集成度/个；横坐标为年份）

虽然 IC 技术实现了电子组件的微小型化，使得电子系统体积显著缩小、功耗下降、运行速度提高、功能增加。但随着微小型化制造技术趋于 1nm 的物理极限，单纯依靠制造设备提升微电子系统功能和性能的办法已走向尽头。

为进一步提升电子装备的功能和性能，微系统制造应运而生，它标志着电子系统制造由集成电路（IC）向集成系统（Integrated System，IS）过渡。传统的电子系统制造需要将不同功能的 IC 安装在 PCB 上，通过 PCB 实现 IC 之间的互联互通，以满足系统的完整功能要求。与 IC 相比，PCB 体积大，影响了电子系统的运行速度。可见出路在如何去除 PCB 上，解决办法是将原本通过 PCB 连接的电子系统集成在一颗芯片上，或者是一个非常小的空间内，从而大幅度缩短电子组件之间距离，提升系统性能。前者就是所谓的片上系统（System on a Chip，SoC），而后者则是封装集成（System in a Package，SiP）和系统集成（System on a Package，SoP）。

需要指出的是，SoC、SiP 及 SoP 不是对 IC 的简单叠加，而是以知识产权（Intelligent Property，IP）复用为基础的重新设计。IP 是指集成电路中某一方提供的、形式为逻辑单元、供芯片设计使用的可重用模组。IP 核分为软核、硬核及固核。软核与工艺无关、是具有寄存器传输级硬件描述语言的设计代码。硬核是软核的硬件实现，具有特定的工艺形式和物理实现方式。固核则通常介于上面两者之间，已经过功能验证、时序分析等过程，设计人员可通过逻辑门级网表的形式来获取。微系统制造的发展趋势如图 4-2 所示。

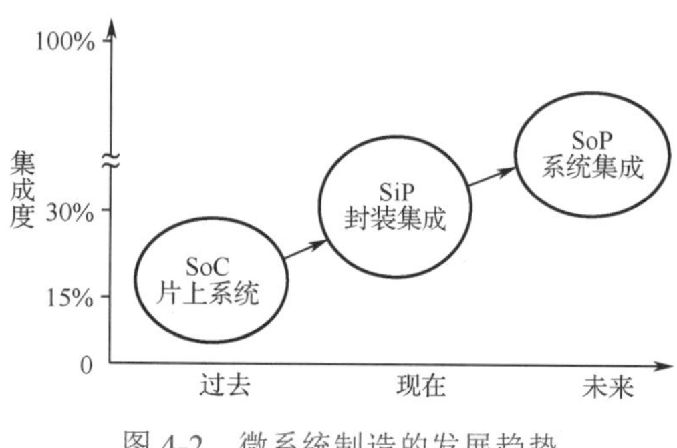

图 4-2　微系统制造的发展趋势

3S 技术以 IP 复用为基础，将优化后的电子组件或子系统集成到系统中，再以集成电路或封装方式，实现系统制造，从而在 IC 基础上，实现电子系统制造能力的显著提升，这是电子装备制造技术的一次革命。

4.2.1　SoC、SiP、SoP 的特点

1. SoC

SoC 的主要特点是集成在一颗芯片，而不是 PCB 上容纳具备完整功能的电子系统软硬件（见图 4-3）。SoC 强调整体设计，其核心技术是总线架构、IP 复用、软硬件协同及低功耗。它可在一颗芯片上集成包括 CPU、存储器、接口控制模块及互联总线在内的电子系统，从而减小面积、提高速度、降低功耗、节约成本。

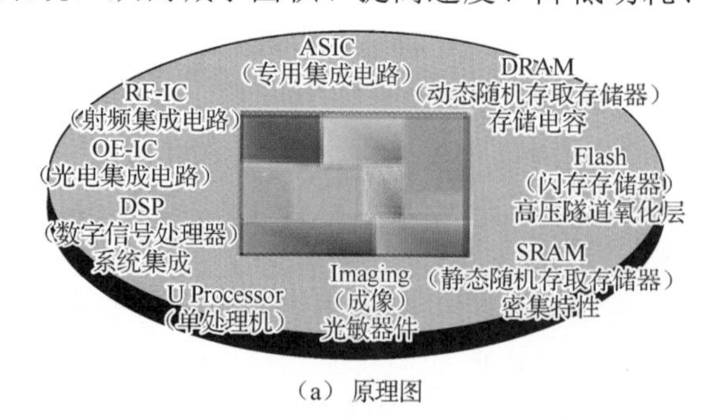

（a）原理图

（b）实物图

图 4-3　SoC

简单地说，SoC 就是将组成电子系统的 IC 拆分成多个 IP 后，再重新整合到一颗芯

片中。其面临的主要技术问题有：一是要求设计者完全理解电子系统的复杂功能、接口及电气特性，设计难度远大于 IC；二是很难获得完全吻合的系统级时序，IP 集成时会产生噪声、串扰、耦合等问题；三是很难实现模拟、混合信号和数字电路的集成；四是开发成本高、周期长。这在一定程度上制约了 SoC 技术的推广应用。

2．SiP

针对 SoC 存在的问题，SiP 应运而生，其主要特点是在单个标准封装件内容纳具备完整功能的电子系统软硬件。SiP 实现原理如图 4-4 所示，SiP 通过在垂直方向堆叠芯片，借助丝线键合、载带键合、倒装焊、硅通孔等先进互联技术连接芯片，可在一个体积非常小的封装体内部，实现不同功能的有源电子元件、无源器件及其他器件（如 MEMS 或光学器件）的互联互通，最终形成一个功能完整的电子系统。

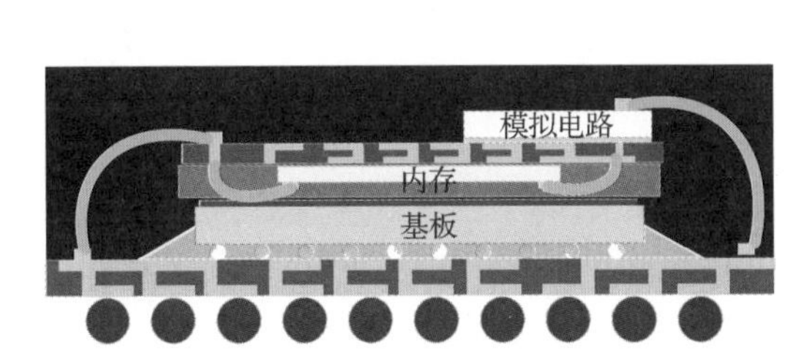

（a）倒装焊和丝线键合的SiP

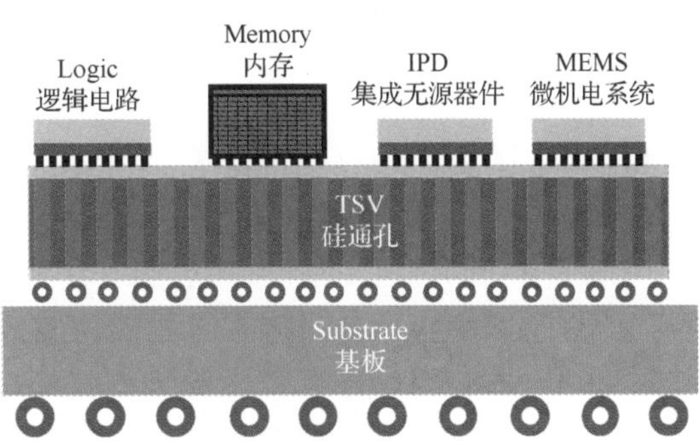

（b）硅通孔和倒装焊键合的SiP

图 4-4　SiP 实现原理

SiP 按照封装架构可分为 2D 和 3D 封装。与 2D 封装相比，3D 封装可实现更加紧凑的微系统结构，但制造难度增大。如图 4-4 所示，从互联方式看，SiP 内部互联包括引线键合、载带键合、倒装键合及硅通孔互联，或者是多种键合的混用。不同封装架构与互联技术的搭配，使 SiP 封装具备了多样化组合的形态。

SiP 和 SoC 在实现技术上有较大区别，SoC 是在同一芯片、同一种工艺下完成的，而 SiP 则可以将不同工艺器件（如 MEMS、光学器件、射频器件）、不同工艺节点的电子组件垂直堆叠或水平排列，这是超越摩尔定律的重要实现路径。

3．SoP

SoP 是融入了 SoC 理念的 SiP 技术，其实现原理如图 4-5 所示。

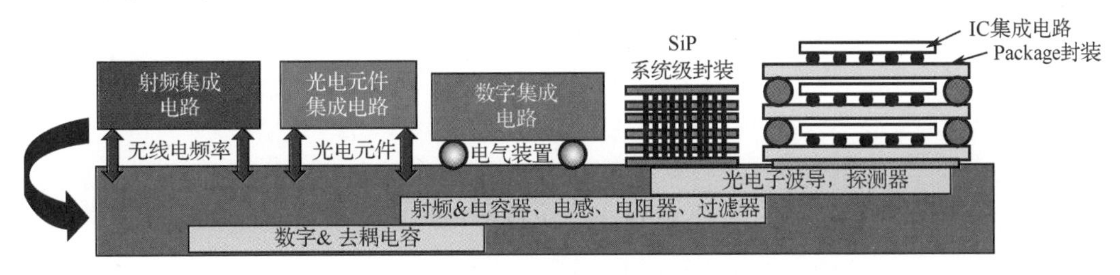

图 4-5　SoP 实现原理

与 SiP 类似，SoP 也是一种二次集成技术，可将微波与射频前端、数字与模拟信号电路、存储器及光器件等功能模块集成在一个封装内。与 SiP 不同的是，SoP 将封装的芯片和分立组件拆分成多个体积更小、相当于 IP 的小芯片，然后再进行封装。

SoP 集成了 SoC 和 SiP 的优点，将复杂功能进行分解，开发多种具有单一特定功能（如高性能计算、信号处理、数据存储、数据传输）、可进行模块化组装的裸芯片，并以此为基础建立小芯片组成的芯片网络，最后封装成具备完整系统功能的芯片。

因此，SoP 可以在单位体积内集成更多 IC 模块，尺寸更小、线路更短、性能更优。

4.2.2 基于 3S 的 5G 天线与射频前端制造技术

随着毫米波和太赫兹技术的发展，微小型天线被广泛应用于 5G 通信、人脸识别、物联网、智慧楼宇等领域，微小型天线与射频前端制造技术因此成为关键技术。解决途径之一，就是应用基于 3S 的制造技术，如片上天线（AoC）、封装天线（AiP）等。与基于微带的传统制造技术相比，基于 3S 的天线制造技术可显著降低天线系统的尺寸与设计复杂度，提高天线工作的可靠性（见图 4-6）。

（a）传统的毫米波PCB微带天线

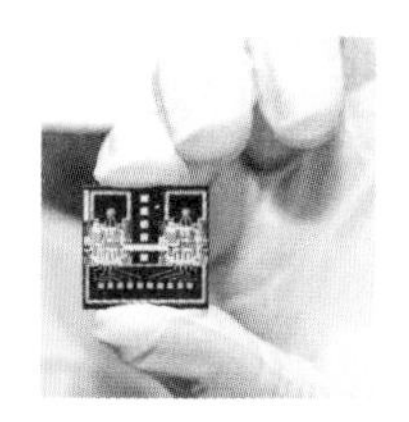

（b）采用AoC技术制作的毫米波天线

图 4-6　微小型天线制造技术

AoC 技术通过半导体材料与工艺将天线与其他电路集成在同一颗芯片上。考虑到成本和性能，AoC 技术更适用于太赫兹频段。AiP 技术则是通过封装材料与工艺将天线集成在芯片的封装内，可兼顾天线性能、成本及体积指标，因而被广泛应用在各类毫米波和太赫兹的无线通信、手势识别芯片、汽车雷达、相控阵天线和传感器中（见图 4-7）。

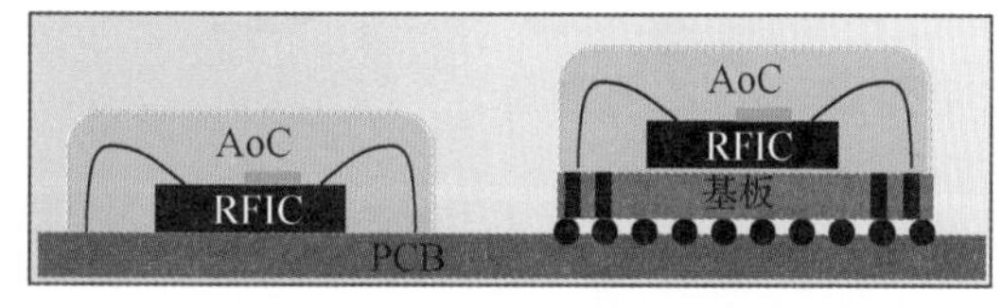

（a）AoC：RFIC（射频集成电路）集成在芯片上

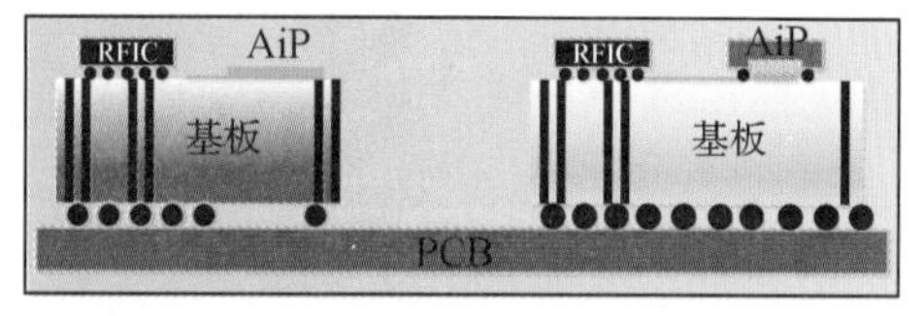

（b）AiP：RFIC（射频集成电路）集成在封装中

图 4-7　基于 3S 的天线制造原理

1．AoC

片上天线（AoC）利用半导体工艺（如 CMOS）将天线集成于芯片之内。因天线尺寸与波长的正比关系，AoC 一般适用于波长短的天线，如太赫兹天线。

图 4-8 所示为各种基于 AoC 技术制造的太赫兹天线。这类天线的优点是可制备在大

小仅为几平方毫米的芯片组件上，实现射频与基带的高度集成；缺点是硅基板的高介电常数和低电阻率将明显降低匹配带宽和辐射效率。

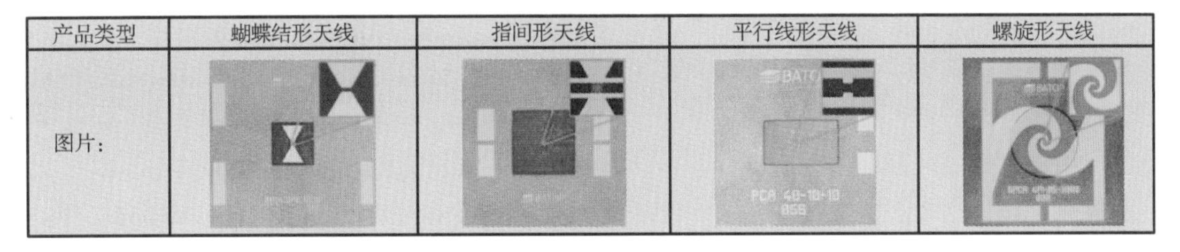

产品类型	蝴蝶结形天线	指间形天线	平行线形天线	螺旋形天线
图片：				

图 4-8　各种基于 AoC 技术制造的太赫兹天线

2．AiP

AiP 利用封装工艺将天线集成于芯片之内。与传统微带天线相比，AiP 用芯片封装替换 PCB 基板，将天线集成到芯片中，简化系统设计，有利于设备的微小型化。从实现角度看，波长在 1～10mm 范围的毫米波天线可放置于芯片封装内。以 60GHz 毫米波天线为例，其单元尺寸仅为 1～2mm，在芯片封装内甚至可以放置小型收发阵列天线。AiP 天线的应用如图 4-9 所示。

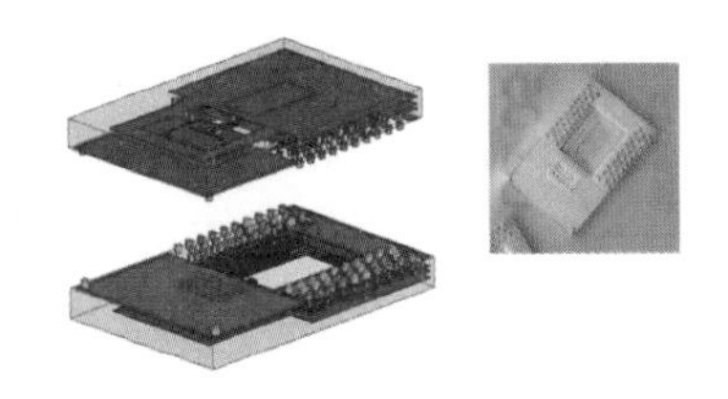

（a）60GHz无线通信中的AiP天线

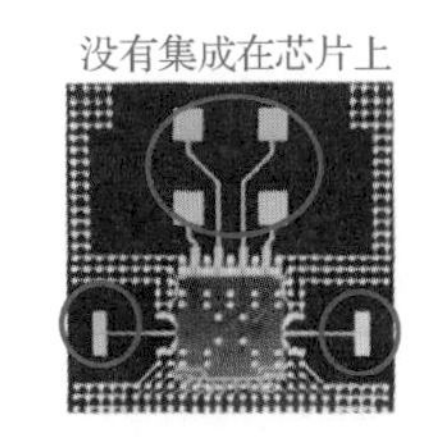

（b）手势识别雷达AiP天线

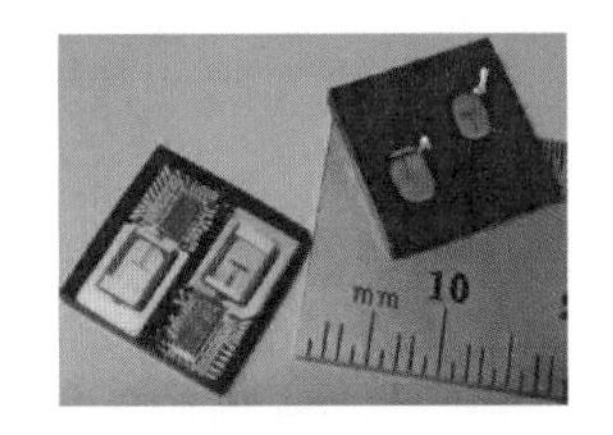

（c）IBM的60GHz AiP天线

图 4-9　AiP 天线的应用

4.2.3　SiP 技术在无线功率传输发射天线中的应用

无线功率传输（Wireless Power Transmission，WPT）又称为无线电能传输或远距离电能传输，是指利用电磁辐射原理，在发射天线和接收天线之间进行能量无线传输的一种技术，主要用于对电子设备进行无线充电。

无线电能传输如图 4-10 所示，按照工作原理的不同，无线电能传输可分为电磁感应、电磁共振及电磁辐射。电磁感应主要用于近距离传输，传输距离通常在厘米（cm）级。电磁共振适用于中等距离传输，传输距离通常在米（m）级。电磁辐射则可用于远距离传输，传输距离通常在千米（km）级。电磁辐射因可进行远距离、连续高功率能量传输，故愈加受到重视与关注。

图 4-11 所示为基于电磁辐射的无线电能传输原理图，包括微波源、发射天线、接收与整流天线等三部分。微波源将待传输能量转换为调制射频（RF），通过同轴电缆连接至适配器与循环器，进而连接在波导管，使波导管与发射天线匹配。发射天线将 RF 向位于远场的接收与整流天线辐射，接收与整流天线接收电磁波后将其整流为直流电。

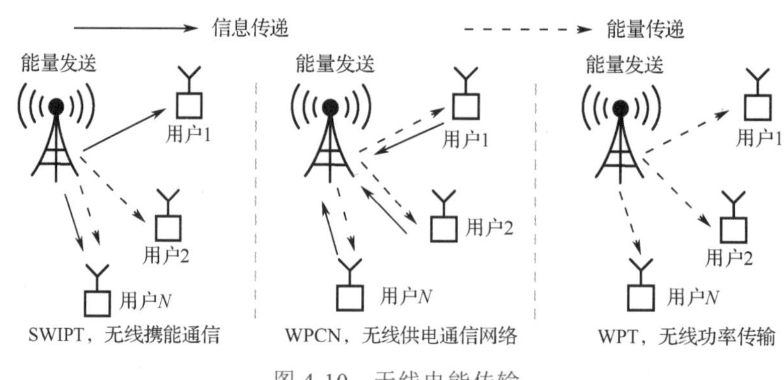

图 4-10　无线电能传输

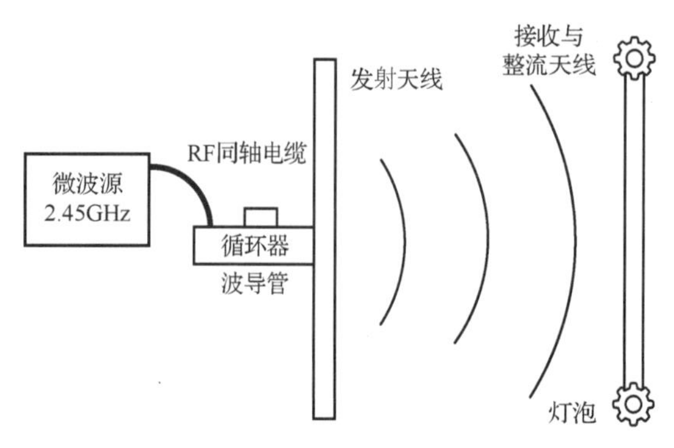

图 4-11　基于电磁辐射的无线电能传输原理图

显然，电磁波发射和接收是图 4-11 所示系统实现无线电能传输的关键，发射和接收天线是 WPT 的核心组件。随着电子设备对 WPT 系统体积、传输稳定性及能量转换效率等要求的不断提高，传统的射频收发技术已不能满足要求，SiP 技术自然就被提上议程。

图 4-12 所示是一个应用 SiP 技术实现 WPT 发射和接收的案例。该天线子系统的有源和无源器件被集成在一个 3.6mm×1.9mm×0.1mm 空间内。对于有源芯片，通过激光蚀刻腔体扩大封装空间并缩短绑定线。采用 BGA 与阵列通孔实现器件连接及电磁隔离。通过优化结构尺寸，避免谐振并降低自谐振对系统信号的影响。通过热孔与热沉技术，在芯片下方形成良好的导热路径。对于无源器件，则在基板上集成微带滤波器、DC 模块、AC 模块及堆叠式贴片天线。

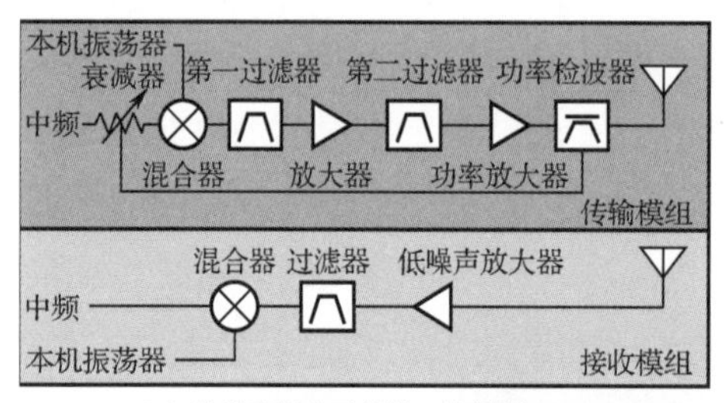

（a）发射和接收天线的工作原理

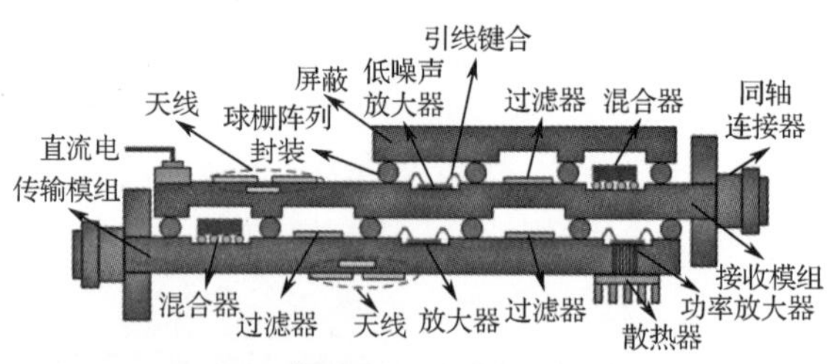

（b）基于SiP的天线系统封装结构图

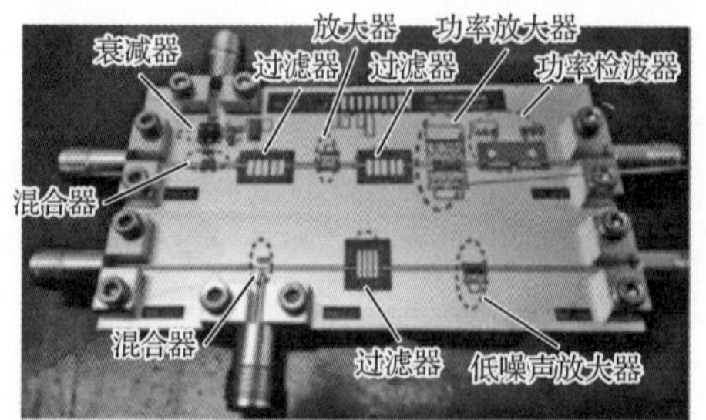

（c）基于SiP的天线系统封装实物

图 4-12　应用 SiP 技术实现 WPT 发射和接收的案例

4.3 微波器件 3D 打印技术

微波器件按功能可分为微波振荡器（微波源）、功率放大器、混频器、检波器、天线及传输线（波导）等，如图 4-13 所示。

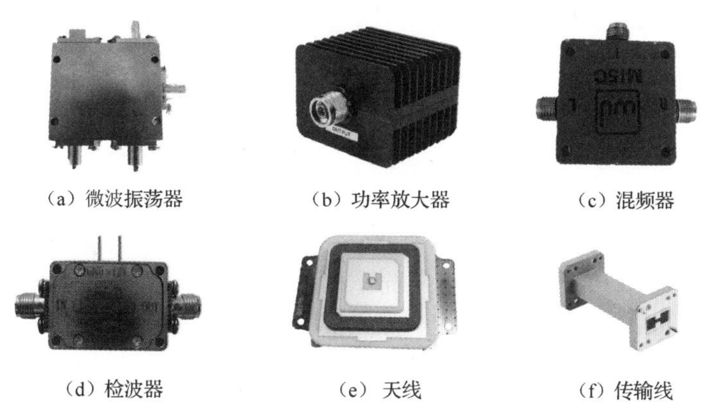

（a）微波振荡器　（b）功率放大器　（c）混频器

（d）检波器　（e）天线　（f）传输线

图 4-13　典型的微波器件

微波器件是毫米波雷达、电子战系统、通信系统等电子装备的核心部件，具有体积小、尺寸精度和表面质量要求高、加工难度大等特点，即使微小的加工误差也可能引起电磁性能的明显变化。因此，精密制造工艺是保证微波器件性能的关键。

各种微波器件由于其制造精度、结构形式、器件材料及制造数量的不同，相应的实现技术也不相同。图 4-14 所示为微波器件常见的加工方式，包括数控铣削、电火花加工、精密装配、型材弯扭、近净成形、精密焊接、电铸成形、三维打印等，表 4-1 是不同加工方式的适用范围。

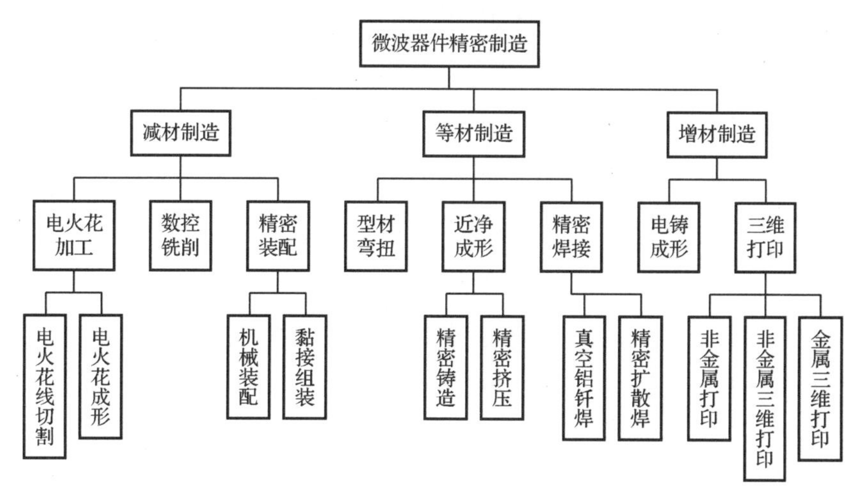

图 4-14　微波器件的主要加工手段

表 4-1　不同加工方式的适用范围

技　　术	材　　料	结　　构	精度/mm	表面质量/μm	数量	其　　他
数控铣削	不限	加工可达	微米级	优于 0.1	中等	内腔需要清角、切削让刀
电火花成形	导电材料	加工可达	优于 0.01	优于 0.8	一般	效率低，考虑电极损耗误差
电火花线切割	导电材料	连续截面	优于 0.01	优于 0.8	一般	效率低，穿丝孔加工难
精密装配	不限	频率不高，复杂内腔结构	有限	有限	一般	考虑强度、空间、累积误差
型材弯扭	黄铜、3A21、6063 等	等截面结构	优于 0.03	优于 0.8	不限	需要模具
精密铸造	铸造铝合金	复杂内腔结构	优于 0.05	优于 1.6	不限	需要模具，精度受限
精密挤压	变形铝合金等	简单内腔结构	优于 0.04	优于 0.8	不限	需要模具，形状受限
真空铝钎焊	黄铜、3A21、6063 等	复杂内腔、可分层	优于 0.02	优于 0.8	一般	钎料在内腔圆角控制难
精密扩散焊	黄铜、3A21、6063 等	复杂内腔、可分层	优于 0.02	优于 0.8	一般	效率低，成本较高
电铸成形	铜、镍等金属	中等复杂、芯模易加工	优于 0.01	优于 0.1	一般	效率低，芯模腐蚀时间过长
非金属三维打印	树脂、尼龙等非金属	不限	优于 0.02	优于 0.8	一般	快速验证，内腔金属化难
金属三维打印	AlSi10Mg 等金属粉末	不限	优于 0.02	10	一般	成本高，内腔光洁度改善难

微波器件制造存在的问题：第一，虽然金属材料易加工且被微波器件广泛采用，但存在明显不足，不仅体积与质量难以满足要求，而且法兰连接的装配缝隙对高频性能有明显影响；第二，陶瓷与有机高聚合物的介电常数、品质因数及功率容量高，有利于微波器件小型化的实现，但这些材料的可加工性差；第三，对共形裂缝阵天线等复杂内腔体与超高精度表面质量要求的微波器件而言（见图 4-15），虽然可通过精密焊接方式制造，但加工周期长、制造效率低、良品率低。同时，随着工作频段的不断升高，复杂模具加工难的问题如影随形。

图 4-15　共形裂缝天线

近年来，金属和非金属混合、超材料等 3D 打印技术的快速发展，为微波器件的制造开辟了新的技术途径，使得各种新材料、新结构、高精度、高性能、集成化的微波器件制造成为可能。

4.3.1　微波器件 3D 打印的典型应用

增材制造范畴的 3D 打印技术，因其适用于复杂、薄、特殊要求的构件加工而被广泛应用，复杂微波器件制造就是一个典型的应用领域，如内腔金属化的非金属波导、电磁带隙、光子晶体、折射率渐变透镜、频率选择表面等。

1．内腔金属化的非金属波导

图 4-16（a）所示的镀铜塑料波导，可应用“非金属三维打印和内腔金属化”来满足波导轻质化要求。图 4-16（b）所示为 X 波段双模带通滤波器，在腔体内部设置特定的突起可调节谐振频率及传输零点，改进波导性能。图 4-16（c）所示为 Ku 波段曲折波导，中间省去法兰连接，可明显提升波导的高频性能。

（a）3D打印的镀铜塑料波导

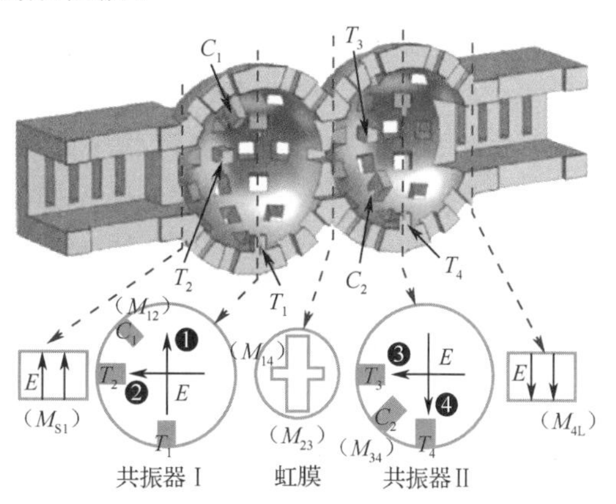

（b）X波段双模带通滤波器

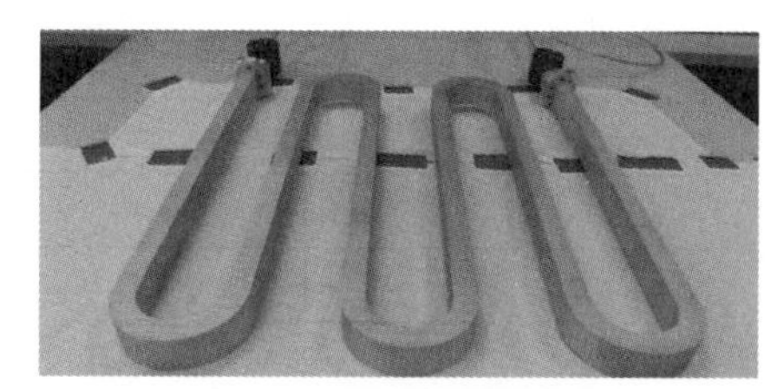

（c）Ku波段曲折波导

图 4-16　利用 3D 打印技术制备的新型波导结构

2．小尺寸、高容差的透镜天线

透镜天线是一种将点源或线源的球面或柱面电磁波转换为平面波的装置（见图 4-17），通过合理设计透镜表面形状与折射率，可调节相速以获得辐射口径上的平面波。

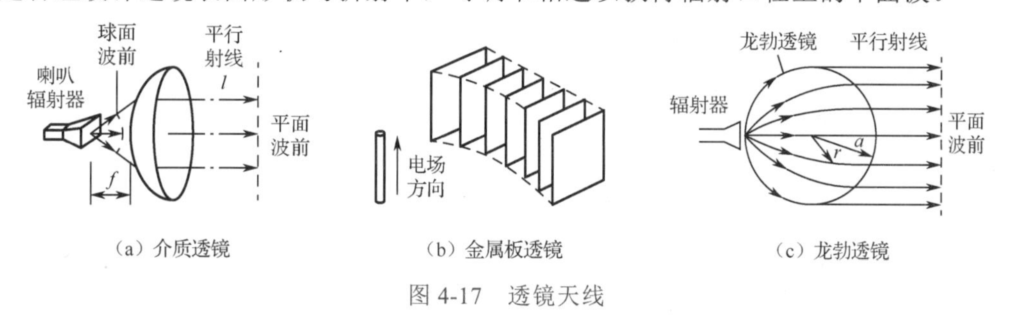

（a）介质透镜　（b）金属板透镜　（c）龙勃透镜

图 4-17　透镜天线

这类天线的不足是，尺寸大、结构复杂及制造成本高，故后期逐渐被其他类型天线所取代。3D打印技术为其带来了新生，这是因为3D打印使得制备小尺寸、低成本、高容差的透镜天线成为可能。图4-18所示为采用3D打印技术制备的D波段高聚合物菲涅耳透镜天线、X波段伊顿透镜天线及频率扫描透镜天线。

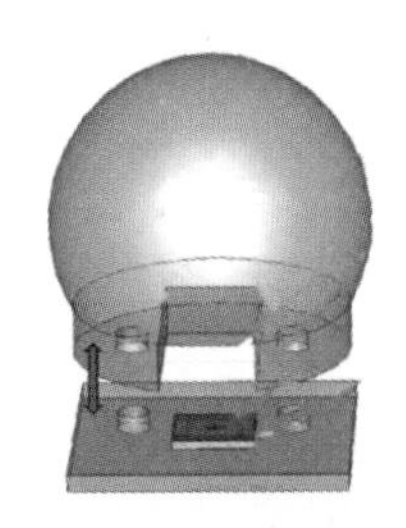

（a）D波段高聚合物菲涅耳透镜天线

（b）X波段的伊顿透镜天线

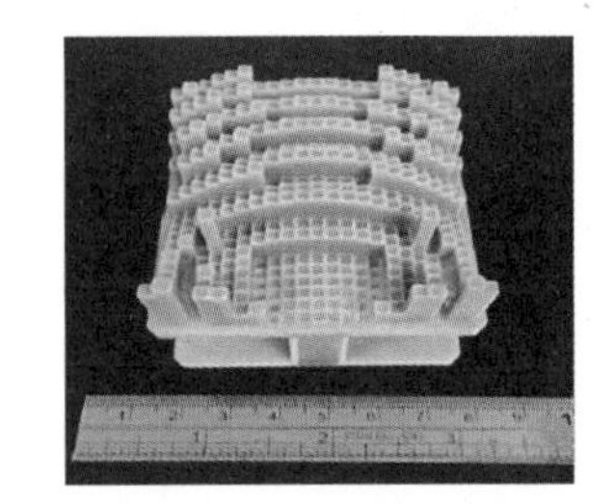

（c）频率扫描透镜天线

图4-18 采用3D打印技术制备的透镜天线

3. 具备超材料结构的微波器件

超材料是指某些具有特殊性质的人造材料。超材料有两个特点：一是人造材料，自然界没有；二是具有某种特殊性质，如改变光和电磁波通过材料时的表现。超材料在成分上没有特别之处，其特性源于精密设计的几何结构及尺寸，即所谓的微结构。

研究表明，超材料可使微波器件获得优良性能，特别是微波光子晶体结构，应用前景非常广阔。微波光子晶体结构是空间三维蜂窝状微小结构，传统制造工艺只能制备二维蜂窝状微小结构。以电磁带隙（Electromagnetic Band Gap，EBG）为例，通过选择不同的介质尺寸、材料及形状，可对通过EBG结构的电磁波频段进行控制。但其制造非常复杂，特别是特征尺寸为50～500μm的毫米波波段。虽然传统的硅基光刻、芯片熔融等技术也可制造出来，但成本高、周期长，且一致性差。而3D打印技术则能克服这些困难与问题，如图4-19所示的EBG结构便是利用3D打印技术制备的。

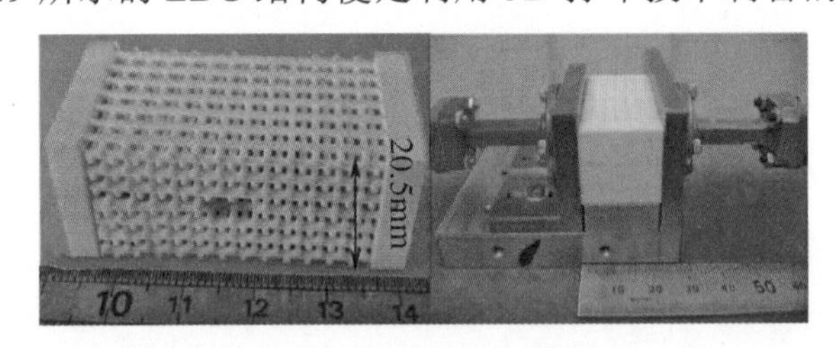

图4-19 利用3D打印技术制备的EBG结构

4. 结构形状复杂的共形天线

共形天线是指附着于载体表面且与载体贴合的天线，如图4-20所示。其优点是天线可与飞机、导弹、卫星等高速运行载体的表面外形一致，不破坏载体外形结构及气动力特性，成为天线领域的发展热点之一。

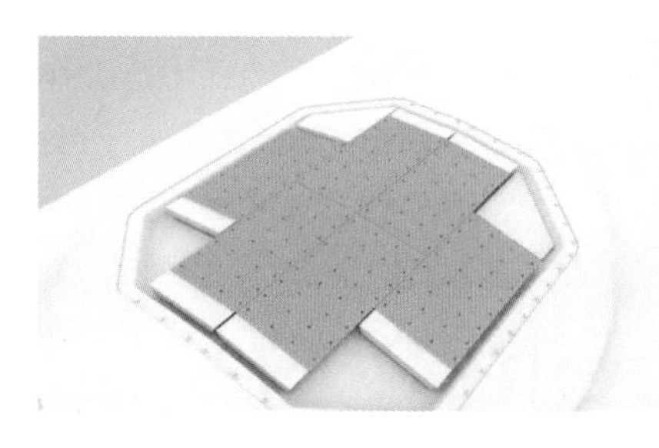

(a) 卫星通信的共形天线

(b) 邻近空间飞艇共形天线

图 4-20　共形天线

共形天线制造存在两个问题：一是形面精度要求高，特别是毫米波共形天线，电磁性能对精度特别敏感；二是共形天线往往安装在高速运行载体外表面，形状复杂，且天线上还需制备很多高定位精度和尺寸精度的孔隙，故制造难度很大。

3D 打印技术，为共形天线的制造提供了可行的技术途径，图 4-21 是采用 3D 打印技术制备的卫星通信共形天线和波导缝隙天线。

(a) 卫星通信共形天线

(b) 波导缝隙天线阵列

图 4-21　采用 3D 打印技术制备的共形天线

5. 其他应用

除上述应用外，3D 打印技术还广泛应用在需要小型化、轻量化、结构复杂、可加工性能差的微波器件制造中，如波纹喇叭、功分合成器及相控阵天线单元，如图 4-22 所示。

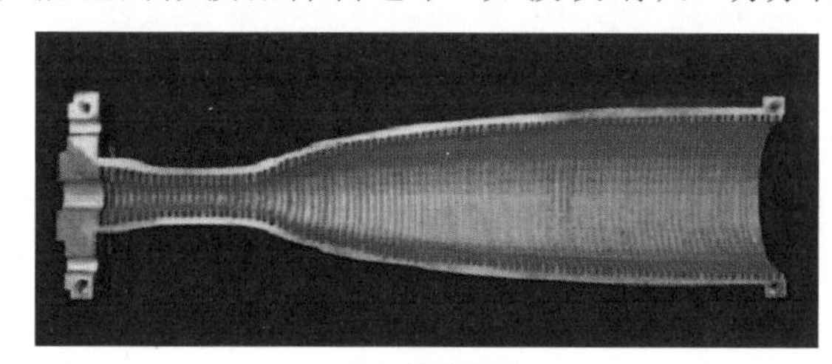

(a) 波纹喇叭

(b) 功分合成器

(c) 相控阵天线单元

图 4-22　3D 打印在微波器件制造中的其他应用

4.3.2　基于 3D 打印的低温共烧陶瓷制造技术

低温共烧陶瓷（Low Temperature Cofired Ceramic，LTCC）是一种制备高密度、小型化无源/有源集成的功能模块制造技术（见图 4-23），可将无源元器件（电阻器、电容器和电感器）及各种无源组件（滤波器、变压器）封装于多层布线基板中，并与有源器件（功率 MOS、晶体管、IC 电路模块）共同集成为一完整的电路系统。

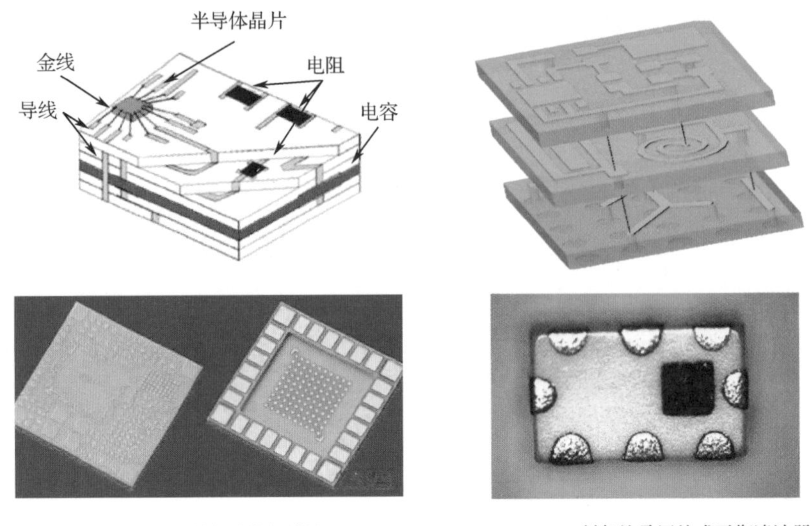

（a）LTCC制备的射频模块　　（b）LTCC制备的叠层片式平衡滤波器

图 4-23　典型的 LTTC 模块

与其他集成技术相比，LTCC 具备诸多优点。第一，优良的高频、高速传输及宽通带特性。第二，良好的热传导性，可适应大电流及耐高温要求。第三，可制作层数很高的电路基板，有利于提高电路组装密度，减小体积和质量。第四，兼容性好，可与其他多层布线技术结合，实现更高组装密度和更好性能的混合多层基板组件。第五，可对每一层布线和通孔进行质量检查，成品率高，质量好。第六，制备过程中的环境污染小，节能环保。

传统 LTCC 制备工艺的基本过程如图 4-24 所示。首先，将低温烧结陶瓷粉制成尺寸精确且质地致密的生瓷带；其次，在生瓷带上利用激光打孔、微孔注浆、精密导体浆料印刷等工艺制备电路图形，并将无源组件埋入陶瓷基板中；最后，将生瓷带叠压在一起，在 900℃温度下烧结，制成三维空间互不干扰的高密度电路，或者是内置无源元器件的三维电路基板，然后在基板表面贴装 IC 和其他有源器件。

针对传统 LTCC 制备技术存在的片式元件封装尺寸已到极限、工艺流程复杂、工艺柔性差等问题，近年出现了 3D 打印和 LTCC 相结合的封装制备技术，基本思路为：首先，采用 3D 混合打印技术，逐层生成陶瓷基板、金属导线、过孔及无源元器件，形成包含金属导线、过孔及无源元器件的基板生胚；其次，对生胚进行脱脂和烧结；最后，在基板中装配功能器件，实现所需的微系统。

图 4-25 所示是东南大学采用 3D 打印技术制备的 LTCC 实例。首先，应用混合打印技术，打印陶瓷基底和金属导线（银丝），形成 LTCC 基板的生胚；其次，采用 LTCC 脱脂和烧结技术，形成 LTCC 基板，烧结后，由于上釉效应，陶瓷表面质量显著提升；最后，将 LED、电阻、USB 端口等装配到陶瓷基板上，形成完整的 USB 灯。

图 4-24 传统 LTTC 制备工艺的基本过程

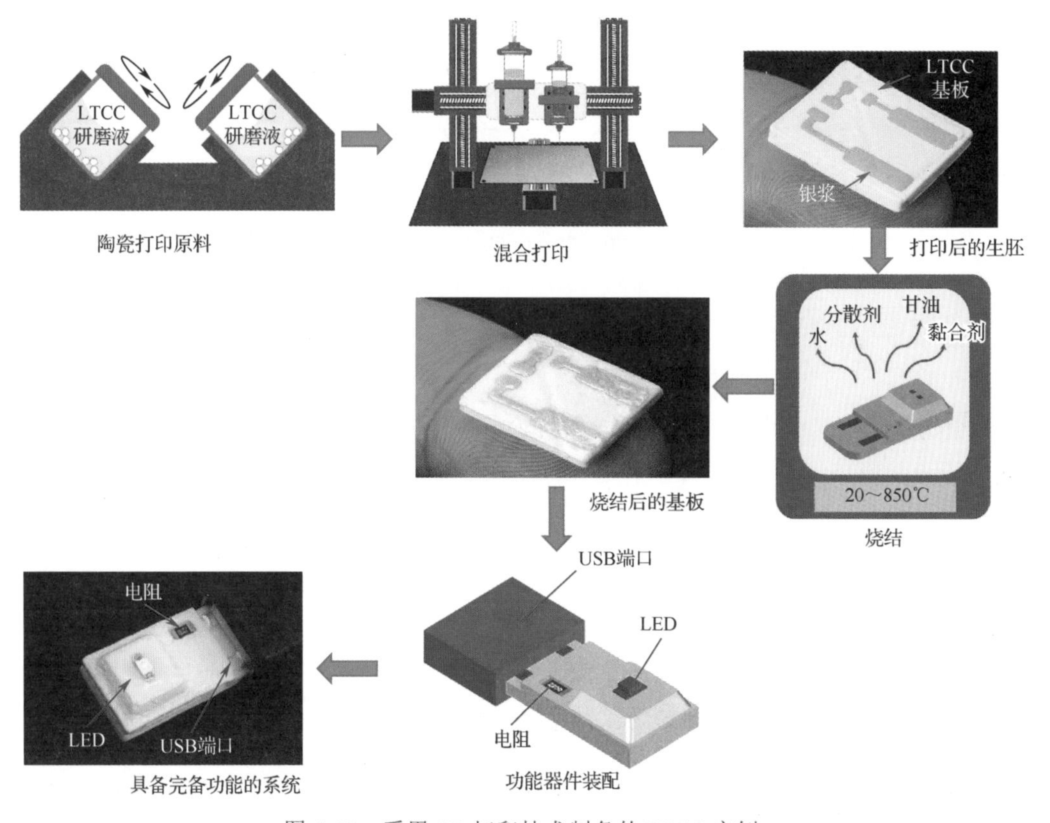

图 4-25 采用 3D 打印技术制备的 LTCC 实例

4.4 电气互联技术

电气互联是指在电、磁、光、温（湿）度、振动、冲击等多种因素联合作用的环境中，可保证任意两个或多个电气连接点之间，满足稳定可靠电气连接的制造工艺技术。

电气互联是电子装备制造最基础的支撑技术之一。电子装备组装时，需对成千上万的元器件、组件、模块及子系统进行电气连接。例如，某预警机仅天线系统的一个阵面就有3000余个连接点，三个阵面共有万余个连接点。同时这种连接是不同尺度的，大致分为元器件/微系统级、印制电路板/子系统级以及整机/系统级互联。

电气互联技术的分类如图4-26所示。一是元器件/微系统级互联，主要涉及芯片、基板、芯片互联与器件封装等技术。二是印制电路板/子系统级互联，主要涉及元器件、PCB、表面贴装和焊接等技术。三是整机/系统级互联，主要涉及电路模块、互联母板、插接与线缆互联以及装联调试等技术。

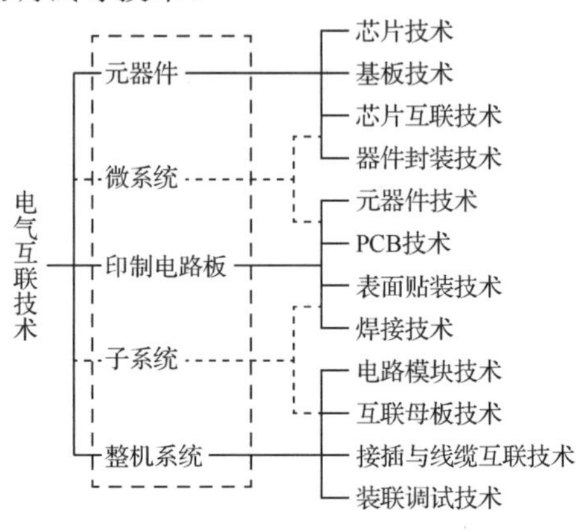

图4-26 电气互联技术的分类

4.4.1 表面贴装技术

1. SMT简介

表面贴装技术（Surface Mounted Technology，SMT）是实现元器件安装的新一代电子装联技术。利用该技术，可将无引脚或短引线的元器件（SMC/SMD，片状元器件），通过自动化技术自动定位并贴合到PCB或其他电子基板表面上，进而通过载流焊或浸焊等方法焊接加固，不仅可靠性高，而且一致性好。

与传统装联技术相比，SMT有很多优点。第一，组装密度高、产品体积小、质量轻。SMT采用无引脚的贴片元件，其体积和质量只有传统插装元件的1/10左右。采用SMT制造的电子产品体积可缩小40%～60%，质量下降60%～80%。第二，装联可靠性高，抗震能力强，焊点缺陷率低，高频特性好。第三，易于实现自动化，可显著提高生产效率，降低成本可达30%～50%。同时，可大幅节省材料、能源、设备、人力及时间。

2. 基本工艺过程

如上所述，SMT的目标是将电子元器件准确、高效、可靠地组装到PCB或其他基板上。典型的SMT工艺有单面组装、双面组装、单面混装及双面混装四类，如图4-27所示。

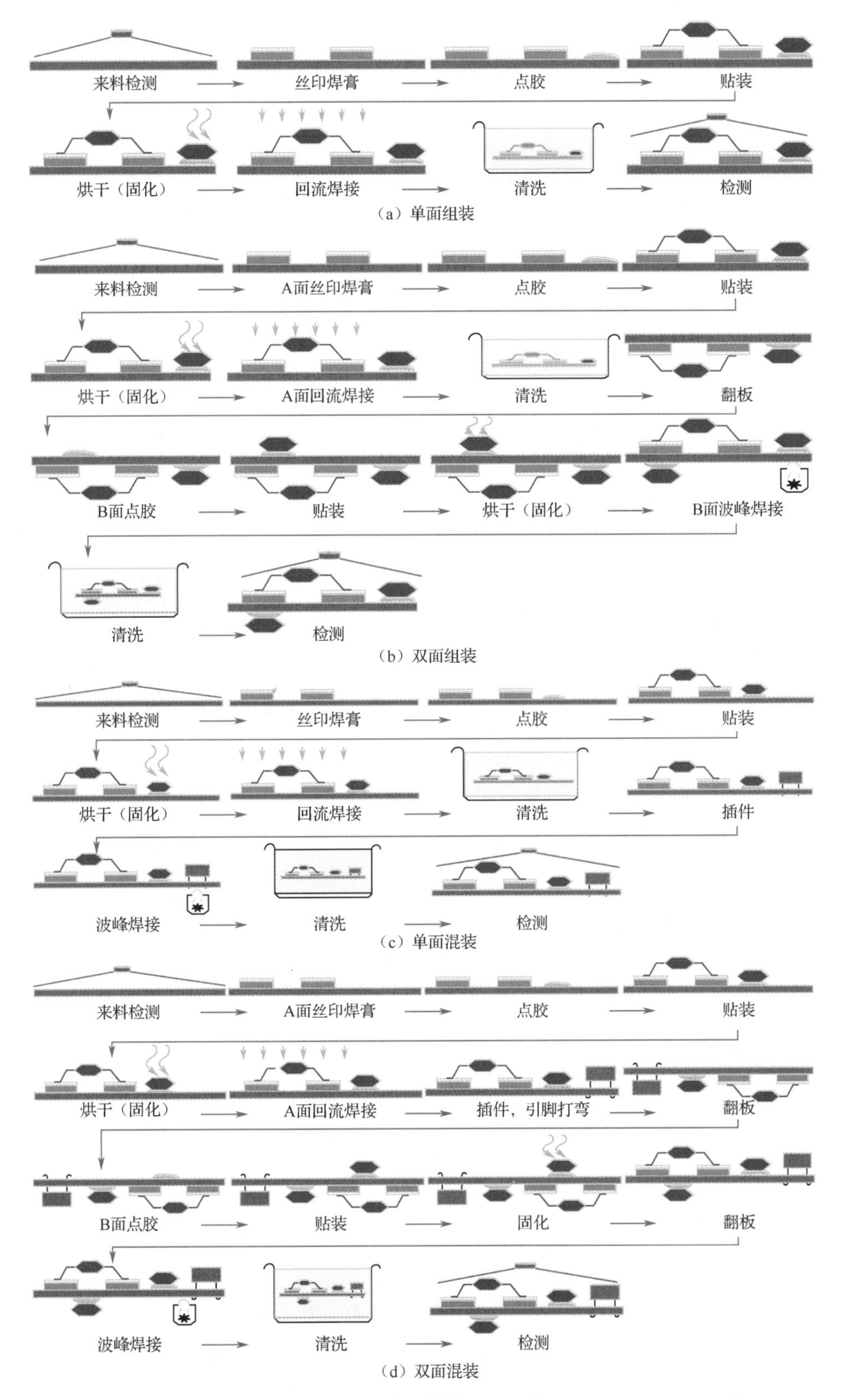

图 4-27　典型的 SMT 工艺

从图 4-27 中可以看出，不管是哪一种 SMT 工艺流程，都由一些基本工序组成，包括锡膏印刷（丝印）、点胶、贴装、插通孔元件、烘干固化、回流焊接、波峰焊接、清洗及检测。

1）锡膏印刷（丝印）

锡膏（Solder Paste），又名焊锡膏，是一种由焊锡粉、助焊剂及表面活性剂、触变剂等形成的膏状混合物，用于电阻、电容、IC 等电子元器件的 SMT 焊接。

锡膏印刷将焊锡膏准确地涂布到 PCB 焊盘上，等元器件贴装后，再通过回流焊接，将元器件焊接到 PCB 上。

锡膏印刷的基本原理如图 4-28（a）所示，包括锡膏、钢网及刮刀等。印刷时，首先将 PCB 置于工作台上，用定位销或视觉对准装置与模板对准；然后采用机械或真空装置对 PCB 和模板夹紧定位；最后用刮刀刮锡膏，即可将锡膏以丝网漏印方式准确印制到 PCB 焊盘上。影响锡膏印刷质量的主要因素包括锡膏黏度、模具定位精度、印刷速度以及印刷压力。图 4-28（b）所示为锡膏印刷机的实物图。

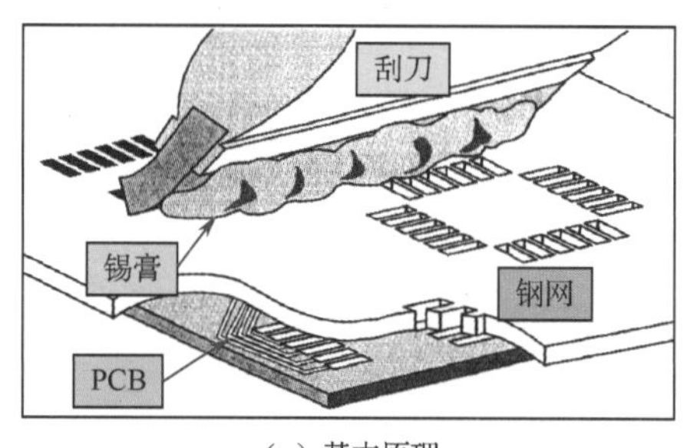

（a）基本原理

（b）实物图

图 4-28　锡膏印刷

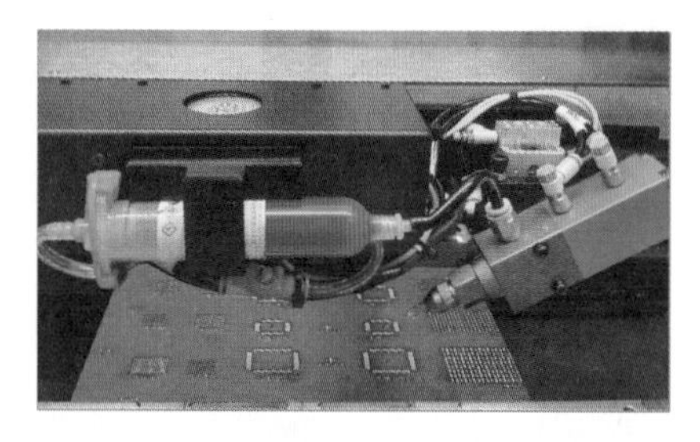

图 4-29　SMT 点胶

2）点胶

所谓点胶，是指用点胶机将胶水准确地滴到 PCB 上元器件贴装位置（见图 4-29），其主要作用是在 SMT 制造过程中将贴装的元器件固定在 PCB 上。

由于现在所用的 PCB 大多是双面贴片，为防止二次回流焊接或波峰焊接时，下面的元件因锡膏熔化而脱落，需要在该面进行点胶，通过胶水将元器件固定到 PCB 上。

3）元器件贴装

贴片机用于将表面组装元器件准确安装到 PCB 指定位置上，如图 4-30 所示。贴装是整个 SMT 最为关键的工序，贴装精度决定电子产品的组装密度与性能。

贴片机是元器件贴装的关键设备，包括机架、送料器、PCB 输送器、PCB 固定装置、*X*/*Y*/*Z*/*θ* 伺服定位系统、光学识别体系以及贴片头。其中，机架是整个贴片机的基座，所有传动、定位、传送机构均须牢固地固定在上面。送料器负责在合适的时间点将合适的贴装元器件输送到贴片头上。PCB 输送器负责在合适的时间将合适的 PCB 基板输送并固定到工作台上。$X/Y/Z/\theta$ 伺服定位系统是贴片机的关键机构，负责贴片头在空间精准地运动和旋转，光学识别体系则负责识别和计算贴片头中心与元器件理论中心的误差（$\Delta X/\Delta Y/\Delta\theta$），并及时反馈至控制系统进行修正，以保证贴片精度，贴片头负责将元器件准确地贴放至指定的位置。

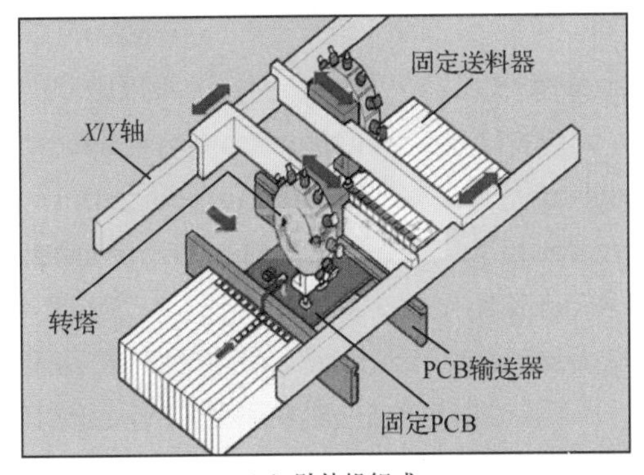

（a）贴片机组成

（b）贴片机实物图

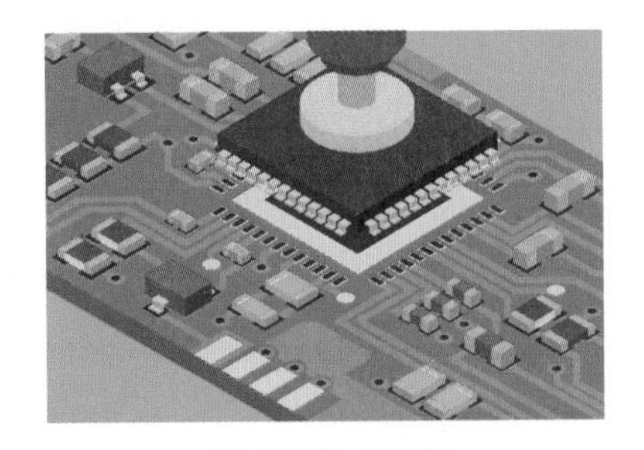

（c）贴片头（吸嘴）

图 4-30　贴片机

4）烘干固化

烘干固化工序往往与点胶工序一起使用，其作用是使用固化炉将贴片胶熔化，从而使表面组装元器件与 PCB 基板牢固地黏接在一起。

5）回流焊接

回流焊接的基本原理如图 4-31（a）所示，贴装工序将表面组装的元器件贴装到焊膏上之后，采用回流焊炉将 PCB 上的焊膏熔化，冷却后即可使表面组装元器件与 PCB 牢固黏接在一起。

图 4-31（b）所示为常见的热风回流焊接炉实物图，炉内有加热电路，可将空气或氮气加热到足够高的温度并吹向贴好元件的电路板，控制系统控制炉内温度和保持时间。第一步，进入升温区，此时焊膏中的溶剂变成气体蒸发，同时助焊剂熔化，润湿焊盘和元器件引脚，焊膏软化塌落覆盖焊盘，将焊盘、元器件引脚和氧气隔离。第二步，进入保温区，使 PCB 和贴装元器件得到充分预热，防止突然进入焊接高温而损坏 PCB 与元器件。第三步，进入焊接区，温度迅速上升，焊膏完全熔化，液态焊锡对焊盘和元器件

引脚进行润湿、扩散、漫流或回流，混合形成焊锡接点。第四步，进入冷却区，焊锡凝固，完成焊接。

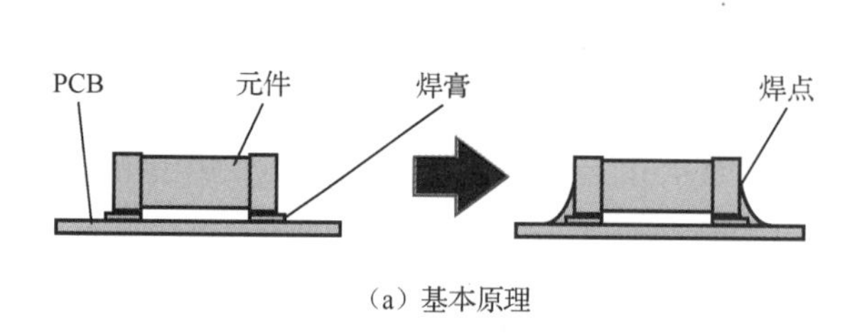

（a）基本原理

（b）热风回流焊接炉实物图

图 4-31　回流焊接

6）波峰焊接

波峰焊接是指将熔化的软钎焊料（铅锡合金），经电动泵或电磁泵喷流成工艺要求的焊料波峰，使预先装有元器件的 PCB 通过焊料波峰，实现元器件焊端或引脚与 PCB 焊盘之间机械与电气连接的软钎焊。

波峰焊接的基本原理如图 4-32（a）所示，将贴装元器件的 PCB 基板置于一个链式传送中，先在元器件焊接位置喷涂助焊剂，并进行预热；然后进行波峰焊接。锡槽盛有熔融状态的焊料，钢槽底部风机将焊料由喷嘴喷出，形成一定形状的波峰，PCB 待焊接元器件的焊接面通过波峰时，焊料在润湿焊区扩展填充；最终经强迫冷却后，完成焊接。波峰焊接机实物图如图 4-32（b）所示。

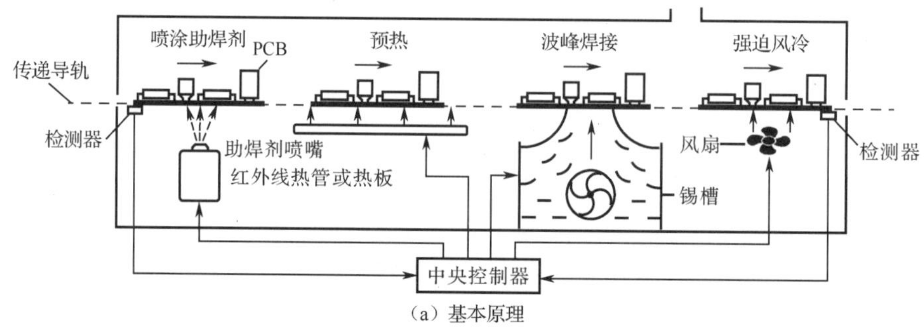

（a）基本原理

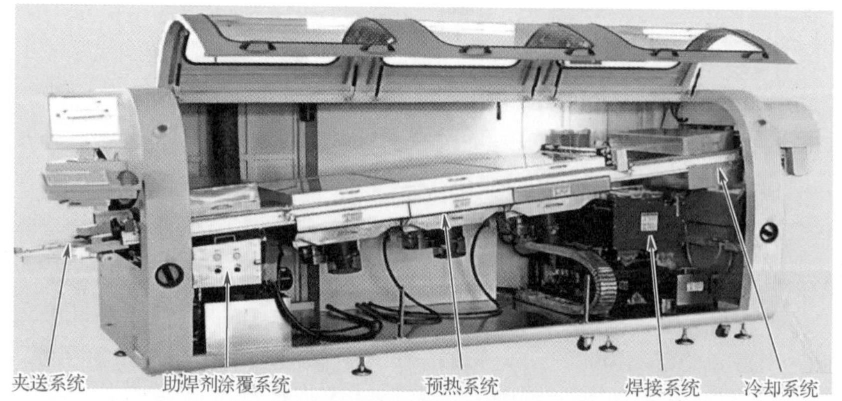

（b）波峰焊接机实物图

图 4-32　波峰焊接

7）清洗

回流焊接或波峰焊接工序完成以后，PCB 基板上会有焊接残留物（如助焊剂等）存在，此时，需使用清洗机将残留物去除。

8）检测

采用放大镜、显微镜、在线测试仪、飞针测试仪、自动光学检测（AOI）、X 射线检测、功能测试仪等设备，对组装好的 PCB 的焊接质量和装配质量进行检测。

4.4.2　三维互联技术

三维互联（3D Through Silicon Via，3D TSV）技术又称垂直互联技术或硅通孔技术，是堆叠芯片实现互联互通的一种解决方案，是继引线键合、载带自动键合、倒装键合芯片之后的第四代芯片互联技术，具有低延迟、高密度、器件运行频率高、寄生效应小、生产成本低等特点。

1. 堆叠芯片封装

堆叠芯片封装又称 3D 封装，是指在封装体内的垂直方向堆叠两个或两个以上芯片的封装技术，如图 4-33 所示。与传统封装相比，3D 封装不仅可缩小封装体尺寸、减轻质量，更重要的是，它可使电子系统以更快的速度运行而不增加能耗。

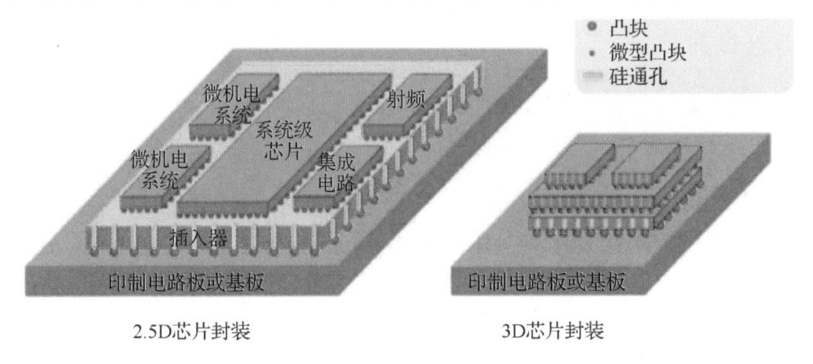

图 4-33　堆叠芯片封装技术

2. 堆叠芯片的传统互联技术

芯片互联是堆叠芯片封装的核心技术，按照使用方法的不同，芯片互联可以分为引线键合、载带自动键合、倒装键合等。

1）引线键合

引线键合（Wire Bonding，WB）是一种使用细金属线，利用热、压力、超声波等方法使金属引线与基板焊盘紧密焊合，实现芯片与基板电气互联，芯片之间信息互通的加工技术。

如图 4-34 所示，用金属丝将芯片的 I/O 端（内侧引线端子）与对应的封装引脚或者基板上布线焊区（外侧引线端子）连接，实现固相焊接过程。焊接时，采用加热、加压及超声能等方式，通过破坏焊区表面氧化层，产生塑性变形，界面亲密接触产生电子共享和原子扩散，最终形成焊点。键合区的焊盘一般为铝或者铜，金属丝线通常为直径 20～50μm 的铜丝、铝丝或者硅铝丝。

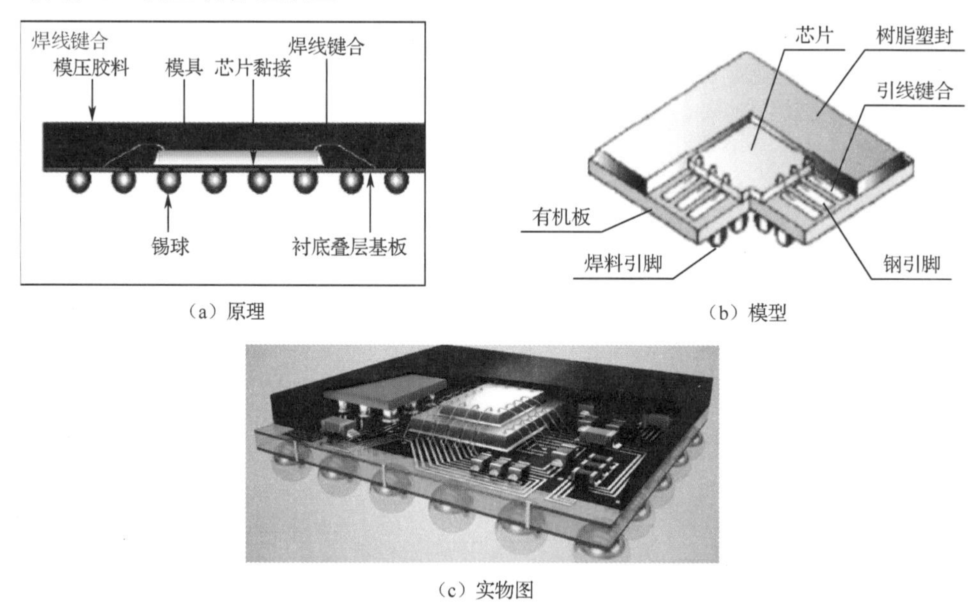

图 4-34　引线键合原理、模型和实物图

2）载带自动键合

载带自动键合（Tape Automated Bonding，TAB）是一种采用金属化柔性高分子载带，实现电子元器件封装的互联技术（见图 4-35）。首先在芯片上形成凸点，然后用载带的一头连接芯片凸点，另一头连接基板焊盘，通过压焊技术将芯片凸点、载带、基板焊盘分别键合在一起，从而形成可靠的芯片之间互联互通。

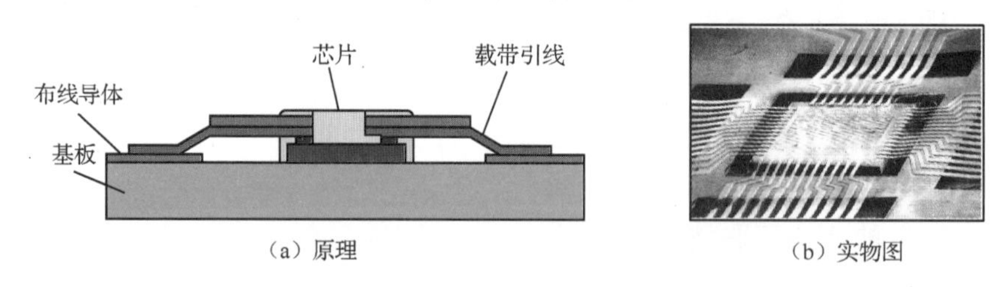

图 4-35　载带自动键合原理和实物图

载带自动键合技术的主要特点：一是可制作特征值低至 0.4mm 且具有良好柔性的极小尺寸器件，器件最小特征尺寸只有传统平面封装的 10%左右；二是实现高密度 I/O 引脚的键合；三是与平面封装相比，可显著缩短芯片之间的引线距离，提升器件运行速度，同时由于采用扁平矩形截面引线代替圆形引线，可显著降低线间电容和寄生电感；四是良好的键合面可提高器件的散热性能；五是载带上的器件可用链式传送，适合自动化组装，提高组装效率，使制造成本大幅降低。

载带自动键合技术包括内引线键合（Inner Lead Bonding，ILB）和外引线键合（Outer Lead Bonding，OLB）。内引线键合是指载带内引线与芯片凸点之间相互连接，外引线键合则是指载带外引线与基板焊盘之间相互连接。

内引线键合通常采用热压焊方法，由硬质金属或钻石制成的热电极，在 300～400℃的温度下进行，如图 4-36（a）所示。内引线键合完成后，需在芯片与内引脚的接合面或整个 IC 芯片涂饰一层高分子胶，以保护引脚、凸点及芯片。

外引线键合采用电热框架式电烙铁（也叫热电极）进行，即将载带上铜箔引线压入焊料金属中，给电烙铁提供能持续几秒钟的脉冲电压，即可将铜箔与基板焊盘相互连接，如图 4-36（b）所示。

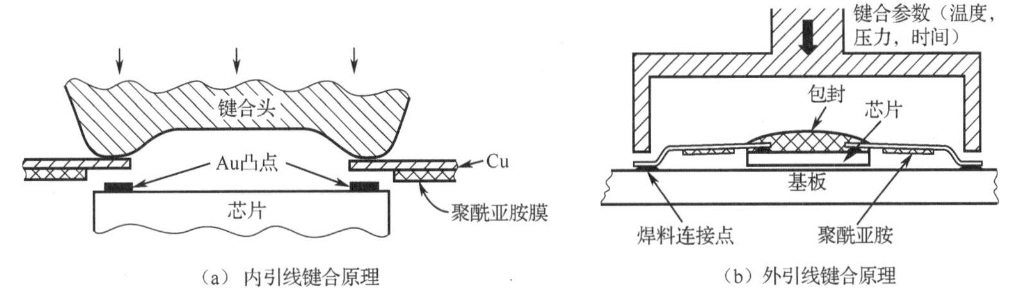

（a）内引线键合原理　　（b）外引线键合原理

图 4-36　载带自动键合的内引线键合和外引线键合原理示意图

3）倒装键合

倒装键合（Flip Chip Bonding，FCB）又称倒装焊，是芯片凸点面朝下，通过凸点直接与封装外壳或布线基板上的焊盘焊接的技术（见图 4-37）。与引线键合、载带自动键合等相比，芯片的安装方向是“倒”的，故取名为倒装键合。

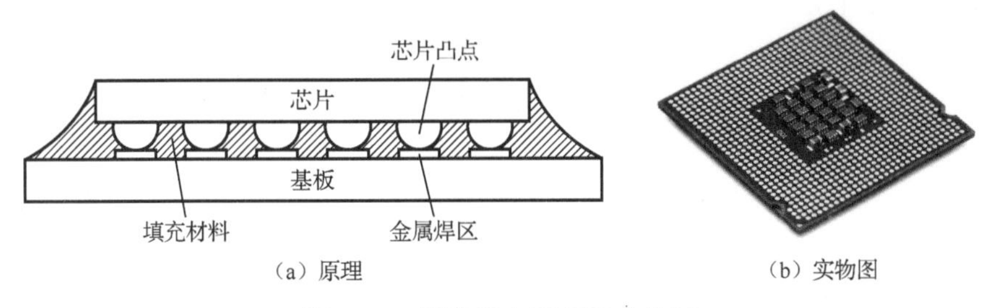

（a）原理　　（b）实物图

图 4-37　倒装键合原理和实物图

倒装键合的基本原理为：一是在芯片背面制作凸点（I/O 端口），凸点采用铜、铝、锡焊膏等材料制备，可与基板焊接键合；二是倒装焊机将芯片凸点与基板焊区对准，并通过热压焊法、再流焊法、环氧树脂光固化法和各向异性导电胶黏接法，实现芯片与基板的牢固连接；三是在芯片和基板之间填充环氧树脂，以保护芯片免受环境侵蚀，并提升其抗震动和冲击的能力。

与引线键合、载带自动键合等互联技术相比，倒装键合技术具有更好的性能。一是取消键合引线，连接线很短，可减小寄生电容与电感；二是芯片凸点和基板焊盘直接对接，芯片所占的基板面积小，可提高安装密度；三是芯片焊区可在芯片表面的任何部位，更适合多输入/多输出的芯片装配；四是芯片无须塑封，散热能力强；五是互联工艺简单，适用于工业化生产。因此，倒装键合技术更适用于高频、高速、大 I/O 端口数的大规模集成电路、超大规模集成电路及专用集成电路的场景。

3．堆叠芯片的三维互联技术

硅通孔技术是指在垂直方向把多个需要互联的芯片堆叠在一起，并在芯片和芯片的 I/O 端口之间进行垂直导通，进而实现芯片间的互联互通（图 4-38）。

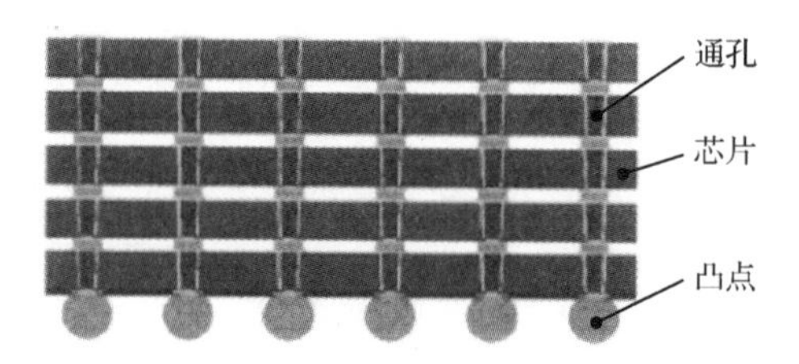

图 4-38　硅通孔互联

硅通孔技术采用通孔实现芯片间的互联互通。芯片连接时，可不用引线、载带与凸点，因此芯片堆叠密度显著增加。图 4-39 给出了载带自动键合、倒装焊和硅通孔互联的效果对比情况，可以看出，硅通孔技术的芯片堆叠密度是最大的，这样可以在相同情况下，使封装体外形尺寸最小，电子系统性能最佳，功耗最低。

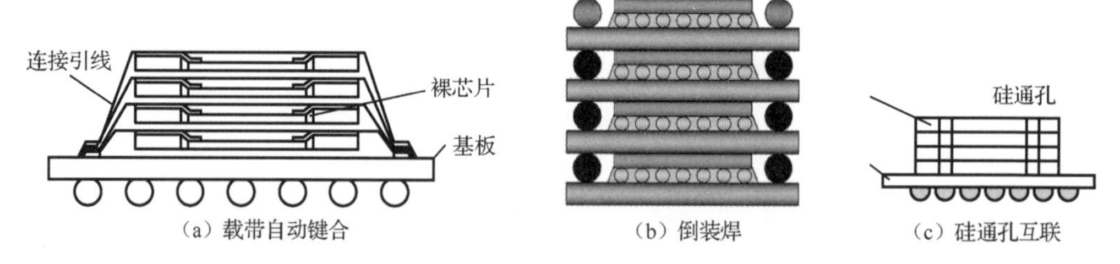

（a）载带自动键合　（b）倒装焊　（c）硅通孔互联

图 4-39　载带自动键合、倒装焊和硅通孔互联的效果对比

硅通孔技术的主要工艺包括通孔形成、芯片减薄和 TSV 键合。

1）通孔形成

通孔形成的工艺又包括通孔制造、通孔绝缘及通孔填镀。

通孔制造的难度在于细小芯片上加工微纳米级的通孔，主要方法有干法刻蚀、湿法腐蚀、激光钻孔以及电化学刻蚀。

通孔绝缘一般采用材料沉积的方式实现，如常见的二氧化硅绝缘层，就是使用硅烷通过化学气相沉积（CVD）工艺实现绝缘的。

通孔填镀是在铜通孔中，利用 TiN 黏附/阻挡层和铜种子层通过溅射来沉积，进而完成对通孔的填镀。因电镀成本往往明显低于 PVD/CVD，故通孔填充一般采用电镀铜的方法。

2）芯片减薄

应用一般工艺制造的芯片厚度多在 0.3～0.4mm，如果不采用三维封装，这个厚度的芯片是没问题的。但是，随着三维互联技术的不断进步，电子系统芯片堆叠的层数普遍达到 10 层以上，因此单层芯片的厚度必须限制在 50μm 以下，甚至达到单层芯片厚度的极限 20～30μm。这时，芯片厚度的降低就成为关键因素。

芯片减薄主要采用磨削减薄方法，工序包括磨削、研磨、化学/机械抛光、湿法化学处理等。其中的难点是，解决磨削过程中芯片始终保持平整状态，减薄后不发生翘曲、下垂、表面损伤扩大、芯片破裂等问题。

3）硅通孔键合

硅通孔键合是指硅通孔和连接端子之间的键合，通常采用金属/金属键合和高分子黏接键合方法。因可同时实现机械和电学的界面接触，故多采用金属/金属键合方式，如铜/铜键合，可在 350℃～400℃下加压 30min，接着在同一温度环境下通过氮气退火 30～60min。硅通孔键合如图 4-40 所示。

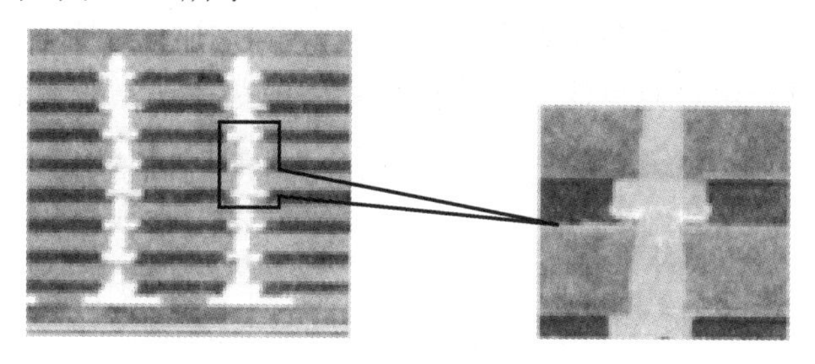

图 4-40　硅通孔键合示意图

Chapter 5

第5章 机电耦合测试与评价

【概要】

本章阐述电子装备机电耦合的测试与评价技术。首先，结合机载雷达平板裂缝天线、机载雷达三维天线座及电调双工滤波器等典型工程案例，阐述测试因素耦合度的建模及计算方法，并用于解决“如何确定影响电性能的主要结构因素”的问题；其次，研究新的测试策略、技术与方法，构建半实物的综合测试平台，为验证机电耦合理论模型与影响机理的正确性提供依据。

5.1 概述

对机电性能的测试与评价是电子装备研制过程中非常重要的环节之一。设计和制造人员需要在电子装备研制过程中的不同环节，通过一定的方法和手段，对电子装备的结构性能和电性能进行检测，并应用一定的方法，对电子装备的实际性能是否达到设计要求给出评价，以便确定装备设计和工艺的有效性，判别装备是否达到了设计要求。

与其他复杂机电装备相比，电子装备的性能测试与评价有其鲜明的机电耦合特征。设计和制造人员应基于机电耦合理论，从机电耦合角度出发，制定检测方案，提出性能评价方法。为此，本章提出“测试因素耦合度”的概念，通过测试因素耦合度分析，确定影响系统电性能的主要机械结构参数和因素，从而尽可能减少测试工作量，提高测试效率。

本章针对机载雷达平板裂缝天线、机载雷达三维天线座及电调双工滤波器等典型工程案例，研究测试因素耦合度建模及计算方法，解决如何确定影响电性能主要结构因素的问题。本章提出新的测试策略、技术与方法，构建半实物的综合测试平台，为验证机电耦合理论模型与影响机理的正确性提供依据。

5.2 测试技术

5.2.1 测试因素耦合度

测试因素耦合度是体现结构参数对电性能影响的一种度量，分析测试因素耦合度的目的是，确定典型案例中影响系统（电）性能的主要机械结构参数，以尽可能减少测试工作量，提高测试效率。

测试因素耦合度的技术路线如图 5-1 所示。首先分别采用数据包络分析（DEA）法和主观评分法，计算测试因素耦合度/评价权重，然后通过主客观相结合的方法得到综合的测试因素耦合度。

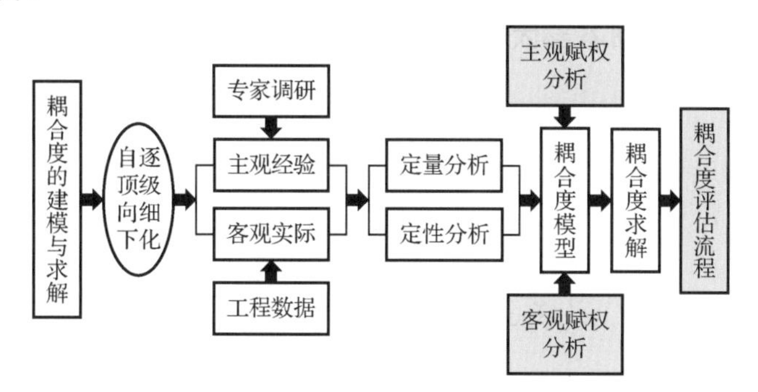

图 5-1 测试因素耦合度的技术路线

1. 客观耦合度计算方法——数据包络分析法

设某个决策单元(DMU，见图 5-2)在一项研制活动中的输入向量为 $\boldsymbol{x}=(x_1,x_2,\cdots,x_m)^{\mathrm{T}}$，输出向量为 $\boldsymbol{y}=(y_1,y_2,\cdots,y_s)^{\mathrm{T}}$。

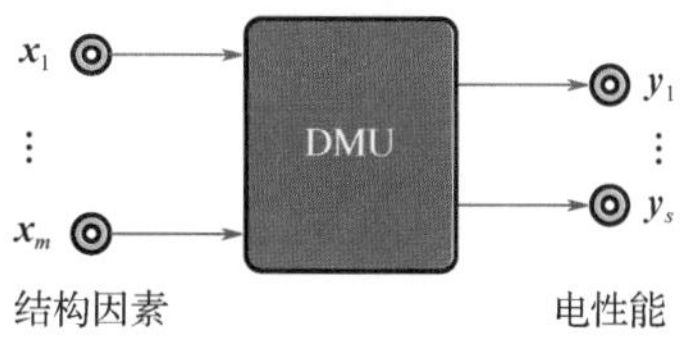

图 5-2 决策单元

在 n 种 $\mathrm{DMU}_j(1\leqslant j\leqslant n)$ 中，DMU_j 对应的输入输出向量分别为

$$\boldsymbol{x}_j=(x_{1j},x_{2j},\cdots,x_{mj})^{\mathrm{T}}>0,\qquad j=1,2,\cdots,n$$

$$\boldsymbol{y}_j=(y_{1j},y_{2j},\cdots,y_{sj})^{\mathrm{T}}>0,\qquad j=1,2,\cdots,n$$

且 $x_{ij}>0,\ y_{rj}>0,\ i=1,2,\cdots,m$，$r=1,2,\cdots,s$。即每个决策单元有 m 种“输入”与 s 种“输出”。x_{ij} 为第 j 个决策单元对第 i 种输入的投入量，y_{rj} 为第 j 个决策单元对第 r 种输出的产出量。

又设 v_i 为对第 i 种输入的一种度量（权重），u_r 为对第 r 种输出的一种度量（权重）。对每个决策单元 DMU_j 都引入相应的效率评价指数

$$\boldsymbol{h}_j=\frac{\boldsymbol{u}^{\mathrm{T}}\boldsymbol{y}_j}{\boldsymbol{v}^{\mathrm{T}}\boldsymbol{x}_j}=\frac{\sum_{r=1}^{s}u_r y_{rj}}{\sum_{i=1}^{m}v_i x_{ij}},\qquad j=1,2,\cdots,n \tag{5-1}$$

以第 j_0 个决策单元的效率指数为目标，以所有决策单元的效率指数为约束，可构造如下的 C^2R 模型

$$\begin{aligned}&\max\ h_{j_0}=\frac{\sum_{r=1}^{s}u_r y_{rj_0}}{\sum_{i=1}^{m}v_i x_{ij_0}}\\&\text{s.t.}\ \frac{\sum_{r=1}^{s}u_r y_{rj}}{\sum_{i=1}^{m}v_i x_{ij}}\leqslant 1,\qquad j=1,2,\cdots,n\\&\boldsymbol{v}=(v_1,v_2,\cdots,v_m)^{\mathrm{T}}\geqslant 0\\&\boldsymbol{u}=(u_1,u_2,\cdots,u_s)^{\mathrm{T}}\geqslant 0\end{aligned} \tag{5-2}$$

若引入 Charnes-Copper，即令

$$\boldsymbol{t}=\frac{1}{\boldsymbol{v}^{\mathrm{T}}x_0}\ ,\quad \boldsymbol{w}=\boldsymbol{tv}\ ,\quad \boldsymbol{\zeta}=\boldsymbol{tu} \tag{5-3}$$

则有如下线性规划问题

$$(P_{C^2R})\begin{cases}\max\ h_{j_0}=\boldsymbol{\zeta}^{\mathrm{T}}y_0\\ \text{s.t.}\ \boldsymbol{w}^{\mathrm{T}}\boldsymbol{x}_j-\boldsymbol{\zeta}^{\mathrm{T}}\boldsymbol{y}_j\geqslant 0, j=1,2,\cdots,n\\ \qquad \boldsymbol{w}^{\mathrm{T}}x_0=1\\ \qquad \boldsymbol{w}\geqslant 0,\ \boldsymbol{\zeta}\geqslant 0\end{cases} \tag{5-4}$$

求解后，即可得到待求的客观耦合度。

2．主观耦合度计算方法——主观评分方法

针对具体评价对象，在综合评价赋权的过程中，仅根据客观数据往往很难得到全面的耦合度信息，必须结合专家和专业技术人员的主观经验。因此，采用主观评分方法，根据结构因素相对于电性能的重要程度，由专家咨询评分后得出主观耦合度。

建立评价体系后，采取国际通行的 1～9 级两两比较的咨询方法，得到两两因素相对重要程度的判断矩阵 $\boldsymbol{C}$（为一正互反矩阵）。对判断矩阵 $\boldsymbol{C}$ 进行一致性检验，如果满足一致性准则，则判断矩阵 $\boldsymbol{C}$ 可进行权重计算。此时，判断矩阵 $\boldsymbol{C}$ 的特征根 $\psi_{\max}$ 所对应的主观耦合度向量 $\boldsymbol{w}$ 经规范化即为下级各因素对上级目标的权重。

3．主观、客观耦合度/权重的综合

得到上述客观耦合度向量 $\boldsymbol{v}$ 和主观耦合度向量 $\boldsymbol{w}$ 后，取其线性组合，则有

$$\boldsymbol{\omega}^* = \varpi_v \boldsymbol{v} + \varpi_w \boldsymbol{w} \tag{5-5}$$

式中，ϖ_v 与 ϖ_w 分别为客观耦合度权重与主观耦合度权重。ϖ_v 与 ϖ_w 的确定是一个组合赋值问题，可通过以下两种方法来确定。

1）基于熵的度量

不失一般性，设参与组合赋权的权向量为 $\boldsymbol{\omega}^i$，其相应的组合系数为 ϖ_i，即有

$$\omega^* = \sum_{i=1}^{n} \varpi_i \boldsymbol{\omega}^i \quad i = 1, 2, \cdots, n \tag{5-6}$$

以权向量空间的 2-范数作为 $\boldsymbol{\omega}^*$ 与 $\boldsymbol{\omega}^i$ 的距离度量

$$d_i = \left\| \boldsymbol{\omega}^* - \boldsymbol{\omega}^i \right\|_2 \tag{5-7}$$

则上述最佳赋权问题可看作在权向量意义下如何使得 d_i 的值最为平均，亦即 $\boldsymbol{\omega}^*$ 如何在最大限度上综合各权向量为 $\boldsymbol{\omega}^i$ 的有效信息。为此，引入信息熵作为对权重组合系统各权重样本取值与 $\boldsymbol{\omega}^i$ 所含相对最佳组合权重差异的衡量，即

$$H = -\frac{1}{\ln n} \sum_{i=1}^{n} p_i \ln p_i \tag{5-8}$$

式中

$$p_i = \frac{\left\| \boldsymbol{\omega}^* - \boldsymbol{\omega}^i \right\|_2}{\sum_{i=1}^{n} \left\| \boldsymbol{\omega}^* - \boldsymbol{\omega}^i \right\|_2} = \frac{\left\| \sum_{i=1}^{n} \varpi_i \boldsymbol{\omega}^i - \boldsymbol{\omega}^i \right\|_2}{\sum_{i=1}^{n} \left\| \sum_{i=1}^{n} \varpi_i \boldsymbol{\omega}^i - \boldsymbol{\omega}^i \right\|_2} \tag{5-9}$$

易知对 p_i 有，$0 \leqslant p_i \leqslant 1$ 且 $\sum_{i=1}^{n} p_i = 1$。

2）耦合度偏离程度的度量

在组合赋权过程中，主观、客观耦合度的获得均依赖于研究对象的数据。当计算数据所包含的信息不够全面时，将导致主观、客观耦合度相对于“理想耦合度”出现偏差。以熵值作为权重组合系数 ϖ_i 的度量，没有包含对上述偏离程度的处理。为此，特引入 U 作为对耦合度偏离程度的度量

$$U = \sum_{i=1}^{n} \varpi_i \frac{1}{\sum_{j=1}^{m} \frac{\omega_j^i}{\omega_j^{\max} - \omega_j^{\min}}} \tag{5-10}$$

式中，$\omega_j^{\max}$ 与 $\omega_j^{\min}$ 分别为待定组合耦合度向量中的最大值和最小值；ω_j^i 为待定组合耦合度向量中各耦合度值；$\omega_j^i/(\omega_j^{\max} - \omega_j^{\min})$ 体现了该耦合度向量的偏离程度，这种偏离程度应该在组合赋权过程中极小化，其倒数应极大化。

基于上述分析，最佳权重组合系数应使信息熵与不平衡度的度量值之和极大化，即

$$\begin{aligned} &\max \quad H = -\frac{1}{\ln n} \sum_{i=1}^{n} p_i \ln p_i + U \\ &\text{s.t.} \quad \sum_{i=1}^{n} \varpi_i = 1 \end{aligned} \tag{5-11}$$

求解后，便可获得最佳权重组合系数 ϖ_i。

5.2.2 典型案例机电耦合测试技术

1. 平板裂缝天线测试技术

平板裂缝天线是机载火控雷达的重要设备之一，它由激励、耦合与辐射层组成。相邻的两层腔体间通过缝隙耦合方式传输微波信号，并最终由辐射层的辐射缝向空间辐射电磁波，形成天线方向图。在激励层输入的信号会由于天线内部不完全匹配而产生反射，形成输入驻波。高性能平板裂缝天线要求具备高增益、低副瓣及低驻波特性。

平板裂缝天线的主要结构参数和电性能参数如下。

频　　段：X 波段。

结构形式：900mm 口径，波导宽边开缝；
　　　　　辐射、耦合、激励三层；
　　　　　几十个子阵，一千多个辐射缝。

结构参数：各层缝长、缝宽、缝偏置、各波导尺寸及平面度等。

电性能参数：增益、副瓣、驻波。

1）平板裂缝天线测试因素耦合度分析

该天线的结构较复杂，影响电性能的结构因素多，对所有结构因素都进行测试不现实。为此，需研究诸结构因素对电性能影响的重要程度，即测试因素耦合度，以确定对电性能影响最大的结构因素，从而提高测试效率。

（1）耦合度计算

根据耦合度计算方法，结合平板裂缝天线的实际，可建立如图 5-3 所示的平板裂缝天线耦合度计算体系。

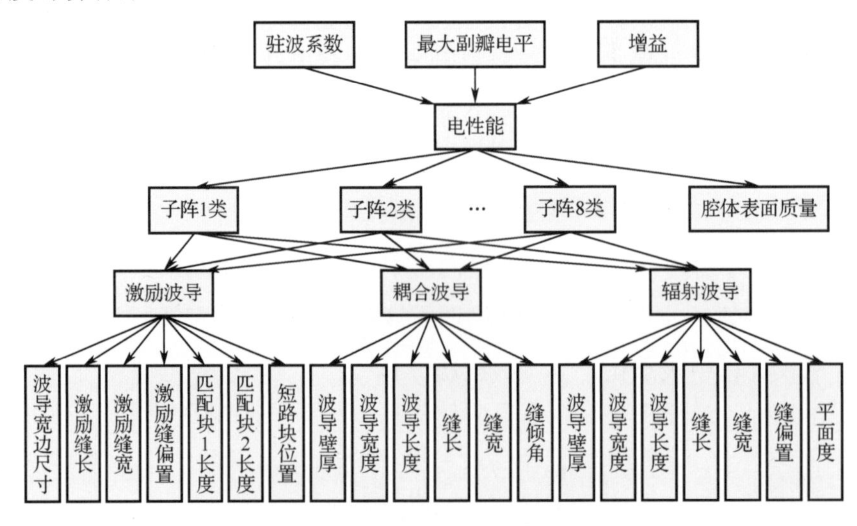

图 5-3　平板裂缝天线耦合度计算体系

由此可明确结构因素对电性能影响的层次关系及体系中各层所包含的各个因素，以便进行耦合度计算。

（2）测试因素耦合度计算结果与分析

采用主观耦合度和客观耦合度综合的方法，得到平板裂缝天线耦合度计算结果（见表 5-1）。

表 5-1　平板裂缝天线耦合度计算结果

影响因素	主　观	客　观	综　合
平面度	0.0555	0.4651	0.2489
激励短路	0.2369	0.0268	0.1377
激励宽边	0.07779	0.0194	0.0502
激励匹配 1	0.0718	0.0925	0.0816
耦合缝长	0.0625	0.0507	0.05694
激励偏置	0.0736	0.0382	0.0569
激励匹配 2	0.0718	0.0373	0.0555
辐射缝偏置	0.0357	0.0750	0.0542
激励宽度	0.0325	0.0533	0.0423
激励长度	0.0562	0.0211	0.0397
辐射缝宽度	0.0221	0.0587	0.0394
辐射缝长	0.0529	0.0221	0.0384
耦合缝倾角	0.0543	0.0201	0.0382
辐射短路长度	0.0530	0.0097	0.0326
辐射波导壁厚	0.0432	0.0097	0.0274

经过综合耦合度计算，在影响电性能的诸结构参数中，按照重要性从大到小的顺序依次为平面度、激励层参数（7 个）、耦合层参数（2 个）、辐射层参数（5 个）。

2）关键测试技术

（1）平板裂缝天线现有测试手段

表 5-2 是现有用于平板裂缝天线结构参数和电性能测量的仪器，下面简要介绍本案例所用的新的测试技术。

表 5-2　现有平板裂缝天线结构参数和电性能测量的仪器

序号	仪器名称	用于测量的参数	仪器的主要指标	测量结果输出
1	矢量网络分析仪	测量天线驻波、方向图	R&S ZVK 或 Agilent 8720ES 覆盖 X 波段	数据文件报告
2	近场测试系统	测量天线驻波、波瓣、增益	经过鉴定适合 X 波段天线近场测试	数据文件报告
3	三坐标测量仪	辐射板、馈电板中波导腔及缝槽的长、宽以及位置尺寸；平板天线的阵面均方根值	精度(3.2+L/250)μm	数据文件报告
4	测厚仪	用于平板天线漆层厚度	漆层厚度小于 0.1mm	数据文件报告
5	拉伸试验机	用于平板天线强度测量	$\Sigma b \geqslant$190MPa	数据文件报告

续表

序号	仪 器 名 称	用于测量的参数	仪器的主要指标	测量结果输出
6	测厚仪	用于测量天线组件膜层厚度（与测漆层厚度仪相同）	胶层厚度不大于 0.2mm	数据文件报告
7	表面电阻测试仪	平板天线导电氧化后测试涂复层表面电阻		数据文件报告

（2）平板裂缝天线机器视觉测量

机器视觉测量原理如图 5-4 所示。机器视觉测量完成对平板裂缝天线辐射形位尺寸及波导腔体尺寸的无接触测试，解决大口径平板裂缝天线的实时精细尺寸高效测量问题。通过机器视觉测量系统中的测量软件，提取关键信息，进而计算出各个待测尺寸。

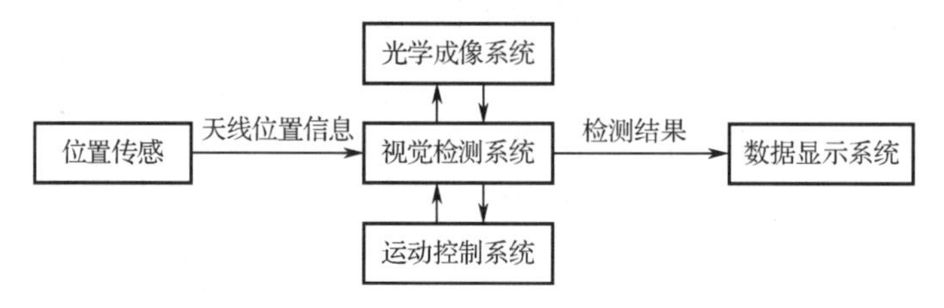

图 5-4　机器视觉测量原理

（3）动态形面误差

现有测试手段只能测试平板裂缝天线在非装机振动环境下的性能，平板裂缝天线工作的机载环境振动量级较大，不仅会使天线整体振动，而且会致使天线阵面产生变形。为实现实时在线检测，可分别采用高速摄影测量（见图 5-5）和加速度传感器测量（见图 5-6）。

图 5-5　高速摄影测量

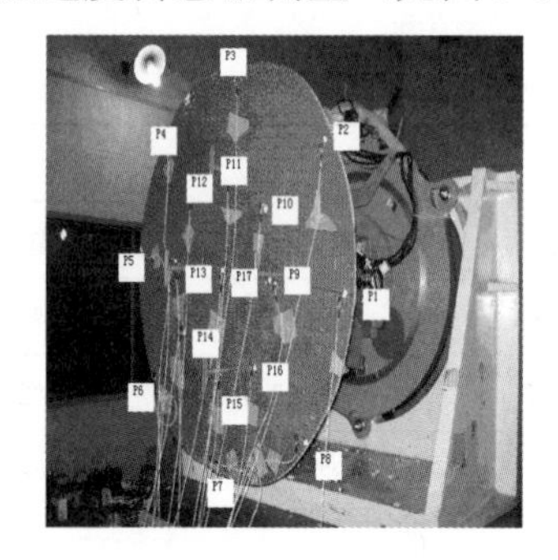

图 5-6　加速度传感器测量

（4）电性能测量

电性能测量关注三项指标，天线驻波、副瓣电平及增益，并且希望实现静态、动态测试。图 5-7 所示为平面近场测试系统，它进行方向图的测量，而驻波的测量则由矢量网络分析仪完成。

2. 三维天线座测试技术

三维天线座用于机载远程脉冲多普勒火控雷达中，该雷达对伺服系统的性能要求很高，包括动态特性好、跟踪精度高、搜索范围大，具有空域稳定功能以及高可靠性。三维天线座最外层为横滚传动支路，与载机 H 形框连接固定，然后是俯仰传动支路、方位传动支路，方位与俯仰两传动支路正交，每个自由度构成独立的伺服驱动系统。三维天线座是一个复杂的、高精度的传动机构，包括天线、万向架、座架、执行组件等，三维天线座结构示意图如图 5-8 所示。

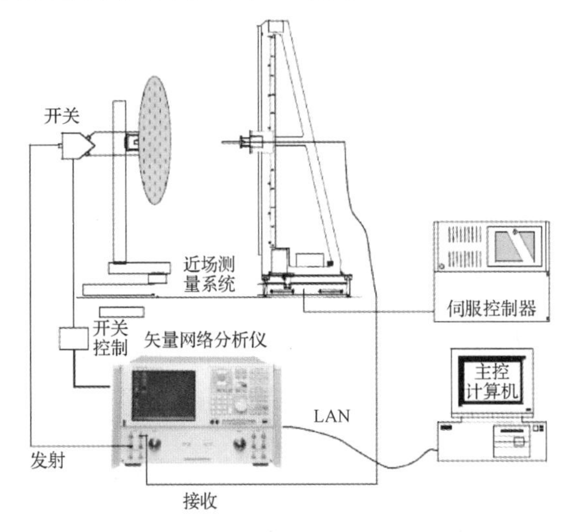

图 5-7　平面近场测试系统

图 5-8　三维天线座结构示意图

三维天线座的主要结构参数和伺服性能参数如下。

结构形式：方位、俯仰、横滚三轴。

结构参数：摩擦力矩、回差、间隙、模态、正交度等。

伺服性能参数：指向精度、超调量、上升时间、调整时间、伺服带宽。

三维天线座测试因素耦合度分析如下。

三维天线座的结构复杂，影响电性能的结构因素较多，对所有结构因素进行大规模测试以获取试验数据极为困难。因此，在机电耦合关系的研究中，研究诸结构因素对电性能影响的不同程度，即测试因素耦合度，用以确定对电性能影响较大的因素，从而提高测试效率，降低研究成本。

1）耦合度计算

根据耦合度计算方法，结合三维天线座的实际，可建立如图 5-9 所示的三维天线座耦合度计算体系（方位轴）。

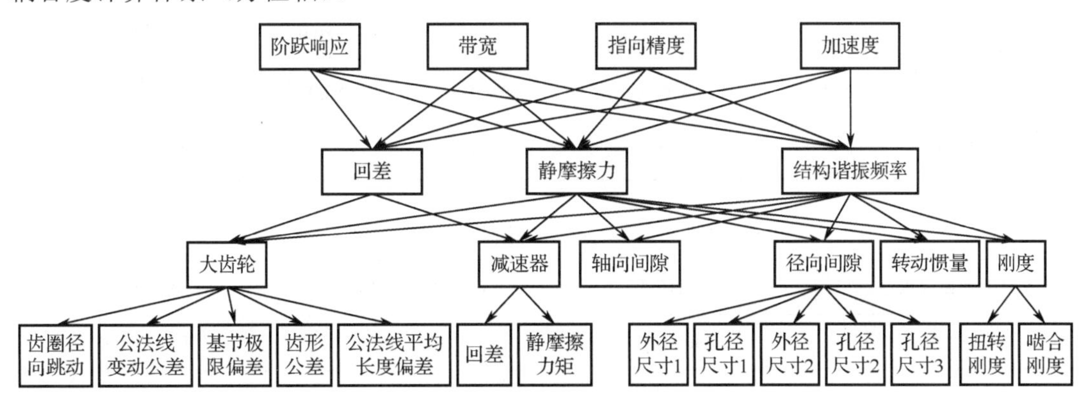

图 5-9　三维天线座耦合度计算体系

基于此，可明确结构因素对电性能影响的层次结构关系，明确体系各层所包含的各个因素，进行耦合度计算。

2）测试因素耦合度计算结果与讨论

采用主观耦合度和客观耦合度综合的方法，可得三维天线座的测试因素耦合度（见表 5-3）。其中，Fr、Fw、fpb、ff 及 Ew 分别为齿圈径向跳动、公法线变动公差、基节极限偏差、齿形公差及公法线平均长度偏差。

表 5-3　三维天线座的测试因素耦合度（均为无量纲数）

结构参数	Fr	Fw	fpb	ff	Ew	回　差	静摩擦力矩	轴向间隙
主观	0.0643	0.0471	0.0471	0.0471	0.0471	0.1246	0.1246	0.0617
客观	0.0129	0.0299	0.0168	0.0339	0.0237	0.1378	0.1678	0.2882
综合	0.05169	0.0429	0.03967	0.04388	0.04135	0.1279	0.13525	0.117456
结构参数	外径尺寸 B12	外径尺寸 B13	孔径尺寸 B14	孔径尺寸 B15	扭转刚度	啮合刚度	转动惯量	
主观	0.0172	0.0172	0.0172	0.0172	0.1439	0.0314	0.1919	
客观	0.0179	0.0044	0.0043	0.0034	0.0511	0.0647	0.1429	
综合	0.0174	0.0141	0.0141	0.0138	0.1211	0.0396	0.1799	

从表 5-3 中可以看出，轴向间隙、转动惯量、静摩擦力矩、扭转刚度、回差的耦合度权重相对较大，而传动链大齿轮、传动轴外径尺寸、孔径尺寸的权重相对很小。

3）关键测试技术

（1）三轴正交度测试

三轴正交度测试有激光与降维渐进两种测试方法。为解决三维天线座三自由度联动带来的三轴正交度测试难题，可采用三维从内环到外环降维渐进的测量方法，可在保证精度的同时降低测试难度。三维天线座三轴正交度测试现场如图 5-10 所示。

图 5-10　三维天线座三轴正交度测试现场

（2）轴承轴向间隙测试

受测试空间限制，轴承轴向间隙测试采用塞尺比对法，即在轴承的两片分体式外圈间，逐步加入塞尺，直至轴承转动灵活，然后打表测量轴承轴向间隙。三维天线座轴承轴向间隙测试现场如图 5-11 所示。

图 5-11　三维天线座轴承轴向间隙测试现场

（3）齿轮回差测试

根据天线座的结构特点，齿轮回差测试采取在大齿轮上打表，减速箱锁死，转动齿轮，根据测量数据，计算出回差值，该方法不仅简单、准确度高，而且容易操作。

（4）齿轮形位公差测试

齿轮形位公差测试采用齿轮形位公差专用测试设备（齿轮测量中心、齿轮跳动检查仪、公法线千分尺）对负载齿轮形位公差进行测试。

（5）低温传动链摩擦力矩测试

在低温状态下，利用外部可调电源给低温试验箱内传动链上的电机绕组通电（配合传动链角度传感器角度测试观测负载运动）的方法计算出绕组电流，换算出传动链的摩擦力矩。低温传动链摩擦力矩测试框图如图 5-12 所示。

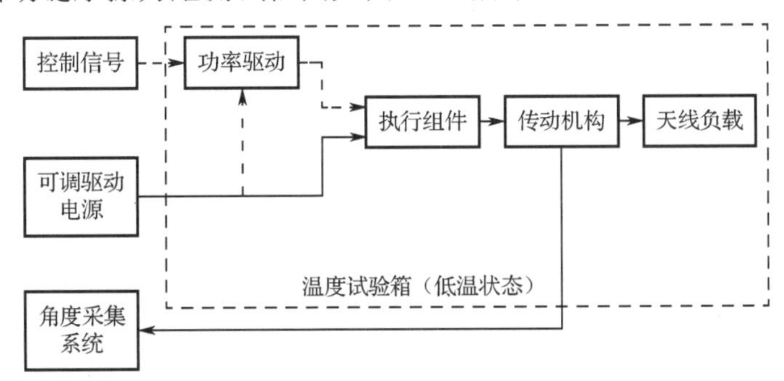

图 5-12　低温传动链摩擦力矩测试框图

（6）伺服性能测试

伺服性能测试包括阶跃响应品质指标（响应上升时间 t_r、调整时间 t_s、超调量 δ 及振荡次数 n）、伺服带宽、天线指向精度、角加速度等的测试。三维天线座伺服性能测试框图如图 5-13 所示。

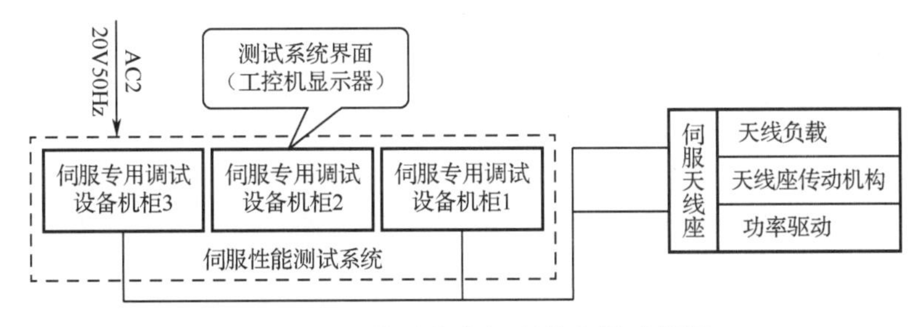

图 5-13　三维天线座伺服性能测试框图

3. 电调双工滤波器测试技术

电调双工滤波器作为重要的电磁波处理功能件，主要用于散射通信装备。图 5-14 所示是四腔结构的电调双工滤波器结构示意图，腔体内有内导体用于工作频率的调谐，腔与腔之间有耦合孔，实现腔间的电磁波耦合，并通过耦合环实现电调双工滤波器电磁波的输入和输出。

图 5-14　四腔结构的电调双工滤波器结构示意图

电调双工滤波器的主要结构参数和电性能参数如下。

频段：610～960MHz。

结构：同轴腔型顺序耦合。

结构参数：耦合环与耦合孔形位及尺寸、内导体尺寸、形腔尺寸等。

电性能参数：中心频率、带宽、插入损耗、回波损耗、阻带抑制等。

1）电调双工滤波器测试因素耦合度分析

影响滤波器电性能指标的结构因素有耦合孔尺寸及形状、位置精度，耦合环尺寸及形状、位置精度，内导体长度及精度，腔体等效外径与内导体直径比值等。通过机电耦合测试因素耦合度计算，可得到关键结构因素与电性能指标间的耦合度，进而确定影响电性能的关键结构因素。

（1）耦合度计算

根据耦合度计算方法，结合电调双工滤波器实际，可建立如图 5-15 所示的电调双工滤波器耦合度计算体系。

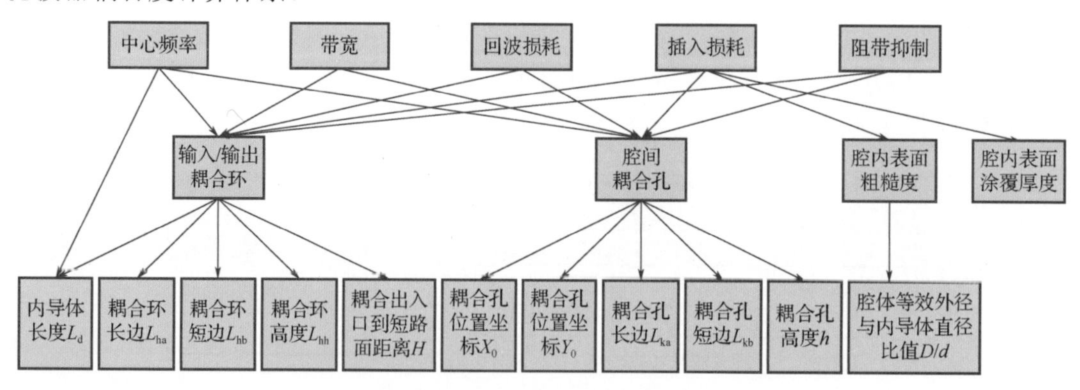

图 5-15　电调双工滤波器耦合度计算体系

由于该滤波器的工作频率较低，且现有加工方法所获得的表面精度基本能满足电性能指标要求，故腔内表面粗糙度与表面涂覆厚度两因素的影响可忽略。通过上述计算体系，可以明确结构因素对电性能影响的层次结构关系，以及各层所包含的各个因素，以便进行耦合度计算。

（2）测试因素耦合度计算结果与讨论

采用主观耦合度和客观耦合度综合的方法，可得到电调双工滤波器的测试因素耦合度（见表 5-4）。经过综合耦合度分析计算，在影响电性能的诸因素中，耦合孔位置坐标 Y_0 与 X_0、腔体等效外径与内导体直径比值 D/d、内导体长度加工精度为次要因素，可不进行测试。

表 5-4　电调双工滤波器的测试因素耦合度（均为无量纲数）

结构参数	耦合环短边	耦合孔短边	耦合出入口到短路面距离	耦合环高度	耦合环长边	耦合孔高度
主观	0.2656	0.1689	0.1113	0.1033	0.0846	0.08164
客观	0.0941	0.0761	0.00239	0.6841	0.0474	0.001801
综合	0.2097	0.1386	0.07581	0.2926	0.07256	0.05561
结构参数	耦合孔长边	耦合孔位置坐标 Y_0	耦合孔位置坐标 X_0	腔体导体等效外径与内导体直径比值 D/d	内导体长度加工精度	
主观	0.08164	0.0539	0.02878	0.00232	0.01775	
客观	0.02608	0.00802	0.04723	0.01106	0.00159	
综合	0.06352	0.03896	0.0348	0.00517	0.01247	

2）关键测试技术

（1）耦合孔尺寸及形状、位置精度测试

耦合孔位于腔内隔板上，为直角梯形结构，检测数据要求有耦合孔位置坐标 X_0 与 Y_0，耦合孔长边、短边及高度分别为 L_{ka}、L_{kb} 及 h。腔体焊接成型前，上述数据均为长度量的检测，采用成熟的检测方法即可实现。主要检测仪器有万能工具显微镜，精度优于 2μm。腔体焊接成型后，耦合孔的测量难度较大，需采用三坐标测量仪进行测量，精度优于 2μm。

（2）耦合环尺寸及形状、位置精度测试

耦合环安装在腔体内，可以直接测量成型后的耦合环尺寸，与电性能指标有关联关系的尺寸是耦合环长边 L_{ha}、耦合环短边 L_{hb}、耦合环高度 L_{hh}、耦合出入口到短路面距离 H。检测仪器采用万能工具显微镜。

（3）内导体长度测试

内导体长度尺寸是指内导体在腔体内的工作长度即谐振长度，在全频段调谐过程中，它是一个变量（600 个工作点），主要影响中心频率，为能反映实际工作长度与中心频率的关系，需在滤波器工作状态下检测，这里采用测高仪，即直接测量内导体在腔体内的长度尺寸。

（4）腔体等效外径与内导体直径比值测试

腔体等效外径与内导体直径比值即各内腔轮廓周长尺寸与腔内导体直径的比值，是长度量的测量，在滤波器装配过程中尽可能将比值接近的腔体、内导体组配在一个滤波器上。测量采用内、外径千分尺来进行。

（5）深腔内尺寸测量

深腔内尺寸测量既是测试难点，又是关键点。由于滤波器组件为薄壁深腔结构，为防止划伤和装夹变形，采用 Swift 柔性夹具装夹，局部使用特殊方法粘贴固定，以腔体底部为基准，建立坐标系。在扫描时采用直径为 5mm 的碳素测针，加长 200mm 的 SP25-3 模块进行测量。尺寸检测时选用测针关节配直径为 0.7mm 的球形测针，可避免在狭小空间中进行长距离扫描时的碰撞。在三维软件中，根据点云数据形成截面轮廓线，实现深腔内尺寸测量。图 5-16、图 5-17 是部分主要测试设备的实物图。

图 5-16　重型工具显微镜测量直线度

图 5-17　三坐标测量仪测量内腔尺寸

（6）电性能测试

电调双工滤波器的电性能测试采用矢量网络分析仪来进行。由于具体测试方法比较成熟，这里不再赘述。

5.2.3　典型案例机电耦合综合测试

在解决典型案例关键测试技术的基础上，可构建综合测试平台，以实现典型案例中结构参数和电性能参数的集成测试，为综合评价提供基础。综合测试系统具有如下优点：

（1）宏观上，测试在统一的平台上进行，提高测试效率。

（2）易实现不同测试设备测试数据格式的统一。同时，测试数据统一入数据库，既可以实现数据共享，又便于数据管理。

（3）便于实现与评价系统的接口，以形成统一的综合测试与评价系统。

1．平板裂缝天线综合测试平台

平板裂缝天线综合测试平台如图 5-18 所示。

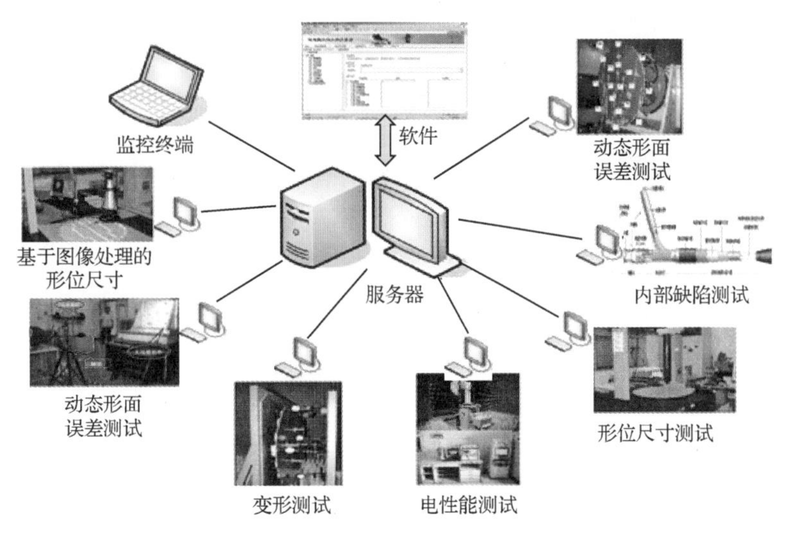

图 5-18　平板裂缝天线综合测试平台

该平台主要集成平板裂缝天线的动态形面误差、内部缺陷、形位尺寸、变形测试以及电性能测试，由该综合测试平台测得的测试数据统一保存于相应的数据库中，形成与产品相对应的完整的原始测试数据，为机电耦合综合评价系统所共享。

2. 三维天线座综合测试平台

三维天线座综合测试平台如图 5-19 所示。该平台主要集成天线座模态、轴向间隙、传动回差、静摩擦力矩、三轴正交度以及伺服性能等测试。平台测得的数据被统一保存于相应的数据库中，形成与产品相对应的完整原始测试数据，为机电耦合综合评价系统所共享。

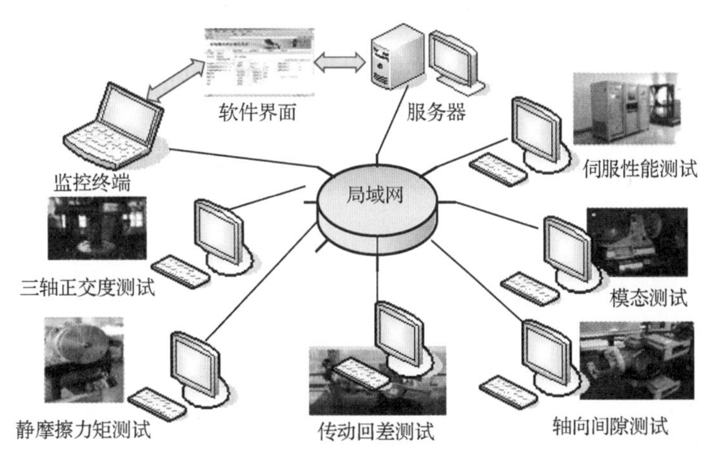

图 5-19　三维天线座综合测试平台

3. 电调双工滤波器综合测试平台

电调双工滤波器综合测试平台如图 5-20 所示。

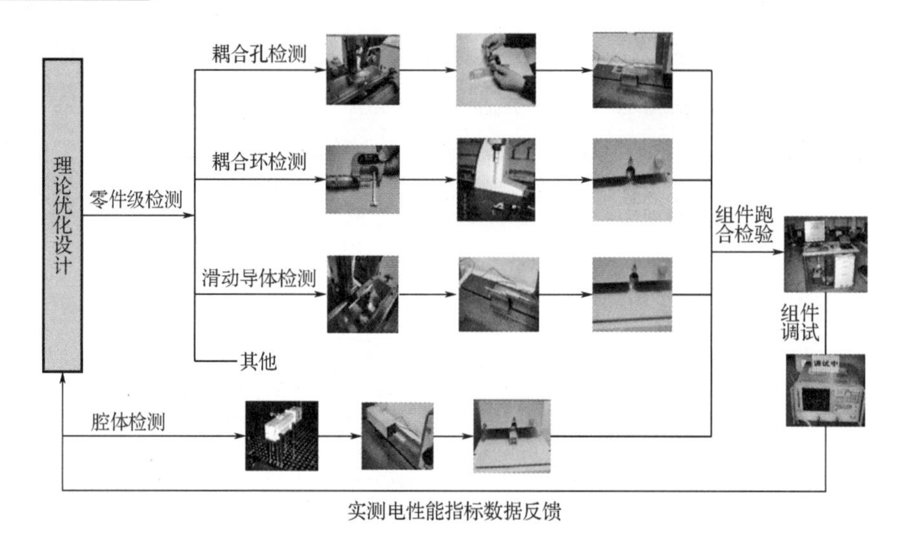

图 5-20　电调双工滤波器综合测试平台

该平台主要集成耦合孔、耦合环、滑动导体、腔体以及电性能等测试，由该综合测试平台测得的数据被统一保存到相应的数据库中，形成与产品相对应的完整的原始测试数据，为机电耦合综合评价系统所共享。

5.3 评价方法

电子装备机电耦合技术的评价包括正确性验证和成效评价两部分。其中正确性验证是针对典型案例，通过对基于机电耦合理论计算的电性能与实测电性能进行比较而得出的。成效评价则是针对典型案例，基于机电耦合理论模型与影响机理的应用，对电子装备在电性能提高、成本下降方面带来的效益进行评价的，包括面向可制造性的评价和面向电性能的评价。电子装备机电耦合技术的评价将为机电耦合理论的推广与应用提供保障。

5.3.1 基于耦合理论模型和影响机理的正确性验证

正确性验证的基本思路是：针对典型工程案例，一方面进行结构参数与电性能指标的实际测试，形成结构参数与电性能的样本数据库；另一方面将实测的结构参数，代入耦合理论模型与影响机理进行理论计算，得到相对应的电性能，进而形成基于耦合理论模型与影响机理的计算结果。然后，应用假设检验方法进行实测数据与耦合理论模型、影响机理计算数据的对比，以验证耦合理论模型与影响机理的电性能计算结果和实测值的逼近程度。

由于经典的假设检验理论要求检验样本必须来自正态样本，且往往要求有足够多的样本数量，这很难满足，因客观样本数是有限的，为此，应用模糊数学知识和灰色距离测度方法对原检验方法加以改进。

1．模糊-灰色综合检验方法

1）灰色估计值作为总体真值的估计值

为适应小样本情况，特用灰色估计值来代替总体真值的估计值，具体步骤如下。

（1）最小样本数与模糊隶属曲线的确定

设总样本数据 $\boldsymbol{X}=(x_1,x_2,\cdots x_i,\cdots,x_n)^{\mathrm{T}}$，$x_i$ 表示第 i 个测量值，n 为样本总数。假设关于 x 的隶属函数为

$$f(x)=\begin{cases}f_1(x), & x\leqslant x_0\\ f_2(x), & x>x_0\end{cases} \tag{5-12}$$

则欲形成如图 5-21 所示的模糊隶属曲线（该曲线以 x_0 为中心，具有中间高、两侧低的取值特性），至少需 3 个数据点，但考虑到工程实际中，仅有 3 个数据点无法形成该曲线，如在极端情况下，3 个数据均在曲线一侧，仅能形成半条曲线，因此，这里确定最少数据点数为 5，以确保能够形成完整的模糊隶属曲线，即后续判定过程中所需的最小样本数确定为 5。

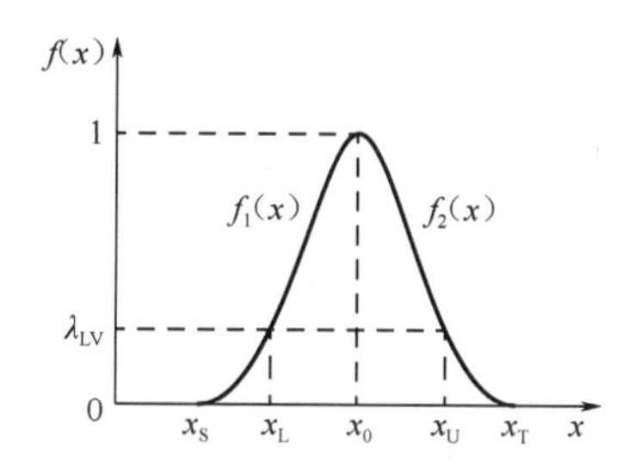

图 5-21　隶属函数曲线

真值 X_0 按最大隶属度原则，估计为

$$X_0\approx x\big|_{f(x)=1}=X_v \tag{5-13}$$

对总分布区间的估计为 $x\in[x_{\mathrm{L}},x_{\mathrm{U}}]$，其中 x_{L}和x_{U} 可用水平截集 λ_{LV} 表示为

$$\begin{cases}x_{\mathrm{L}}=x\big|f_1(x)=\lambda_{\mathrm{LV}}\\ x_{\mathrm{U}}=x\big|f_2(x)=\lambda_{\mathrm{LV}}\end{cases} \tag{5-14}$$

λ_{LV} 为最优水平且 $\lambda_{\mathrm{LV}}\in[0,1]$。在模糊集合意义上，取 $\lambda_{\mathrm{LV}}=0.5$。一般当 n 为有限值时，取 $\lambda=0.4\sim0.5$，当 n 较小时，取 $\lambda_{\mathrm{LV}}=0.4$。

（2）灰色估计值的确定

对于给定的总样本数据 $\boldsymbol{X}=(x_1,x_2,\cdots x_i,\cdots,x_n)^{\mathrm{T}}$，若样本数据的粗大误差已被剔除，则这时每一个样本数据都能反映数据真实值的属性。其灰色估计值为

$$\hat{x}=\sum_{i=1}^{n}w_i\cdot x_i \tag{5-15}$$

式中，w_i 为样本点 x_i 在灰色估计值 $\hat{x}$ 中所占的比重，且 $w_i\geqslant0$ 与 $\sum\limits_{i=1}^{n}w_i=1$。当每一个样本点对灰色估计值的贡献相同时，$w_i=1/n$。这时得到的 $\hat{x}$ 符合最大似然准则。

如果以每个样本点为比较数据，分别计算其与整个样本空间内样本点的灰色距离测度，则可得到n个灰色距离的测度，对其求和再取平均，则有

$$J_i = \frac{1}{n}\left(\sum_{j=1}^{n} \mathrm{d}r(x_i, x_j)\right) \tag{5-16}$$

式中

$$\mathrm{d}r(x_i, x_j) = \frac{\xi \|\mathrm{d}(X, x_i)\|_\infty}{|x_j - x_i| + \xi \|\mathrm{d}(X, x_i)\|_\infty} \tag{5-17}$$

$$\|\mathrm{d}(X, x_i)\|_\infty = \max_k \{|x_k - x_i| \ |k = 1, 2, \cdots, n\} \tag{5-18}$$

ξ为分辨系数，工程中一般取为 0.5，$J_i(i = 1, 2, \cdots, n)$表示样本点x_i对整个样本空间的灰色距离测度。

2）隶属顺序转换成隶属函数

若认为灰色估计值属于样本数据的分布总体，则可将灰色估计值加入总样本数据$\boldsymbol{X}$中，并通过升序排列得到新序列

$$\boldsymbol{X}' = \{x_1, x_2, \cdots, x_v, \cdots, x_{n+1}\} \tag{5-19}$$

令$x_v = \hat{x}$，则隶属顺序转换成隶属函数

$$m_j = \frac{\ln(n + 3 - r(x_j))}{\ln(n + 3)}, \quad j = 1, 2 \cdots, (n + 1) \tag{5-20}$$

3）x_L和x_U的确定

若令

$$f_{1j}(x_j) = m_j, \quad j = 1, 2, \cdots, v \tag{5-21}$$

$$f_{2j}(x_j) = m_j, \quad j = v + 1, \cdots, n - 1 \tag{5-22}$$

则得到满足区间[0, 1]的离散隶属函数$f_{1j}(x)$与$f_{2j}(x)$分别为

$$f_{1j} = f_{1j}(x) = 1 + \sum_{l}^{L} a_l (X_0 - x)^l \tag{5-23}$$

与

$$f_{2j} = f_{2j}(x) = 1 + \sum_{l}^{L} b_l (x - X_0)^l \tag{5-24}$$

一般而言，取L=3 分别逼近离散值$f_{1j}(x_j)$和$f_{2j}(x_j)$。设有

$$r_{1j} = f_1(x_j) - f_{1j}(x_j), \quad j = 1, 2, \cdots, v \tag{5-25}$$

$$r_{2j} = f_2(x_j) - f_{2j}(x_j), \quad j = v + 1, \cdots, n - 1 \tag{5-26}$$

选择$a_l = a_l^*$与$b_l = b_l^*$分别满足

$$\min\|r_1\|_2, \quad \min\|r_2\|_2 \tag{5-27}$$

约束条件为

$$f_1' = \frac{\mathrm{d}f_1}{\mathrm{d}x} \geqslant 0, \quad f_2' = \frac{\mathrm{d}f_2}{\mathrm{d}x} \leqslant 0 \tag{5-28}$$

便可方便地求出待定系数a_l和b_l，进而得到$f_1(x)$和$f_2(x)$。再通过

$$\min|f_1(x) - \lambda_\mathrm{LV}|_{x=x_\mathrm{L}}, \quad \min|f_2(x) - \lambda_\mathrm{LV}|_{x=x_\mathrm{U}} \tag{5-29}$$

解得x_L和x_U，从而可确定与总样本数据$\boldsymbol{X}$对应的模糊隶属度曲线。

4）两个总体均值假设检验

设有两组已升序排列的数据序列 $\boldsymbol{X}_j=\{x_{j1},x_{j2},\cdots,x_{jn_j}\}$，$(j=1,2)$，经上述步骤 1）～3）形成如图 5-22 所示的两条模糊隶属度曲线，假设检验问题为 $H_0:\overline{x}_1=\overline{x}_2$。

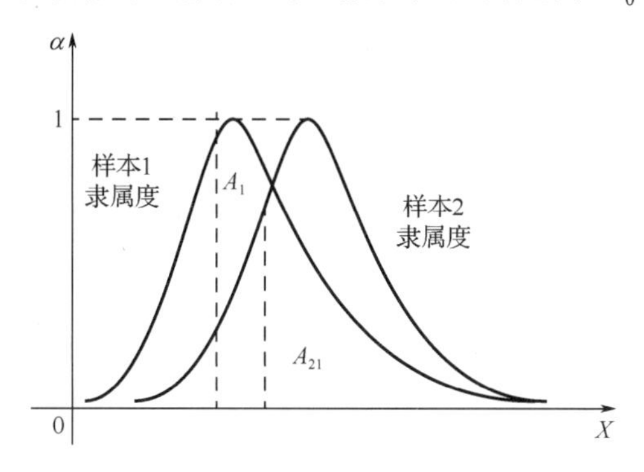

图 5-22　两个比较样本的隶属函数分布

图 5-22 中，A_1 为样本曲线 1 右侧部分面积，A_{21} 为样本曲线 1 和样本曲线 2 交点右侧部分曲线 1 的面积。

假设检验的拒绝域求解过程如下。

建立样本数据 $\boldsymbol{X}_i$ 对 $x_{jv},i\neq j,i=1,2$ 的隶属函数

$$m(x)=\begin{cases}0, & x<x_{j\mathrm{L}}\\ \dfrac{x-x_{j\mathrm{L}}}{x_{jv}-x_{j\mathrm{L}}}, & x\in[x_{j\mathrm{L}},x_{jv}]\\ \dfrac{x_{j\mathrm{U}}-x}{x_{j\mathrm{U}}-x_{jv}}, & x\in[x_{jv},x_{j\mathrm{U}}]\\ 0, & x>x_{j\mathrm{U}}\end{cases} \tag{5-30}$$

可得与 $x_{jv},i\neq j$ 相对应的隶属度 $m(x_{iv})$。上述隶属函数由于包含了 $\hat{x}$，即将 $\hat{x}$ 作为系统的一个数据，因此成为包含点分析。

通过对图 5-22 的观察不难发现，两个对照样本的隶属度函数曲线（不管其服从什么分布）具有公共区域，其面积大小即可代表两组样本均值的接近程度。

令 $\delta_A=A_{21}/A_1$，显然 $0\leqslant\delta_A\leqslant1$，则拒绝域为

$$\delta_A\leqslant\delta_R \tag{5-31}$$

式中，$0\leqslant\delta_R\leqslant0.5$ 为假设检验问题的判定常数。

下面以上述方法为理论基础，定义耦合理论模型、影响机理计算值与实测值的吻合度，以便在检验耦合理论模型、影响机理计算结果是否满足指标要求的同时，得到正确性检验的综合量化评判结果。

2. 吻合度

吻合度是指在考虑各项指标重要性情况下，理论计算和实际测试值接近程度的一种度量。通过理论计算值与实测值相差的百分比，以一定规则取得一定的评分，经综合后得到理论计算值与实测值的吻合程度的综合评价。吻合度计算公式为

$$S_F = \sum_{i=1}^{n} \omega_i S_i \tag{5-32}$$

式中，S_F 为理论计算值与实测值吻合度的总评得分；ω_i 为第 i 项电性能指标在综合电性能中所占的比重，即权重，其可根据本行业专家凭经验给出主观评分；S_i 为第 i 项电性能（单项）的单项评分，由模糊认知曲线获得。单项电性能评分曲线如图 5-23 所示，假设第 i 项电性能理论计算值与实测值差异程度百分比的上、下限分别为 $\overline{x}_i$ 和 $\underline{x}_i$，则 x_i 在该区间内按其取值大小（$0 \leqslant x_i \leqslant 1$），通过评分曲线在对应 Y 轴上取得其单项的评分值（百分制，下同）$S\_E\_x_i$：

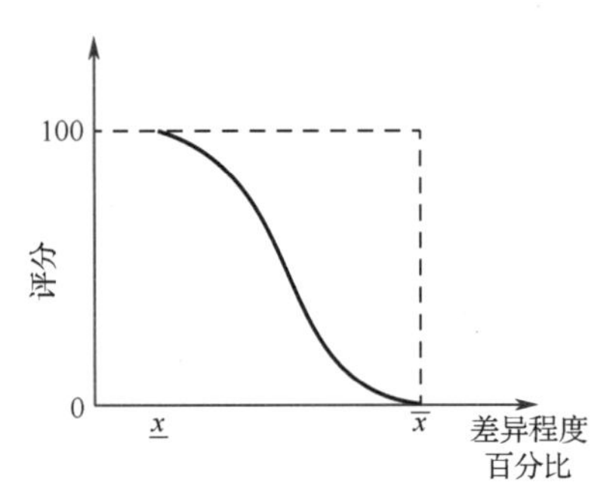

图 5-23　单项电性能评分曲线

$$S\_E\_x_i = \begin{cases} 100, & x \leqslant \underline{x} \\ 100\exp\left[-\left(\dfrac{x-\underline{x}}{\sigma}\right)^2\right], & x > \underline{x} \end{cases} \tag{5-33}$$

因对不同的电性能指标，建立其正确的理论计算模型的难度不相同，故上述模型中 $\underline{x}$ 与 $\overline{x}$ 的取值也自然不相同。一般而言，对容易建立正确理论模型的电性能指标，$\underline{x}$ 与 $\overline{x}$ 可取得小些，反之，则宜取得大些。基于这一考虑，可将 $\underline{x}$ 与 $\overline{x}$ 的取值原则定为：若某项电性能指标的理论模型计算得到的值与实测值相差 15%时，就认为及格，即 $S_E_x_i = 60.0$分。另外，式中 $\sigma = (\overline{x} - \underline{x})/3$。

在实际评价过程中，还需给出相对误差的最大值、平均值及均方根值，吻合度将由相对误差的平均值计算得到，吻合度计算流程图如图 5-24 所示。

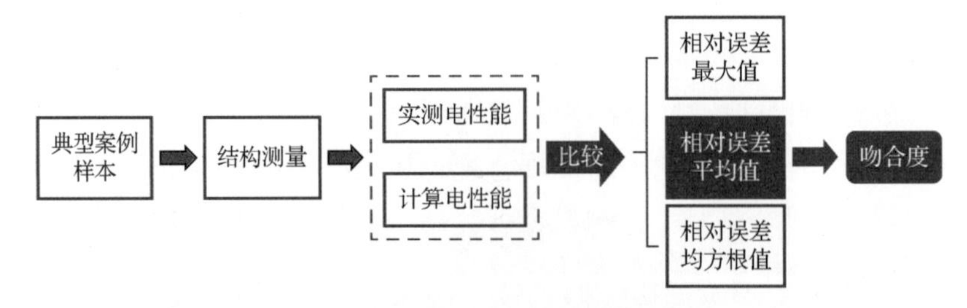

图 5-24　吻合度计算流程图

5.3.2　基于耦合理论模型与影响机理的成效评价

成效评价分为面向电性能和面向可制造性两个方面。所谓面向电性能，是指在原制造过程与成本都不变的情况下，看看应用机电耦合理论模型与影响机理前后，电性能有多大改进，即所带来的电性能上的好处，这可用提升度来表示。面向电性能评价过程如图 5-25 所示。而所谓面向可制造性，则是指在电性能不变的情况下，应用机电耦合理论模型与影响机理前后带来的制造成本上的好处，即对制造精度和工艺要求的放松而带来的成本下降。

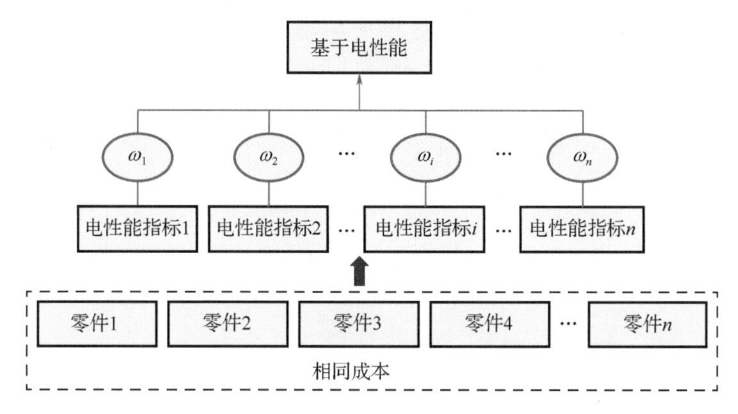

图 5-25　面向电性能评价过程

提升度是在考虑各指标重要度的情况下，机电耦合理论应用后的改进方案与原方案相比，电性能提升的度量，以一定规则取得一定评分，经综合后得到综合电性能提升程度的评价。提升度公式为

$$S_P = \sum_{i=1}^{n} \omega_i \cdot y_i \tag{5-34}$$

式中，S_P 为电性能总评得分；ω_i 为第 i 项电性能在综合电性能中所占比重；y_i 为第 i 项电性能的单项得分。设第 i 项电性能改进前后的 x_i 取值分别为 P_i^0 与 P_i^1，则有

$$x_i = P_i^1 - P_i^0 \tag{5-35}$$

图 5-26 所示是不同类型性能指标对应的评分曲线与公式，对于给定的某个性能参数 x_i，可获得对应 Y 轴上的单项评分。评分曲线可以是由主观经验得到的拟合曲线，也可以是模糊隶属判别曲线。由于对不同电性能取值的倾向不同，故评分曲线也有所不同，分为偏大型、中间型及偏小型。

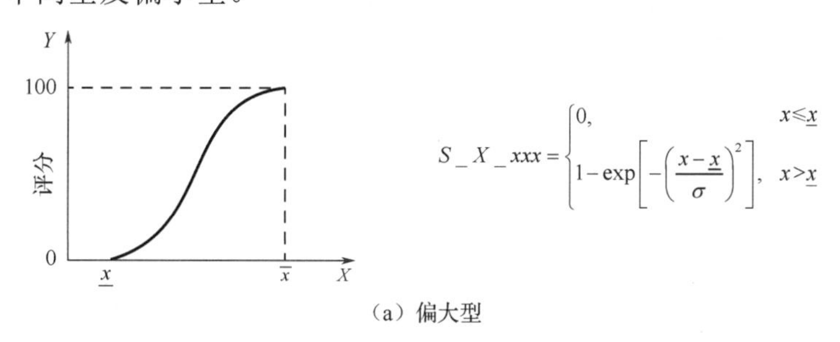

图 5-26　基于电性能评分曲线与公式

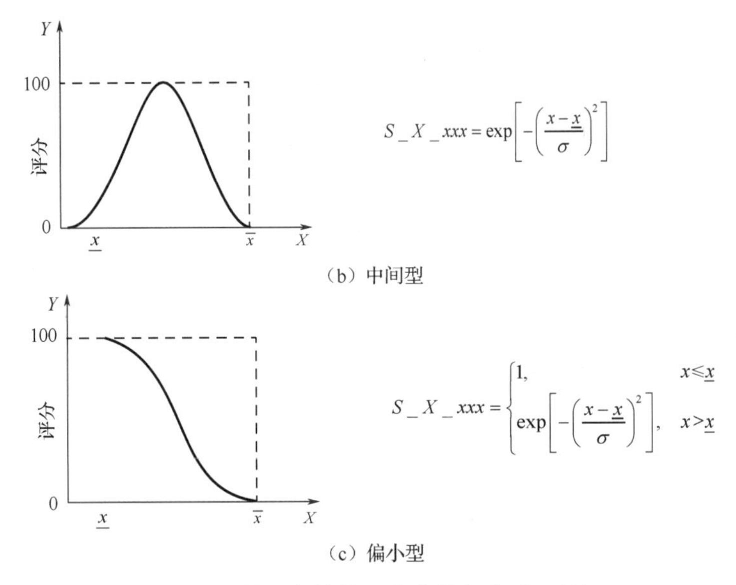

图 5-26　基于电性能评分曲线与公式（续）

5.3.3　典型案例机电耦合综合评价

1．某平板裂缝天线应用的评价

该平板裂缝天线耦合度计算体系如图 5-3 所示，其结构与电性能参数等见 5.2.2 节。为进行评价，特将建立的正确性验证和成效评价方法，集成于综合测评原型系统中，并根据平板裂缝天线的实测数据和耦合理论模型、影响机理的计算数据，可得平板裂缝天线场耦合理论模型与影响机理正确性验证和成效评价结果。

这里关心 3 个频点，分别是 9.45GHz、9.60GHz 及 9.75GHz。电性能主要有增益、水平与垂直最大副瓣电平，以及驻波，具体结果如表 5-5～表 5-7 所示。其中表 5-5 给出了 5 套样本分别在 3 个频点上各电性能参数相对误差的最大值、平均值和均方根值，进而给出了 5 套样本各电性能参数相对误差的最大值、平均值和均方根值。表 5-6 与表 5-7 分别给出了面向电性能和面向可制造性的成效评价结果。

表 5-5　平板裂缝天线正确性验证结果

9.45GHz				
电性能参数	水平最大副瓣	垂直最大副瓣	增益	驻波
相对误差的最大值	7.36%	3.99%	2.29%	8.97%
相对误差的平均值	2.27%	1.792%	1.79%	7.708%
相对误差的均方根值	2.924%	1.628%	0.484%	2.099%

续表

9.60GHz				
电性能参数	水平最大副瓣	垂直最大副瓣	增益	驻波
相对误差的最大值	3.92%	4.38%	1.88%	9.84%
相对误差的平均值	2.032%	1.248%	1.226%	6.764%
相对误差的均方根值	1.268%	1.756%	0.599%	2.546%
9.75GHz				
电性能参数	水平最大副瓣	垂直最大副瓣	增益	驻波
相对误差的最大值	9.44%	7.41%	1.66%	7.82%
相对误差的平均值	5.59%	3.228%	1.178%	6.47%
相对误差的均方根值	3.045%	2.205%	0.512%	1.215%
5 套样本				
电性能参数	水平最大副瓣	垂直最大副瓣	增益	驻波
相对误差的最大值	9.44%	7.41%	2.29%	9.84%
相对误差的平均值	3.297%	2.089%	1.398%	6.771%
相对误差的均方根值	2.412%	1.963%	0.532%	1.953%
吻合度	90.17%			

表 5-6　面向电性能成效评价结果

9.45GHz				
电性能参数	水平最大副瓣	垂直最大副瓣	增益	驻波
应用前	−23.21dB	−25.47dB	37.35dB	1.8
应用后	−27.11dB	−31.5dB	37.37dB	1.8
提升/降低百分比	16.8%	23.67%	0.05%	0.0%
9.6GHz				
电性能参数	水平最大副瓣	垂直最大副瓣	增益	驻波
应用前	−27.69dB	−29.55dB	37.64dB	1.8
应用后	−31.12dB	−29.68dB	37.72dB	1.8
提升/降低百分比	12.39%	0.44%	0.21%	0.0%
9.75GHz				
电性能参数	水平最大副瓣	垂直最大副瓣	增益	驻波
应用前	−32.47dB	−29.72dB	37.87dB	1.8
应用后	−30.05dB	−26.70dB	37.85dB	1.8
提升/降低百分比	−7.45%	−10.16%	−0.05%	0.0%
电性能提升度	11.47%			

表 5-7　面向可制造性（成本）成效评价结果

典型案例	应用前成本/万元	应用后成本/万元	应用后成本下降
平板裂缝天线	128.16	93.5	27.04%

上述正确性验证结果表明，该平板裂缝天线主要电性能的机电耦合理论计算结果与实测结果的误差最大不超过 9.9%，其中关键电性能参数中增益的误差不超过 2.3%，副瓣电平的误差不超过 9.44%。

面向电性能和面向可制造性成效评价结果表明，在制造成本大致相同的情况下，应用机电耦合理论后，最大副瓣（水平和垂直）电平均有明显改善。在电性能要求不变的情况下，应用机电耦合理论后，制造成本可下降约 27.04%，成效比较明显。

2．某机载雷达三维天线座应用的评价

该三维天线座耦合度计算体系如图 5-9 所示，结构与伺服系统性能参数见 5.2.2 节。为进行评价，特将建立的正确性验证和成效评价方法，集成于综合测评原型系统中，并根据实测数据和耦合理论、影响机理的计算数据，得出正确性验证和成效评价结果。

这里关心俯仰、方位及横滚等 3 轴的指向精度、伺服带宽、调整时间及超调量等性能参数，具体结果如表 5-8～表 5-10 所示。其中表 5-8 给出了 5 套样本俯仰、方位及横滚各轴伺服性能参数相对误差的最大值、均值和均方根值，进而给出 5 套样本伺服性能参数相对误差的最大值、平均值、均方根值和吻合度。表 5-9 与表 5-10 分别给出了面向伺服性能和面向可制造性的成效评价结果。

表 5-8　三维天线座正确性验证结果

方位轴					
伺服性能参数	上升时间	调整时间	超调量	指向精度	伺服带宽
相对误差的最大值	6.14%	8%	10.56%	10.71%	9.28%
相对误差的平均值	3.196%	4.954%	6.732%	6.532%	7.422%
相对误差的均方根值	2.625%	3.239%	2.778%	3.714%	1.701%
俯仰轴					
伺服性能参数	上升时间	调整时间	超调量	指向精度	伺服带宽
相对误差的最大值	8.75%	7.69%	9.17%	10.61%	9.35%
相对误差的平均值	3.838%	4.954%	7.254%	7.28%	4.598%
相对误差的均方根值	2.78%	3.219%	1.691%	2.872%	2.825%
横滚轴					
伺服性能参数	上升时间	调整时间	超调量	指向精度	伺服带宽
相对误差的最大值	8.25%	9.64%	5.63%	10.53%	7.42%
相对误差的平均值	5.388%	4.508%	3.29%	7.82%	6.682%
相对误差的均方根值	3.002%	3.523%	1.527%	2.989%	0.645%

续表

5 套样本					
伺服性能参数	上升时间	调整时间	超调量	指向精度	伺服带宽
相对误差的最大值	8.75%	9.64%	10.56%	10.71%	9.35%
相对误差的平均值	4.141%	4.805%	5.759%	7.211%	6.234%
相对误差的均方根值	2.802%	3.327%	1.999%	3.191%	1.724%
吻合度	82.35%				

表 5-9　面向伺服性能成效评价结果

方位轴					
伺服性能参数	上升时间	调整时间	超调量	指向精度	伺服带宽
应用前	0.066s	0.1404s	13.13%	0.562mrad	6.239Hz
应用后	0.04s	0.06s	2.41%	0.15mrad	8.65Hz
提升/降低百分比	39.12%	57.26%	81.64%	73.3%	38.64%
俯仰轴					
伺服性能参数	上升时间	调整时间	超调量	指向精度	伺服带宽
应用前	0.06s	0.1723s	13.13%	0.641mrad	5.545Hz
应用后	0.04s	0.09s	2.15%	0.21mrad	8.55Hz
提升/降低百分比	33.33%	47.76%	83.62%	67.24%	54.19%
横滚轴					
伺服性能参数	上升时间	调整时间	超调量	指向精度	伺服带宽
应用前	0.087s	0.13s	7.9%	0.38mrad	5.27Hz
应用后	0.085s	0.09s	2.1%	0.25mrad	5.8Hz
提升/降低百分比	2.3%	30.77%	73.42%	34.21%	10.06%
伺服性能提升度	72.29%				

表 5-10　面向可制造性（成本）成效评价结果

典型案例	应用前成本/万元	应用后成本/万元	应用后成本下降
三维天线座	20.2774	13.7668	32.1%

正确性验证数据结果表明，所有伺服性能参数的计算结果与实际测试结果的误差最大不超过 10.8%，其中关键伺服性能中指向精度的误差不超过 10.8%，调整时间的误差不超过 9.7%，上升时间误差不超过 8.8%。

而面向电性能与可制造性的成效评价结果表明，在制造成本大致相同的情况下，应用机电耦合理论后，调整时间、超调量、指向精度等性能提升明显。在电性能要求不变的情况下，应用机电耦合理论后，制造成本下降了 32.1%，成效比较明显。

3．某电调双工滤波器应用的评价

该电调双工滤波器耦合度计算体系如图 5-15 所示，结构与电性能参数见 5.2.2 节。为进行评价，特将建立的正确性验证和成效评价方法，集成于综合测评原型系统中，并根据实测数据和耦合理论、影响机理的计算数据，可得该滤波器的场耦合理论与影响机理正确性验证和成效评价结果。

这里关心滤波器的低、中及高频段，频点分别是 610MHz、790MHz 及 960MHz。电性能参数和指标主要有带宽、插入损耗、回波损耗及阻带抑制，具体结果如表 5-11～表 5-13 所示。其中表 5-11 给出了 5 套样本在 3 个频点的电性能参数相对误差的最大值、平均值、均方根值，进而给出了 5 套样本电性能参数相对误差的最大值、平均值、均方根值和吻合度。表 5-12 与表 5-13 分别给出了面向电性能和面向可制造性的成效评价结果。

表 5-11　电调双工滤波器正确性验证结果

610MHz					
电性能参数	中心频率	回波损耗	阻带抑制	带宽	插入损耗
相对误差的最大值	0.16%	9.18%	0.78%	10%	11.94%
相对误差的平均值	0.032%	5.54%	0.422%	2%	7.87%
相对误差的均方根值	0.072%	2.853%	0.284%	4.472%	3.722%
790MHz					
电性能参数	中心频率	回波损耗	阻带抑制	带宽	插入损耗
相对误差的最大值	0.06%	7.85%	0.94%	7.14%	7.79%
相对误差的平均值	0.036%	4.628%	0.552%	3.572%	5.132%
相对误差的均方根值	0.033%	3.312%	0.385%	2.526%	3.064%
960MHz					
电性能参数	中心频率	回波损耗	阻带抑制	带宽	插入损耗
相对误差的最大值	0.26%	10.07%	7.69%	9.68%	6.88%
相对误差的平均值	0.094%	6.478%	3.132%	3.248%	3.87%
相对误差的均方根值	0.113%	3.275%	2.799%	3.952%	2.955%

续表

5 套样本					
电性能参数	中心频率	回波损耗	阻带抑制	带宽	插入损耗
相对误差的最大值	0.26%	10.07%	7.69%	10%	11.94%
相对误差的平均值	0.054%	5.549%	1.369%	2.94%	5.624%
相对误差的均方根值	0.073%	3.146%	1.156%	3.65%	3.067%
吻合度	87.926%				

表 5-12　面向电性能的成效评价结果

610MHz					
电性能参数	中心频率	回波损耗	阻带抑制	带宽/	插入损耗
应用前	611MHz	-6.0564dB	-58.0172dB	20MHz	-0.8949dB
应用后	610MHz	-12.094dB	-58.2352dB	20MHz	-0.58496dB
提升/降低百分比	5%	99.69%	0.38%	0.0%	34.63%
790MHz					
电性能参数	中心频率	回波损耗	阻带抑制	带宽	插入损耗
应用前	789MHz	-7.3298dB	-46.0307dB	28MHz	-0.4684dB
应用后	790MHz	-13.3938dB	-48.6003dB	30MHz	-0.36484dB
提升/降低百分比	5%	82.73%	5.58%	7.14%	22.11%
960MHz					
电性能参数	中心频率	回波损耗	阻带抑制	带宽	插入损耗
应用前	960.5MHz	-7.5699dB	-43.9656dB	31MHz	-0.8456dB
应用后	960MHz	-11.3174dB	-44.1296dB	34MHz	-0.54855dB
提升/降低百分比	2.5%	49.51%	0.37%	9.68%	35.13%
电性能提升度	64.3%				

表 5-13　面向可制造性的成效评价结果

典型案例	应用前成本/万元	应用后成本/万元	应用后成本下降
电调双工滤波器	1.13951	0.87951	22.8%

由上述结果可知，所有电性能的理论计算结果与实际测试结果的误差不超过 12.0%，其中关键电性能参数中，插入损耗的误差不超过 12.0%，回波损耗的误差不超过 10.1%，阻带抑制的误差不超过 7.7%。

面向电性能和可制造性的数值结果表明，在制造成本大致相同的情况下，应用机电耦合理论后，回波损耗和插入损耗性能改善明显。在电性能要求不变的情况下，机电耦合理论的应用，使制造成本下降了约 22.8%，成效明显。

Chapter 6

第6章 电子装备综合设计软件平台

【概要】

本章阐述电子装备机电耦合综合分析与设计软件平台的整体架构、主要功能与典型应用情况，重点论述将机电耦合理论模型、影响机理与设计方法固化为软件平台的方法和过程，涉及机械结构、电磁、热的场耦合理论模型、结构因素对电性能影响机理以及测试与评价的综合软件分系统。结合典型工程案例讨论了具体应用问题。

6.1 概述

为将前面提出的场耦合理论模型、影响机理以及测试与评价方法转化为工程中可供应用的工具，研制工程化的专业行业综合设计软件平台非常必要。该综合设计软件平台，不仅使原来因相互脱节而难以实现机电综合分析与设计的问题得到解决，而且可以助力创新。

1. 总体思路与系统方案

电子装备机电耦合设计涉及电磁、机械、热等多物理场之间的相互关系，专业性强，影响因素多。机电耦合的分析流程将是循环反复的，其处理恰当与否，将直接影响综合设计软件平台交互界面的友好以及计算效率的高低。为此，需对结构分析、热分析、电磁分析、几何造型等专业软件进行分析，并结合具体算例做耦合分析，以发现现有专业软件的特点，以及在输入/输出接口、模型转换等方面存在的问题。经过深入研究，最终给出机电耦合分析的总体架构与基本流程（见图 6-1）。在进行总体架构的构建时，有两点必须首先予以考虑：第一，需要集成软硬件资源，合理进行系统规划、资源配置、问题预估、任务调度等，可通过对典型对象的实际分析，了解网格划分规模确定的原则、数值计算收敛判断的准则、计算机资源的配置与应用等问题，进而可将其作为默认参数，为电子装备机电耦合问题的分析求解提供指导；第二，在进行机电耦合建模、求解的过程中，结合典型电子装备的发展需要，构建机电耦合数值分析与设计的综合平台系统。

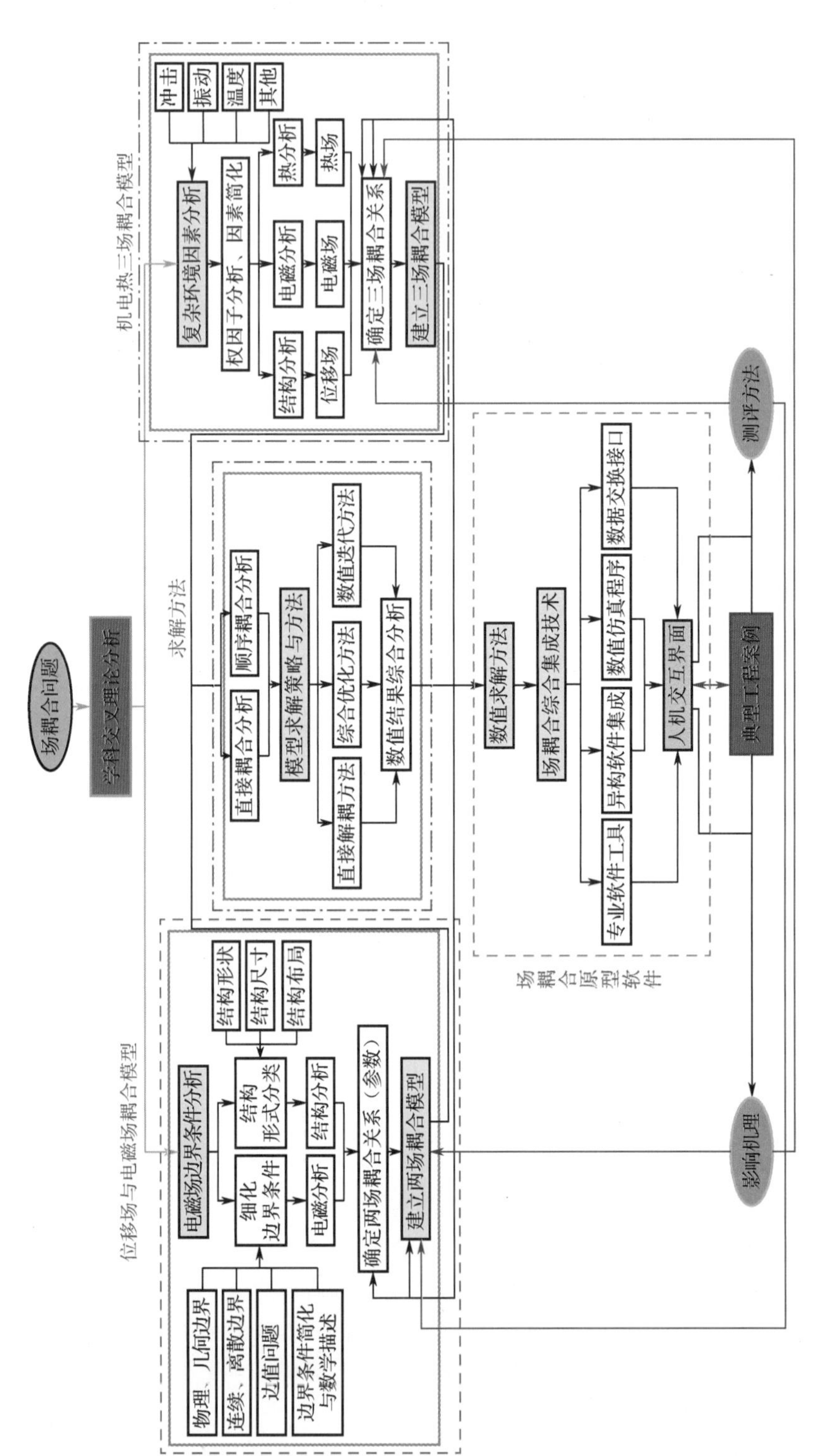

图 6-1 机电耦合分析的总体架构与基本流程

2．专业软件的集成

在相关专业软件基础上，充分利用现有成熟技术，将重点放在机电耦合问题的求解策略与方法、综合软件分系统以及综合设计平台的研发上。按照综合设计平台的总体架构与分析流程，将相关专业软件集成到机电耦合分析的综合平台之中，将其作为按分析流程可随时调用的一个个模块，进而完成从内容到形式的综合集成。

具体处理方法为，设置专业软件的路径，内部调用专业软件，获取专业软件的进程，控制其窗口大小，并将其置于机电耦合分析软件的指定子窗口中，以实现对专业软件操作。其他的软件也可通过类似方法进行集成。所实现的几种专业软件的集成界面见图 6-2、图 6-3 及图 6-4。

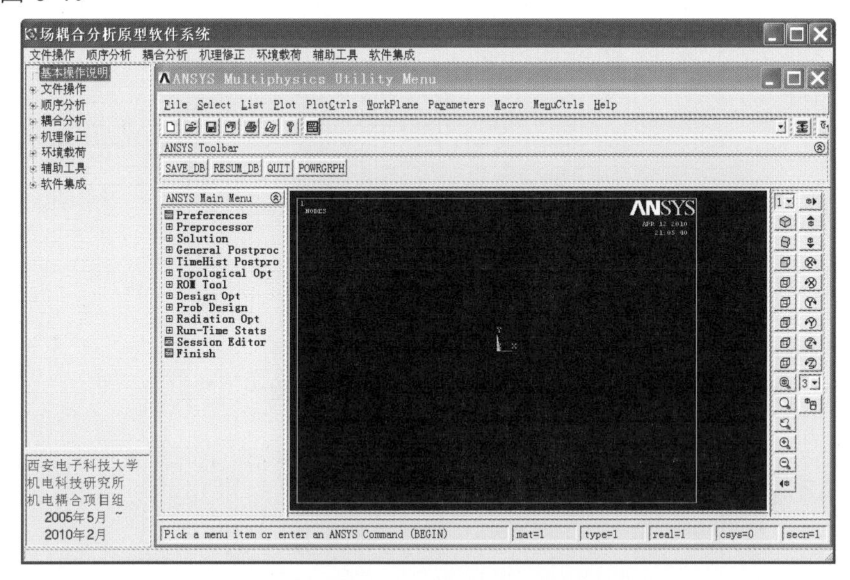

图 6-2　结构分析软件的综合集成界面

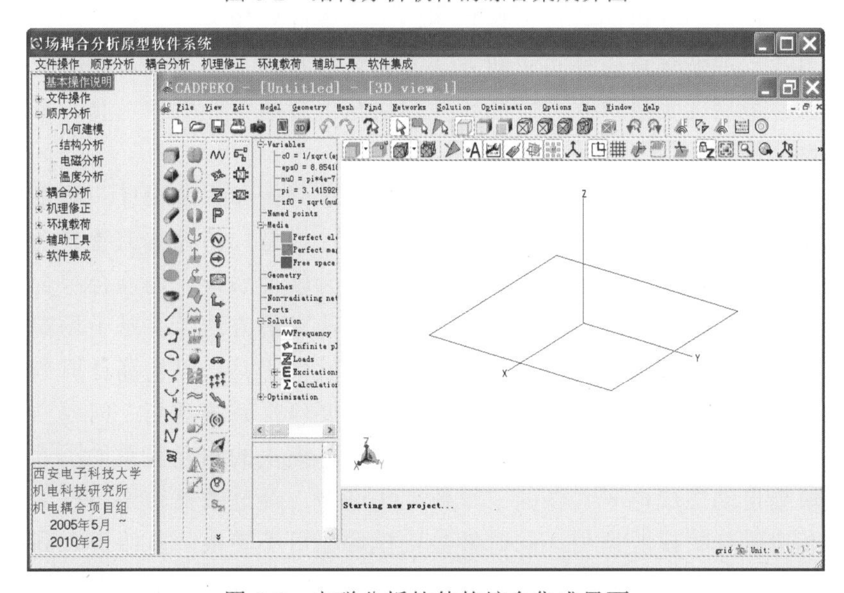

图 6-3　电磁分析软件的综合集成界面

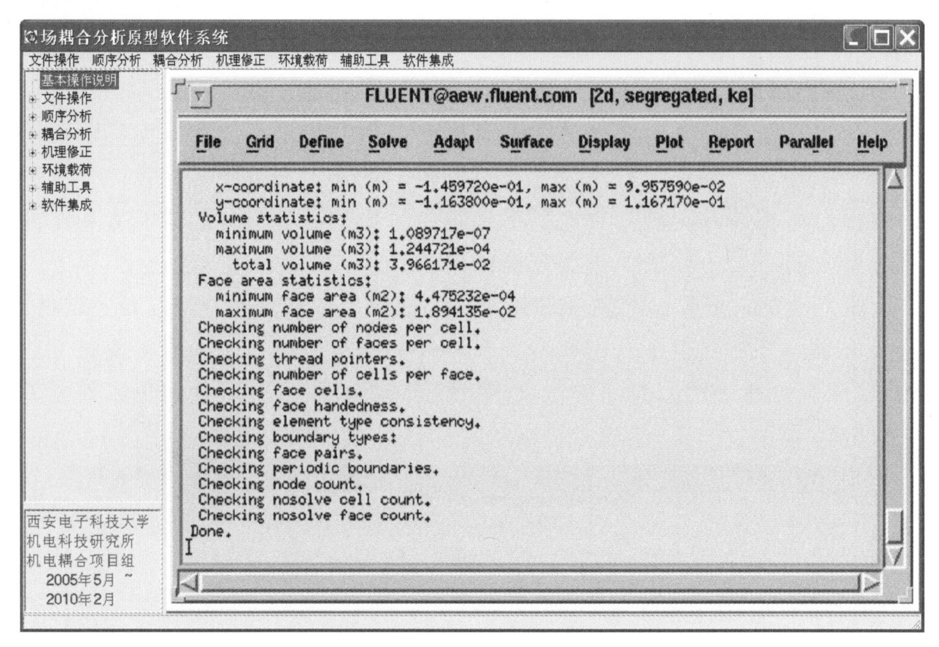

图 6-4 热分析软件的综合集成界面

6.2 机电热三场耦合分析分系统

6.2.1 基本思路与框架

首先，进行顶层设计，即确定各部分的具体任务和要求、关键技术、输入/输出需求等；其次，针对场耦合分析的特点，确定解决场耦合问题的分析流程，构建集成的人机交互界面；再次，在场耦合建模与求解方法等研究的基础上，确定与相关软件或模块的数据交换接口；最后，集成自主开发的软件模块与现有的专业软件工具，形成场耦合分析的综合软件分系统。

在本综合软件分系统的研发过程中，需进行需求分析和系统设计，研发典型功能模块，进而构建综合软件。根据新建立的机电耦合理论模型，扩充并完善其功能。集成现有先进软件工具，形成所需要的场耦合数值分析综合软件系统。场耦合综合软件系统的总体框架如图 6-5 所示，其核心是场耦合理论模型与求解方法，并基于场耦合分析流程在场耦合分析中根据需要调用结构、电磁、传热的软件工具，以提高计算效率。场耦合综合软件系统的计算机配置结构如图 6-6 所示，主要包括系统规划、问题预估、资源配置以及任务调度四个方面。场耦合综合软件系统中各模块的相互关系如图 6-7 所示，首先参数化模块会自动生成电子装备的三维数字化造型，经过数据转换与模块修改可供结构分析模块和电磁分析模块调用，同时参数化模块也可不转换，直接进入到结构分析模块。传统分析方法是电磁分析模块在得到电子装备结构后直接计算电磁性能，而该软件系统是在结构分析模块中建立参数化模块导入的结构模型，然后进行温度场分析，得到电子装备的温度分布，再进入场耦合模块，利用场耦合理论模型与求解方法得到经过机电耦合分析后的电子装备电磁性能。

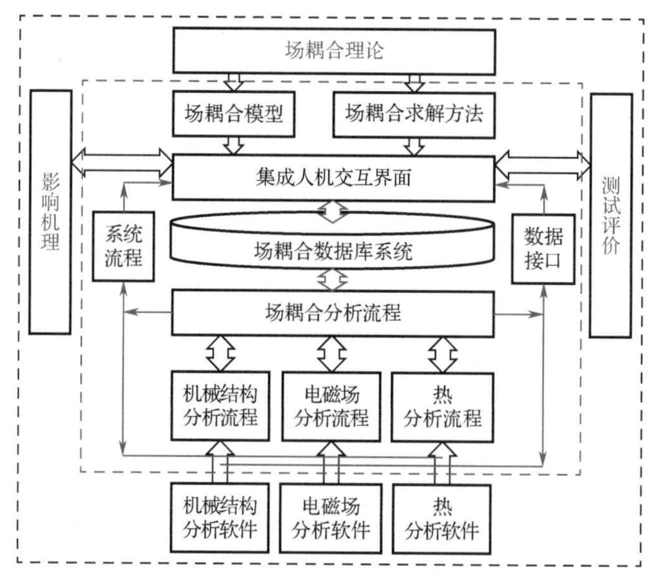

图 6-5　场耦合综合软件系统的总体框架

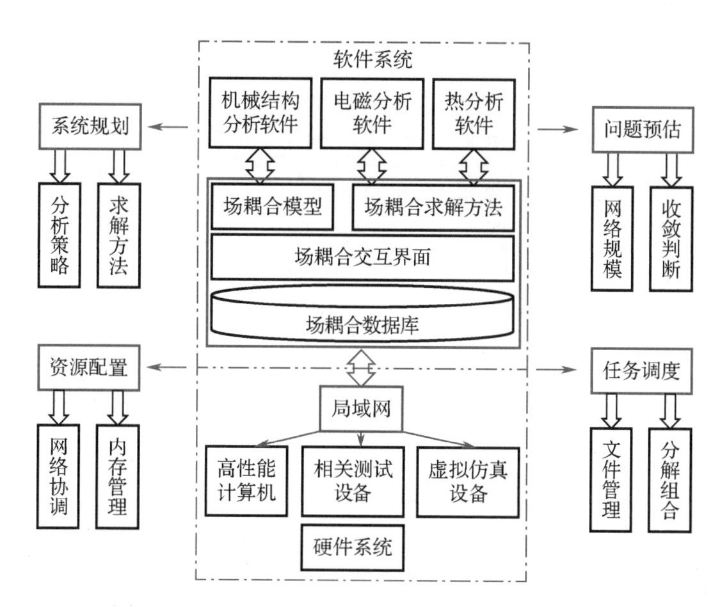

图 6-6　场耦合综合软件系统的计算机配置结构

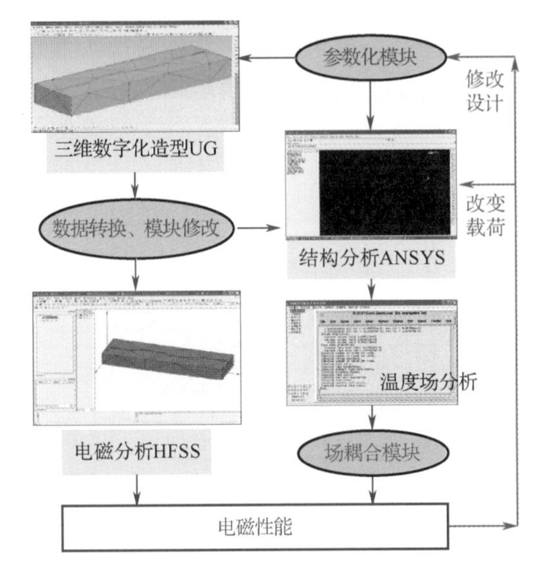

图 6-7　场耦合综合软件系统中各模块的相互关系

6.2.2　场耦合分析交互界面

场耦合分析是通过综合软件的交互界面实现的，因此，需对其操作方式、显示方式、调用方式、媒体方式等进行合理设计，将机械结构分析界面、电磁分析界面、热分析界面集成到统一的场耦合分析交互界面中，以便不同学科的操作人员在操作过程中，对象统一，层次清楚，对所使用的界面形式熟悉，使用方便。场耦合交互界面结构如图 6-8 所示。

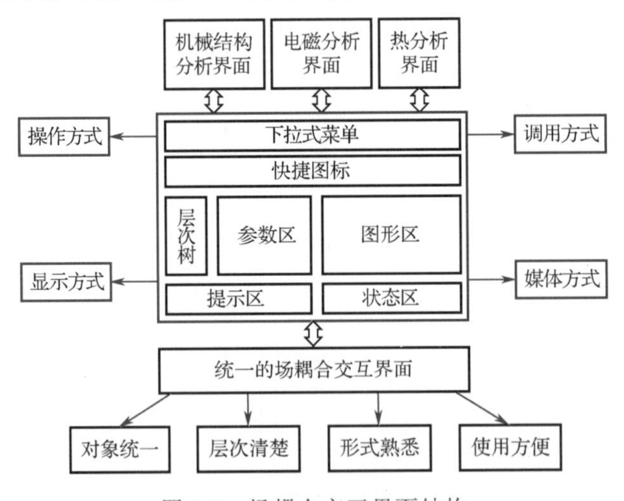

图 6-8　场耦合交互界面结构

6.2.3　数据交换接口

在上述工作的基础上，还要解决数据交换接口的问题。在结构、电磁、热的分析中，尽管模型不同，但可以采用通用的数据库。这样，可分别对这些不同模型求并集、交集、差集等。在交集中确定关键指标及其主要影响因素，并对其进行参数化处理，以便作为共享数据。在差集中确定派生的参数，作为专业数据。在此基础上，建立相应的场耦合分析数据库。结合场耦合的分析流程，通过输入数据、输出数据，在不同学科的软件模块之间，建立数据交换接口，以实现不同学科、不同模型、不同结构之间的数据交换，保证场耦合分析流程的顺利实现。场耦合数据交换接口如图 6-9 所示。

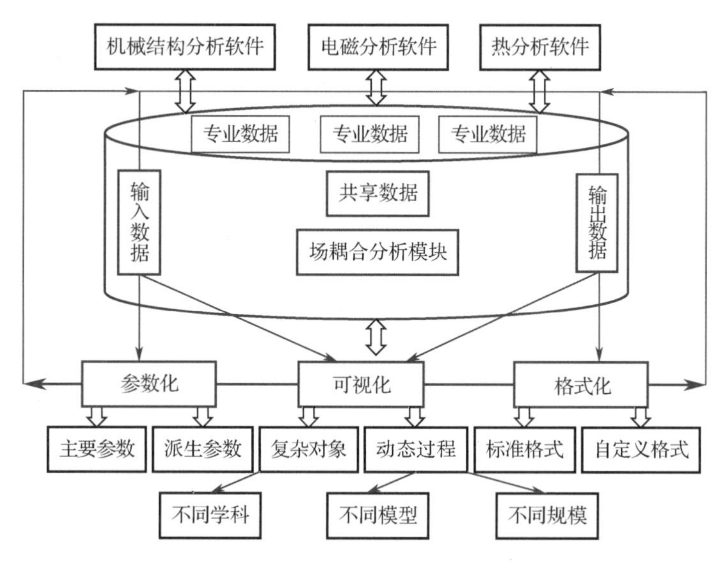

图 6-9　场耦合数据交换接口

通过对场耦合问题的算例进行结构、电磁及热分析，对多种通用文件格式的分析比较，以及从文件大小、通用性、易用性等方面进行综合评价，最后采用 GEO 文件格式作为场耦合软件人机交互的数据文件格式，IGES、SAT 文件格式作为各专业软件之间的数据交换格式，进而实现场耦合分析的数据交换。

6.2.4　综合软件分系统

本综合软件分系统对软件环境要求如下。

编程环境：采用 C++ Builder 6.0 版本，以便快速开发软件。

辅助编程环境：采用 MATLAB R2006b 版本，充分利用其现有函数库。

结构、热分析：采用 ANSYS Multiphysics V11 版本，利用其先进、强大功能和广泛普及性的特点，同时可支持常规的热分析。

电磁分析：采用 FEKO V5.4 版本，利用其开放数据格式，实现变形模型的导入。

以上约定，可保证后期各软件模块的顺利、快速集成。最终实现的场耦合分析软件主界面如图 6-10 所示，它包括场耦合模块、相关专业软件、模型修改及转换模块的综合集成。

图 6-10　场耦合分析软件主界面

1．参数化建模与数据处理模块

参数化建模与数据处理模块，包括典型案例分析模块、三维模型转换模块以及三维模型修改模块，以实现软件工具的异构协同，提高软件工具的易用性。这三个软件模块的基本界面分别如图 6-11、图 6-12、图 6-13 所示。

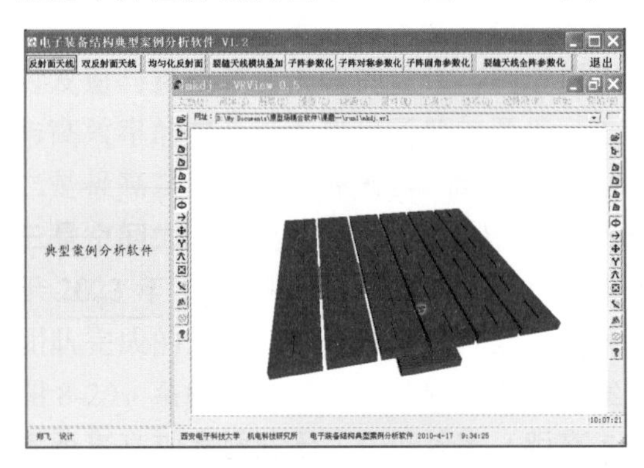

图 6-11　典型案例分析模块

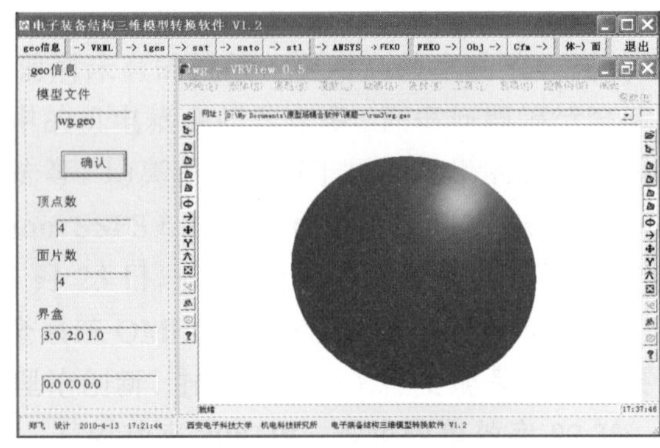

图 6-12　三维模型转换模块

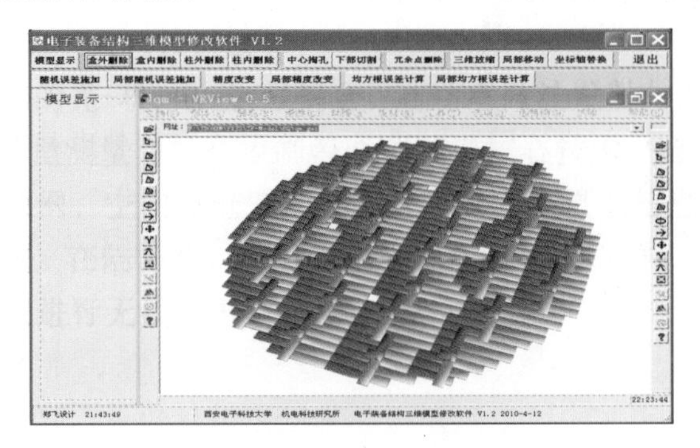

图 6-13　三维模型修改模块

2．几种典型电子装备的场耦合分析模块

在上述工作基础上，完成了多个典型装备的场耦合分析模块，下面介绍其中的反射面天线、平板裂缝天线以及有源相控阵天线的场耦合分析模块。

反射面天线：该模块包括面天线机电耦合分析、面天线风压自动生成软件工具以及面天线太阳热流密度生成软件（见图 6-14～图 6-16）。

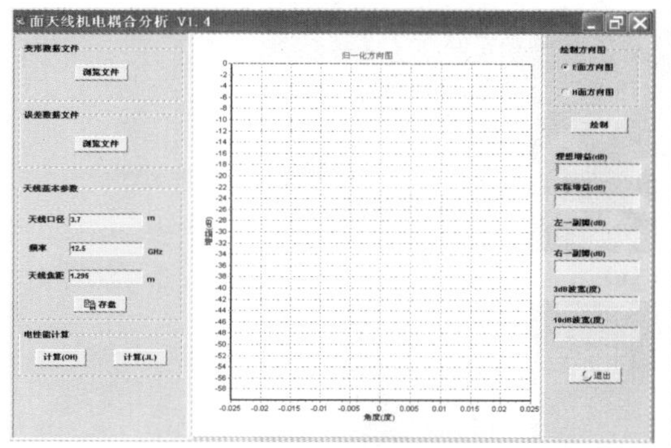

图 6-14　面天线机电耦合分析

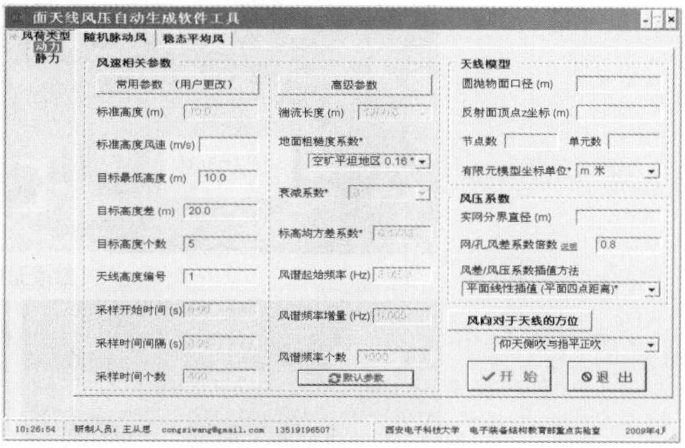

图 6-15　面天线风压自动生成软件工具

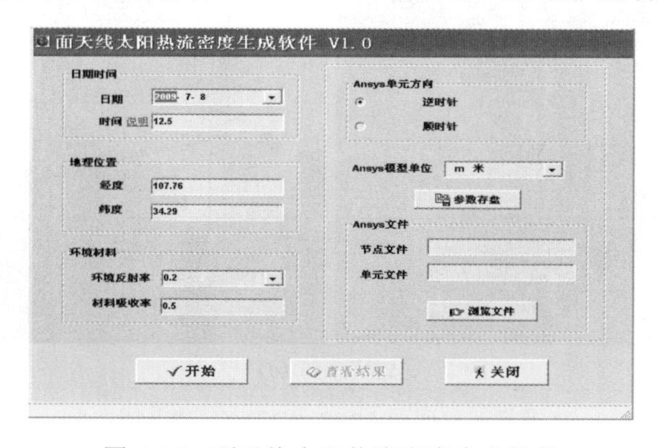

图 6-16　面天线太阳热流密度生成软件

平板裂缝天线：裂缝阵天线耦合分析软件如图 6-17 所示。

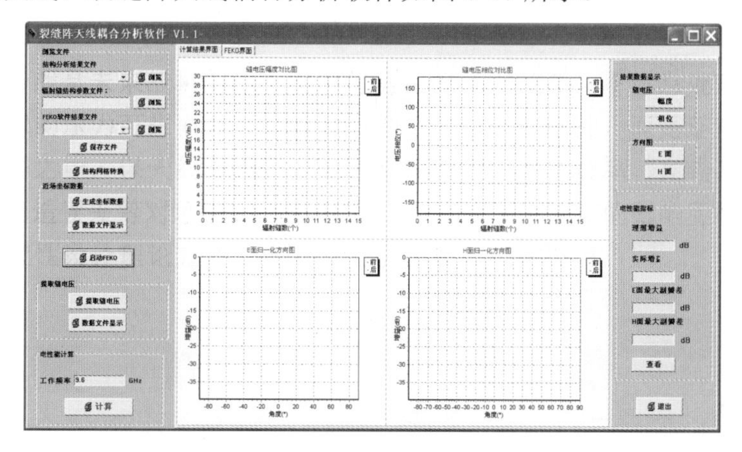

图 6-17　裂缝阵天线耦合分析软件

有源相控阵天线：有源相控阵天线机电热耦合分析原型软件如图 6-18 所示。

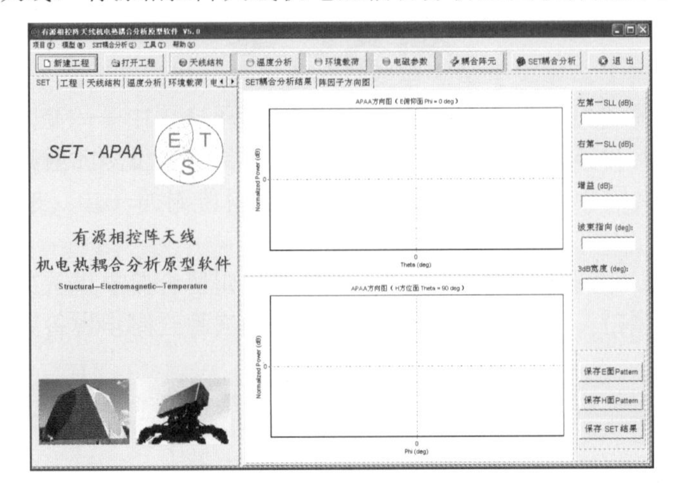

图 6-18　有源相控阵天线机电热耦合分析原型软件

6.3 结构因素对电性能影响机理分系统

6.3.1 基本思路与框架

如前所述，结构因素对电子装备电性能的影响机理比较复杂，为了系统地将影响机理的研究成果集成起来以便推广应用，该模块采用了图 6-19 所示的形式，具有影响机理分析、电性能计算等功能。

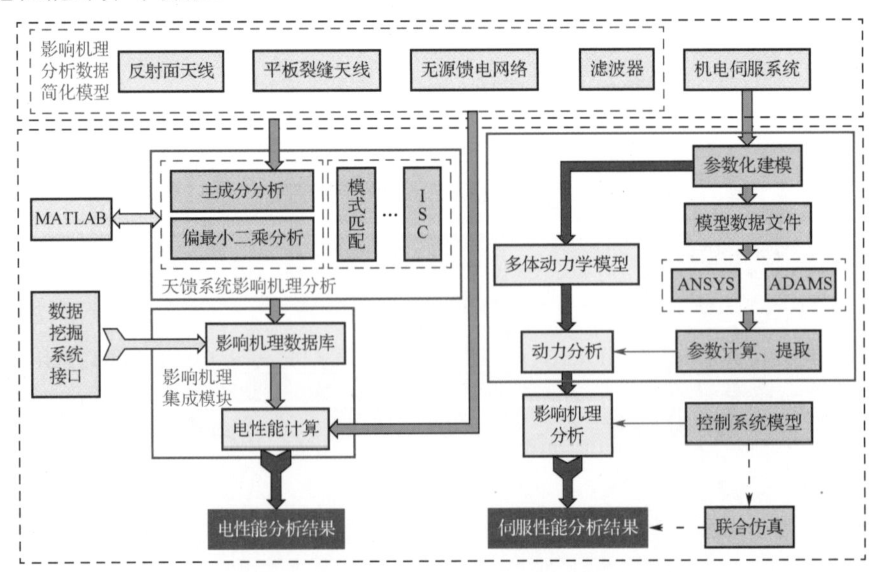

图 6-19　影响机理原型软件系统框图

6.3.2　天馈系统影响机理分系统

与传统分析方法不同，在天馈系统影响机理的分析过程中，采用基于中间电参量的影响机理分析模型，即将结构因素对中间电参量的影响关系以数据模型的方式存储于数据库中。在分析电性能时，先根据结构参数和制造精度获得相应的中间电参量，而后采用传统方法根据中间电参量计算电性能。

天馈系统分析界面如图 6-20 所示，它主要由两个模块组成。一是影响机理的分析模块，可对影响机理数据库中的原始数据进行主成分分析和偏最小二乘分析，并将分析结果反馈给数据挖掘系统进行数据挖掘，从而形成影响机理数据库。此数据库中存储的是结构因素对中间电性能的影响关系模型（数据模型），可基于此数据库应用支持向量机方法进行预测，即根据给定的结构因素得出相应的中间电参量（如平板裂缝天线的导纳阵、滤波器的无载 Q 值及耦合系数）的合理估计。二是电性能分析模块，可根据平板裂缝天线的导纳阵、滤波器的无载 Q 值及耦合系数应用等效电路方法得出电性能，从而分析反射面天线、平板裂缝天线及滤波器中典型结构因素对电性能的影响。

图 6-20　天馈系统分析界面

6.3.3　伺服系统影响机理分系统

伺服系统影响机理的分析以综合结构因素的系统动力学方程为基础，采用参数化建模和参数自动提取方法，获得与动力学方程相对应的模型参数，最后进行动力学分析和伺服跟踪性能分析。相应地，软件系统包括伺服系统拓扑结构管理、结构参数计算、控制器选择和控制参数设定以及影响机理分析等四部分。

1. 伺服系统拓扑结构管理

伺服系统拓扑结构管理可实现对伺服系统拓扑结构库的建立和维护。通过此模块，可实现齿轮传动链的参数化建模。结构参数计算模块 ADAMS 和 ANSYS 等分析软件，可给出结构的惯量、刚度等性能。控制器选择和控制参数设定模块，用于指定速度环和位置环的控制器类型并设定相应的控制参数。在完成参数提取和控制参数设定后，即可进行仿真分析，包括动态特性分析和单位阶跃响应分析。动态特性分析的结果是传动链各阶扭转模态，单位阶跃响应分析的结果便是位置响应、跟踪误差以及伺服性能估计。

图 6-21 描述了伺服拓扑结构详细信息，其左上窗口给出了数据库定义的拓扑结构，右上窗口为选中拓扑结构的机构简图。下边两个窗口分别为该拓扑结构的齿轮信息和传

动轴信息。通过此模块，用户可浏览数据库中所有拓扑结构的详细信息。在此界面内，用户可进行如下操作。

（1）新增结构，此功能可实现对拓扑结构的定义。用户可添加新的拓扑结构，并可将其机构简图保存至数据库中。

（2）添加齿轮，在拓扑结构列表中选择一种结构，单击“添加齿轮”按钮，在弹出的对话框内，用户可定义齿轮信息，齿轮的标识号由系统自动生成。

（3）添加传动轴，在拓扑结构列表中选择一种结构，单击“添加传动轴”按钮，在弹出的对话框内，用户可定义传动轴组成基本信息，传动轴的标识号由系统自动生成。

（4）添加子轴，考虑到传动轴有可能是一根台阶轴，故需对传动轴各段参数给出详细定义，图 6-22 所示为子轴参数录入界面，用户可定义子轴键槽和其他尺寸参数。

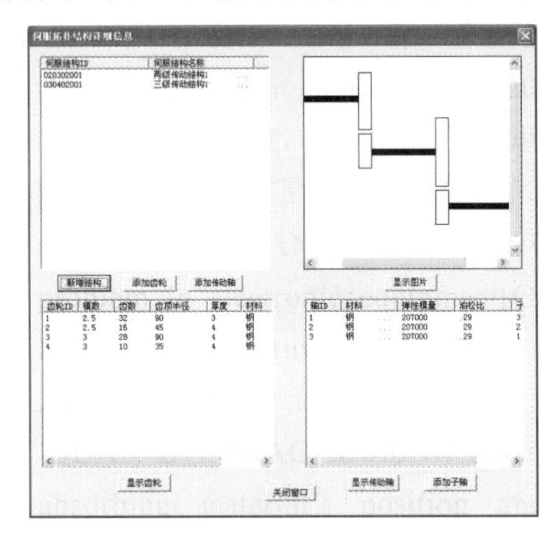

图 6-21　伺服拓扑结构详细信息

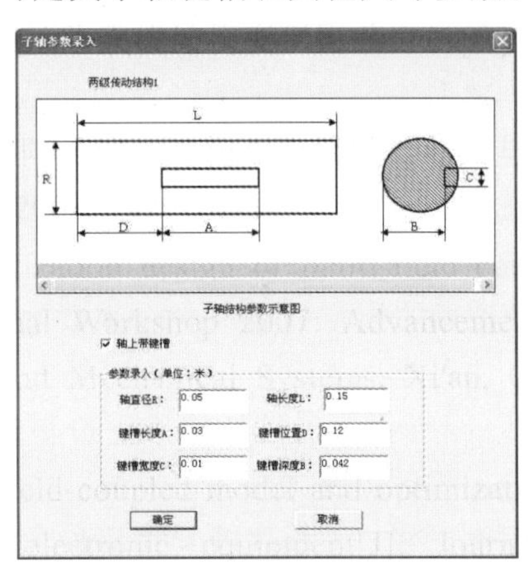

图 6-22　子轴参数录入界面

2. 结构参数计算

结构参数计算通过调用 ADAMS 和 ANSYS 等分析软件，计算伺服结构的动力学性能，为伺服系统影响机理的挖掘做准备。设置好 ADAMS 和 ANSYS 安装路径后，选择需要应用的模板，并设置仿真路径，即可将影响机理仿真所需要的几何参数和力学参数自动计算并提取出来。图 6-23 所示为仿真参数计算及提取界面。

3. 控制器选择和控制参数设定

本软件设置了专门界面，用来选择位置环和速度环控制器的结构形式，并设定了相应的控制参数。用户选择的控制器形式和相应的控制参数会自动存储于数据库中，供影响机理分析时调用。相应的软件界面如图 6-24 所示。

4. 影响机理分析

在完成参数提取和控制参数设定后，即可进行仿真分析，包括动态特性分析与单位阶跃响应分析。动态特性分析的结果为结构各阶扭转模态，如图 6-25 所示。单位阶跃响应分析的结果为位置响应、跟踪误差和闭环性能估计，如图 6-26 所示。

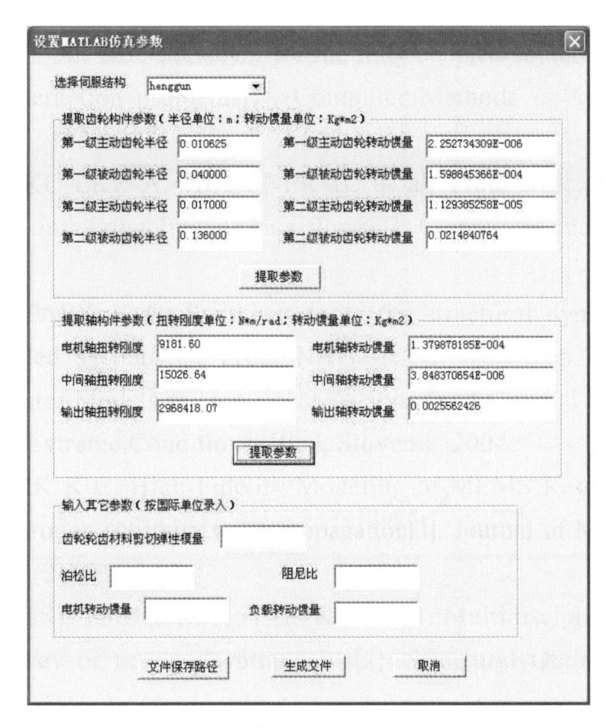

图 6-23　仿真参数计算及提取界面

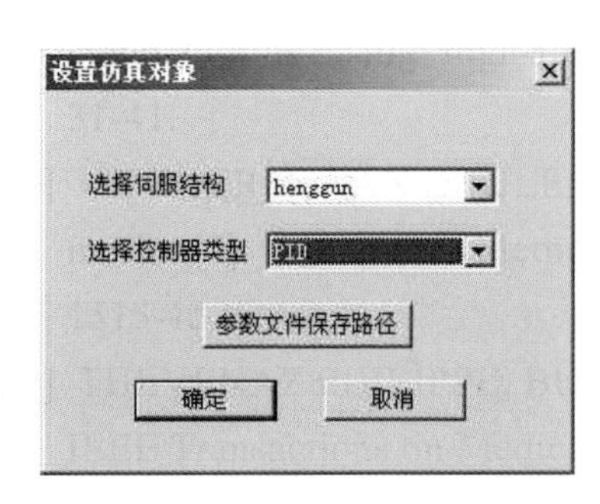

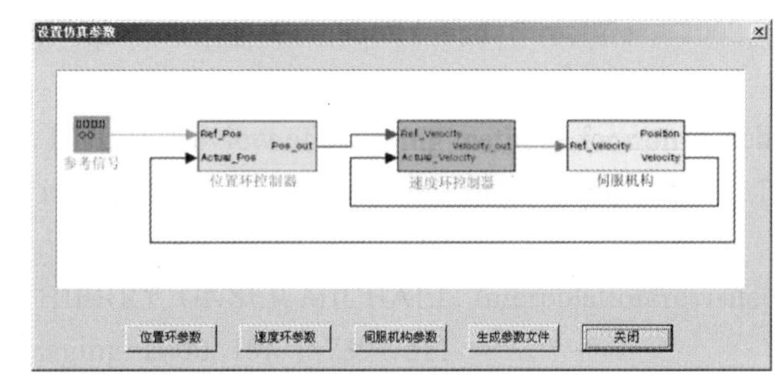

图 6-24　控制器选择和控制参数设定界面

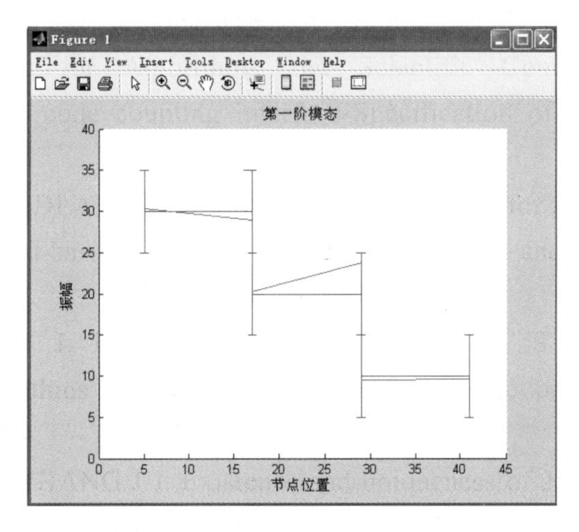

图 6-25　系统的第一阶扭转模态

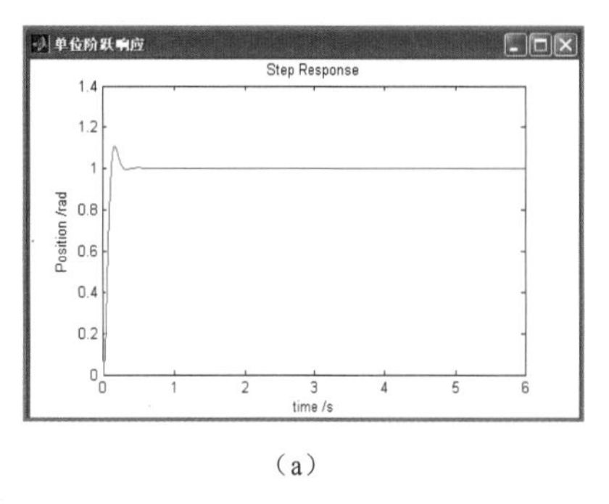

(a)

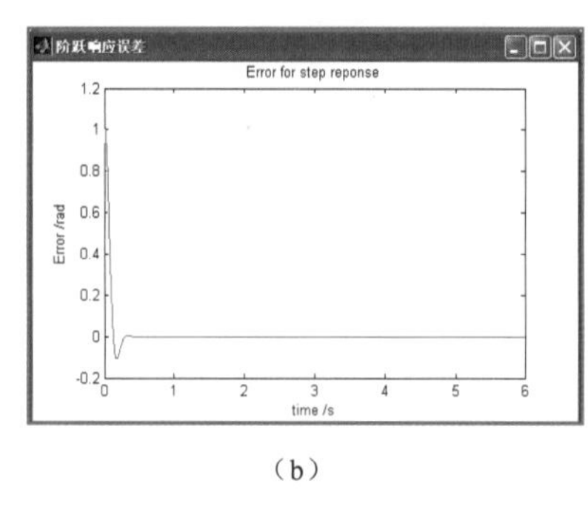

(b)

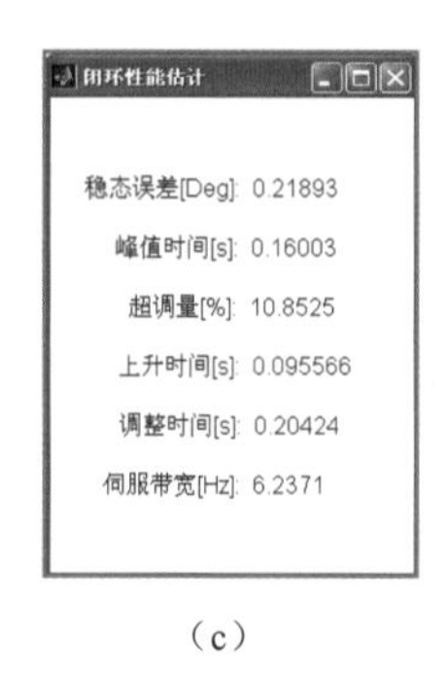

(c)

图 6-26　系统的单位阶跃响应

6.4 机电耦合综合测试与评价分系统

机电耦合综合测试与评价是电子装备机电耦合理论和影响机理成果的综合体现。基于机电耦合思路，我们希望构建的综合测试与评价系统具有以下特点：一是先进性，即利用先进的技术（计算机网络技术、数据库技术等），构建先进的测试平台；二是扩展性，即为了覆盖下一代电子装备的测试与评价需求，系统具有很好的扩展性；三是实用性，即以检验耦合理论和影响机理为主要目的，采用的技术、实现的功能紧紧围绕这个目的。

6.4.1 基本思路与框架

综合测试与评价的总体框架如图 6-27 所示，它包括“测试因素耦合度分析模块”“典型案例测试数据接口模块”“综合评价模块”“场耦合理论与影响机理接入模块”。此外还有一个公共的 SQL Server 数据库。

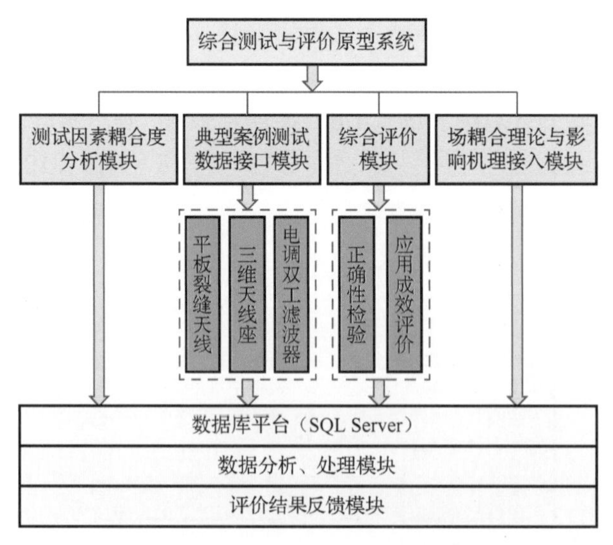

图 6-27　综合测试与评价的总体框架

测试因素耦合度分析模块，用于分析影响电性能的众多结构参数中哪些是主要的（必须测试），哪些是次要的（可不进行测试）。

典型案例测试数据接口模块，实现与具体案例测试平台的数据接口，完成每个案例结构参数及电性能参数的采集与输入。

综合评价模块，完成对场耦合分析、影响机理正确性和成效性的检验。

场耦合理论与影响机理接入模块，负责两者的数据接口模块，为综合评价提供理论计算数据。

6.4.2　工作流程

图6-28所示为综合测评（测试与评价）系统工作流程。第一，通过基于主观和客观的耦合分析，形成耦合数据库，为确定待测结构参数提供依据。第二，通过典型案例公共接口获取典型案例的测试数据，经必要的处理形成典型案例测试数据库。第三，通过耦合理论接口获得耦合理论对典型案例的计算数据，形成典型案例耦合理论计算数据库。第四，通过影响机理接口获得影响机理对典型案例的计算数据，形成典型案例影响机理计算数据库。最后，由评价模块计算平台综合采用模糊评判、假设检验等数学手段，得到“耦合理论”和“影响机理”的“正确性检验”和“成效评价”的结论。

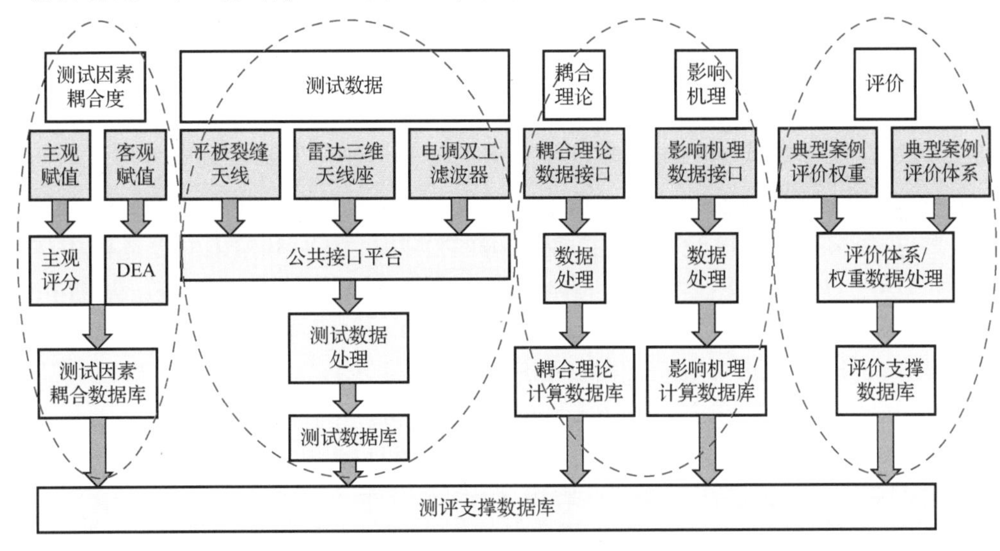

图6-28　综合测评系统工作流程

6.4.3　数据库

这里采用的SQL Server数据库具有独立于硬件平台、对称的多处理器结构、抢占式多任务管理、完善的安全系统和容错功能，并且具有易于维护的特点。SQL Server采用二级安全验证、登录验证及数据库用户账号和角色的许可验证，确保数据库的安全性。

图6-29所示是综合测评系统数据库框架，主要的数据库包括典型案例结构参数数据

库、典型案例电性能参数数据库、典型案例耦合度数据库、典型案例评价体系数据库、典型案例电性能参数（理论计算）数据库以及其他数据库。各数据库由若干具体的数据表组成，这些表通过主键和外键形成关系数据库。

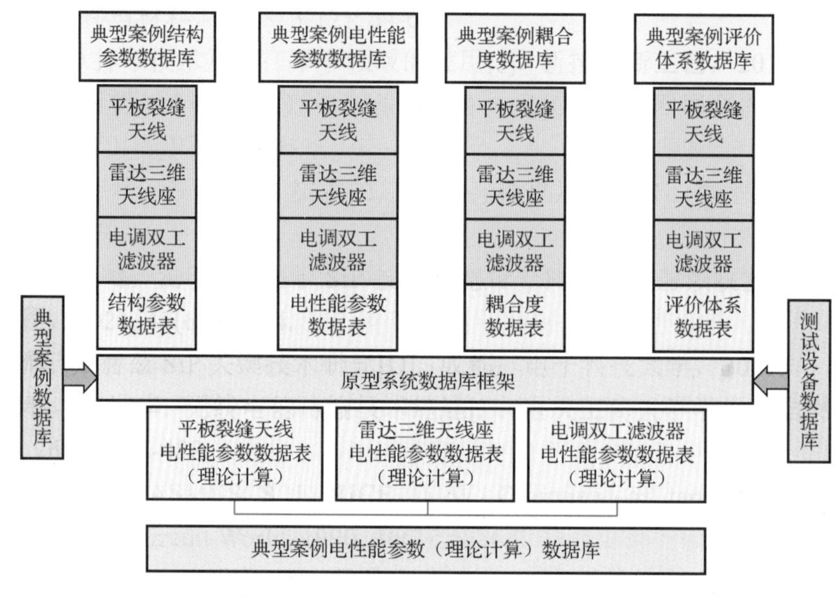

图 6-29　综合测评系统数据库框架

1. 测试数据接口

在该综合测评系统中需要输入大量的测试数据，为此，介绍其测试数据接口的设置与操作。在软件主界面左侧树形图中选定“测试数据接口”（见图 6-30），进入该模块。

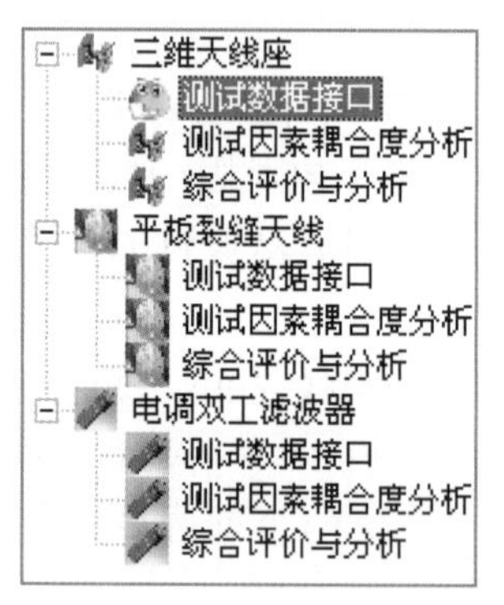

图 6-30　测试数据接口树形图

2. 平板裂缝天线测试数据接口

平板裂缝天线的测试数据接口模块如图 6-31 所示，其测试参数输入部分包括数据导入、数据修改、数据查看等模块，实现辐射缝、耦合缝、激励缝的结构参数和电性能参数的数据录入。

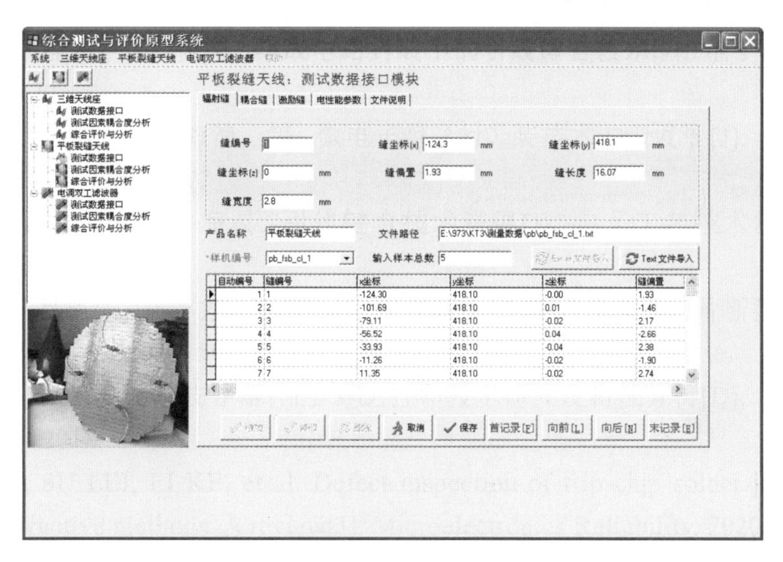

图 6-31　平板裂缝天线的测试数据接口模块

3．三维天线座测试数据接口

三维天线座的测试数据接口模块如图 6-32 所示，其测试参数输入部分包括数据导入、数据修改、数据查看等，可完成方位轴、俯仰轴、横滚轴的结构参数，以及伺服性能、齿轮参数、惯量/刚度等的数据录入。

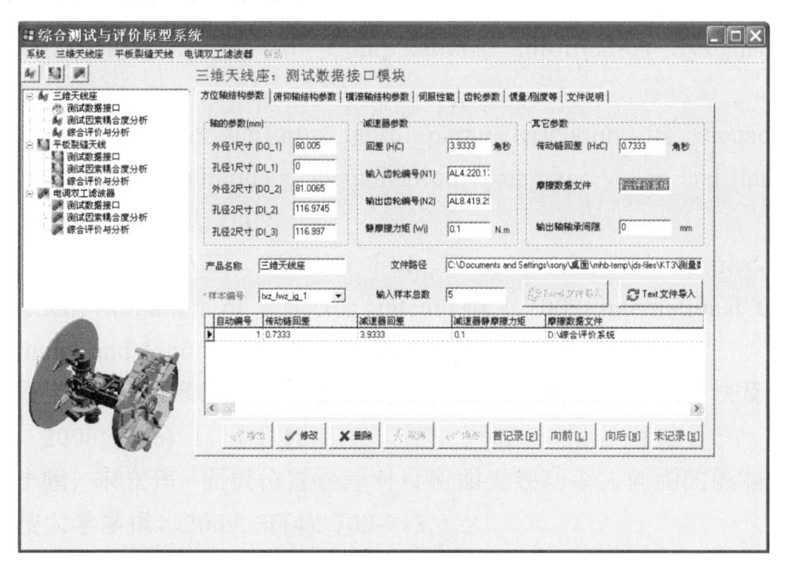

图 6-32　三维天线座的测试数据接口模块

4．电调双工滤波器测试数据接口

电调双工滤波器的测试数据接口模块如图 6-33 所示，其测试参数输入部分包括数据导入、数据修改、数据查看等，单击各选项卡，可实现耦合孔、耦合环、内导体等结构参数和电性能参数的数据录入。

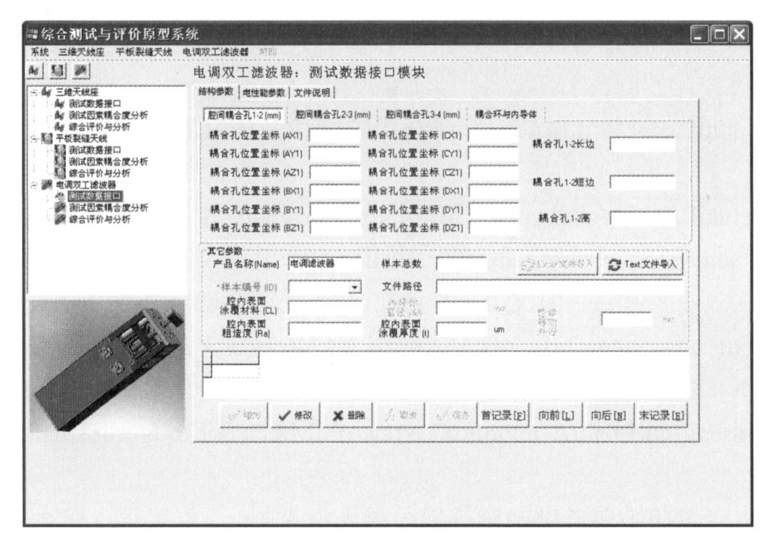

图 6-33　电调双工滤波器的测试数据接口模块

6.4.4　综合测评分系统

综合测评分系统主要包括测试因素耦合度分析和综合评价两个模块。

1．测试因素耦合度分析模块

由于测试因素耦合度分析模块对不同案例的主要内容相同，所以下面不再对平板裂缝天线、三维天线座、电调双工滤波器分别赘述，仅以三维天线座为例进行说明。

在图 6-34 所示界面的左侧树形图中选定“测试因素耦合度分析”，可进入耦合度分析模块进行测试因素耦合度的分析计算。利用耦合关系表选项卡，选择不同的轴查看各轴的层次结构。

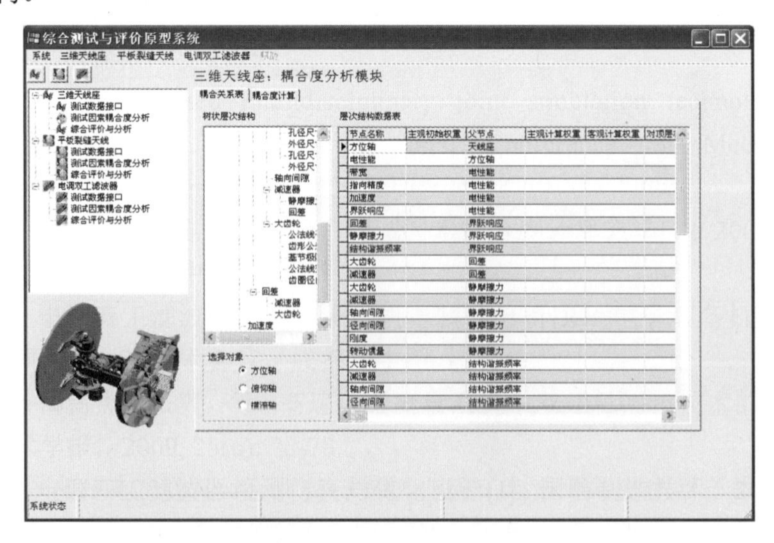

图 6-34　耦合度分析模块

1）主观耦合度计算

单击“所有专家”按钮，便可进行专家数据的选择，所选择的几组数据在“已选专家”列表中显示出来，在“已选专家”列表中双击已选专家数据可删除该组数据。单击“数据导入”按钮将所选专家数据导入上方表格，如图 6-35 所示。

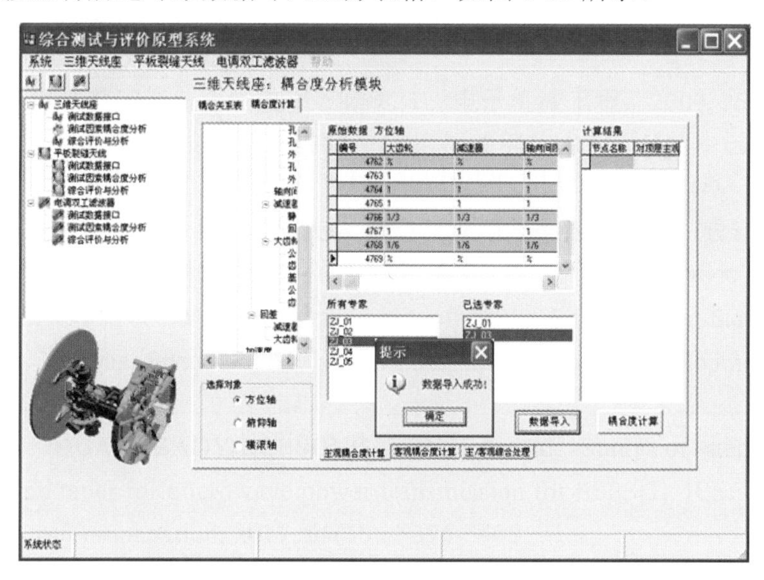

图 6-35　主观耦合度计算原始数据导入界面

数据导入后，单击“耦合度计算”按钮即可对所选数据进行计算，并在该按钮上方表格中显示计算结果，如图 6-36 所示。

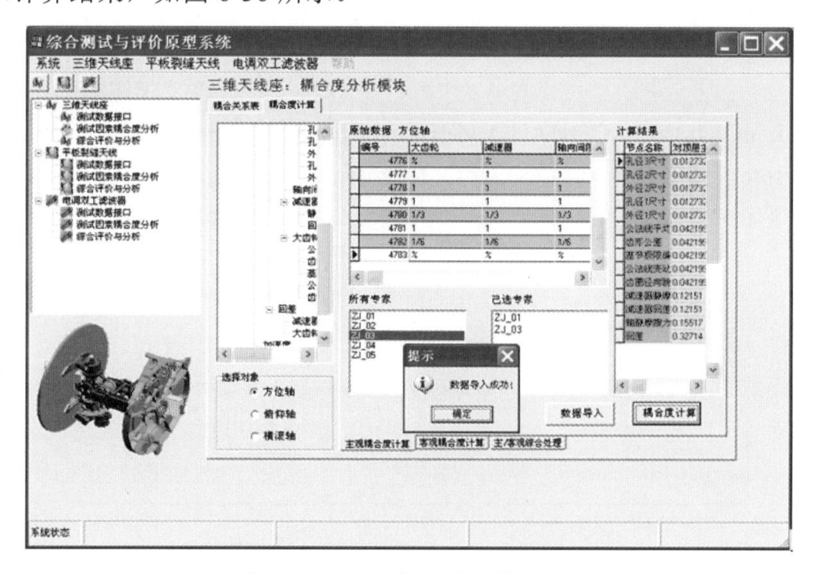

图 6-36　主观耦合度计算界面

2）客观耦合度计算

首先双击选择“所有数据”框内的数据文件名至“已选数据”框内，然后单击“数据导入”按钮导入原始数据，导入原始数据后单击“耦合度计算”按钮进行耦合度计算，如图 6-37 所示。

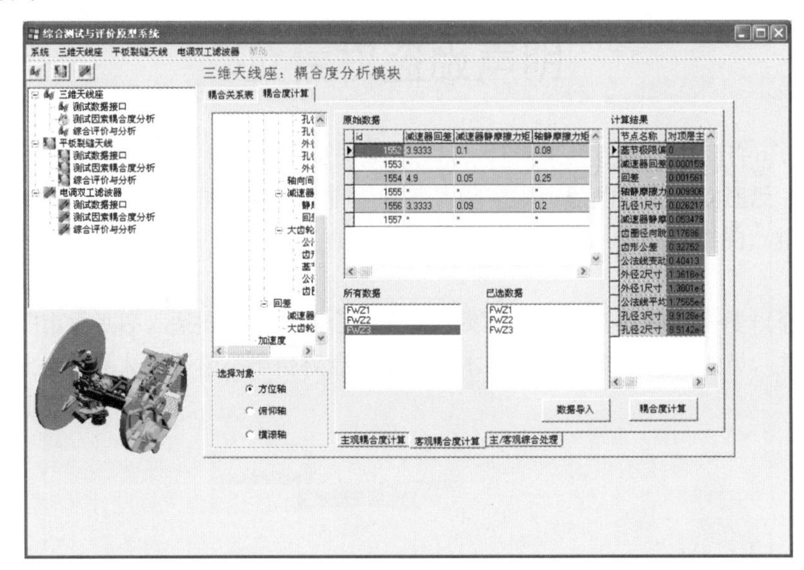

图 6-37　客观耦合度计算界面

3）主/客观综合处理

主观、客观耦合度计算结束后，选择“主/客观综合处理”，单击“综合计算”按钮，即可得到综合耦合度计算结果，如图 6-38 所示，并且可通过“选择对象”选项导入并计算对应轴数据。

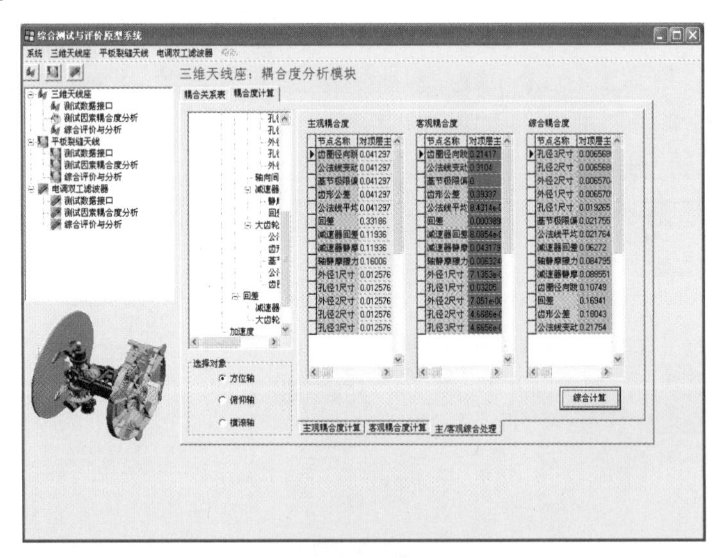

图 6-38　主/客观综合处理综合计算界面

2．综合评价与分析模块

由于综合评价与分析模块对不同案例的主要内容相同、操作方法相似，所以这里不再分平板裂缝天线、三维天线座、电调双工滤波器三个模块逐一赘述，仅以三维天线座为例进行说明。

1）正确性检验

进行正确性检验，单击对应的“综合评价与分析”模块的“正确性检验”选项卡。输入样本总数，单击“样本编号”下拉框选择样本。

（1）单击 导入数据 按钮，弹出信息提示框，单击“是”按钮确认导入数据，即完成在选中样本编号内导入数据操作，系统导入数据后将弹出“数据导入成功”提示框，如图 6-39 所示。

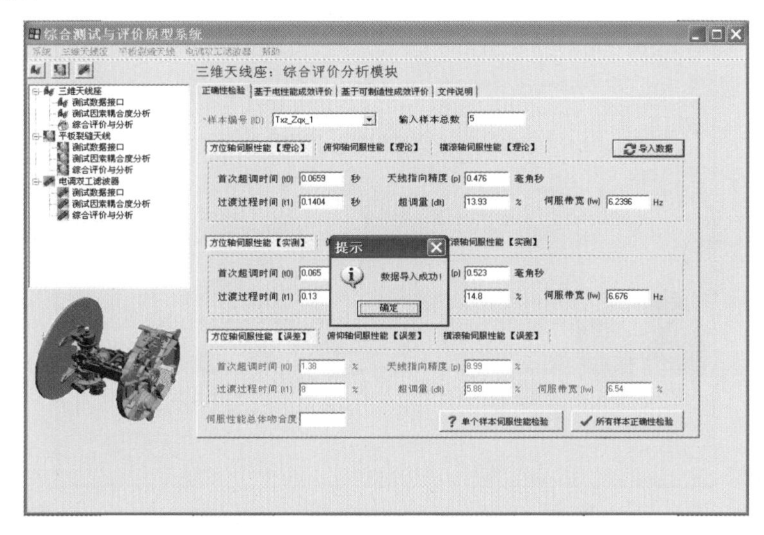

图 6-39 正确性检验数据导入界面

（2）单击 单个样本伺服性能检验 按钮，即可得到该样本的伺服性能总体吻合度。

（3）单击 所有样本正确性检验 按钮，系统将弹出“所有样本【伺服性能正确性检验】计算结果”界面，如图 6-40 所示。

图 6-40 所有样本伺服性能正确性检验结果界面

该界面所显示的样本数据中，包括各轴参数值的最大误差、平均误差、均方根，以及所有参数值的最大误差、平均误差、均方根误差，最后一行显示所有样本伺服性能总体吻合度的最大（值）、平均值和均方根。

2）基于电性能成效评价

单击“综合评价与分析”模块的“基于电性能成效评价”选项卡。输入样本总数，单击“样本编号”下拉框选择样本，如图 6-41 所示。注意：当输入样本数大于实际存在的样本数时，会弹出警告提示框，单击“是”按钮，则输入样本总数置空，单击“否”按钮，输入样本总数置为实际存在样本数。

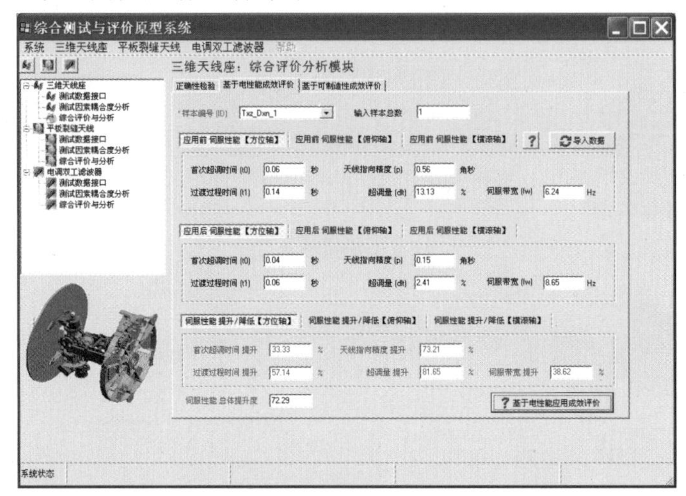

图 6-41　基于电性能成效评价样本界面

（1）导入数据按钮操作同前。

（2）单击基于电性能应用成效评价按钮，得到该样本的伺服性能总体提升度。

3）基于可制造性成效评价

单击“综合评价与分析”中的“基于可制造性成效评价”选项卡。输入样本总数，单击“样本编号”下拉框选择样本，如图 6-42 所示。

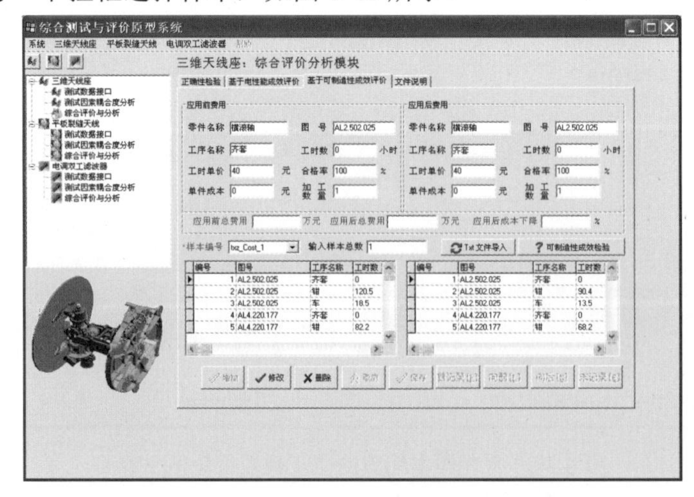

图 6-42　基于可制造性成效评价样本界面

（1）导入新数据。

单击 Txt文件导入 按钮，在弹出的对话框中确认导入，即完成数据的导入，如图 6-43 所示。

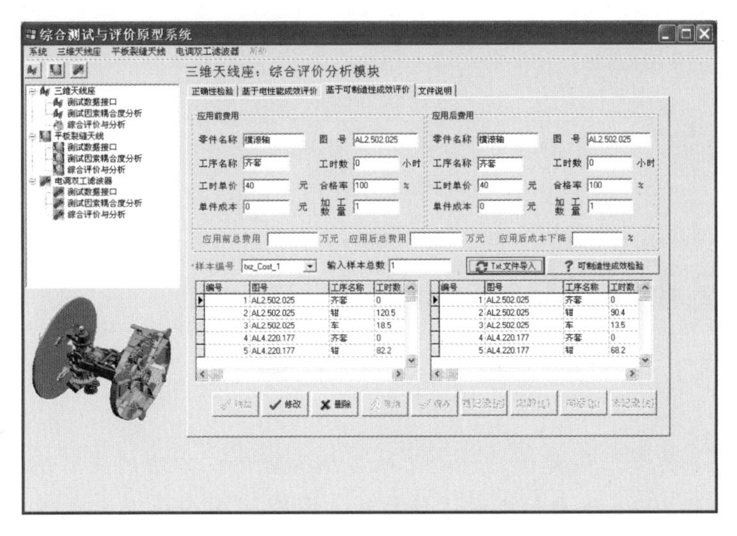

图 6-43　基于可制造性成效评价样本数据导入后界面

（2）单击“修改”按钮可以对数据进行修改。

单击“取消”按钮不保存修改，单击“保存”按钮对新数据进行保存，如图 6-44 所示。

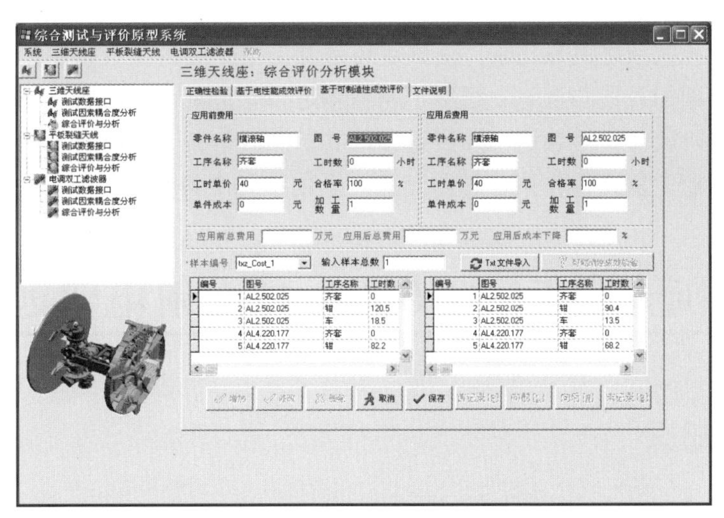

图 6-44　基于可制造性成效评价样本数据修改界面

（3）单击 可制造性成效检验 按钮，即可得到可制造性成效检验结果，如图 6-45 所示。

应用前总费用	20.2774	万元	应用后总费用	13.7668	万元	应用后成本下降	32.1	%

图 6-45　基于可制造性成效评价检验结果

Chapter 7

第7章 典型工程应用案例

【概要】

本章结合几个典型工程案例，讨论了机电耦合理论、方法的应用情况。典型案例包括中国天眼 FAST 500m 球面射电望远镜天线、深空探测 66m 反射面天线以及机载高密度机箱等。

7.1 概述

电子机械工程领域之所以出现，说到底还是源于电子装备工程研制的实际需要。电子装备制造业在我国的发展与演进，经历了从依赖进口、仿制，到简单装备研制，再到今天自主研制的不同阶段。伴随着这一发展进程，电子机械学科专业不断发展，电子机械工程在电子装备制造业中发挥的作用也越来越大。下面举几个典型工程应用的情况。

7.2 中国天眼 FAST 500m 球面射电望远镜天线

7.2.1 背景知识

1993 年世界无线电科联（URSI）年会在日本京都召开，世界射电天文、电子、天线等专家，提出了建造 1km^2 阵列射电望远镜的计划，我国科学家积极响应，提出利用贵州特有的喀斯特地貌，建造世界第一面最大尺度的单口径射电望远镜，电子机械工程分会积极参与了这一具有世界影响力的重大工程的分析、设计与制造工作，并做出了重要贡献。如西安电子科技大学（西电），于 1994 年最早参与研究，在 1995 年 10 月 2 日贵阳召开的国际会议上，首次提出了光机电一体化创新设计，得到了与会中外专家的高度关注与浓厚兴趣。中电集团第 54 研究所（石家庄）中标了主反射面与馈源舱等两个关键部分的研制工作。电子机械工程分会的其他会员单位也不同程度地、或在早期或于后期阶段，参与了工程的研究工作，做出了重要贡献。

7.2.2 应用情况

如图 1-4 所示的位于贵州省平塘县的中国天眼 FAST 500m 球面射电望远镜，1994 年开始介入此项具有影响世界的世纪工程研究。西电首先学习了解当时世界最大口径的同类型的 Arecibo 305m 球面射电望远镜天线（见图 7-1），经分析，其存在三个不足：一是仅空中背架结构部分就重达 1000t，如将其复制到 500m 天线，将重达 8000t，不可接受；二是馈源实现方位与俯仰扫描的是纯机械方式，精度受限；三是线馈源的带宽太窄。为破解这些难题，西电应用机电耦合理论，提出了光机电一体化的创新设计方案（见图 7-2 与图 7-3），这不仅使自重由 8000t 降至 30t，而且实现了毫米级的动态定位精度。与主动主反射面配合，使带宽窄的问题也得到了解决。

图 7-1　Arecibo 305m 球面射电望远镜实物照片

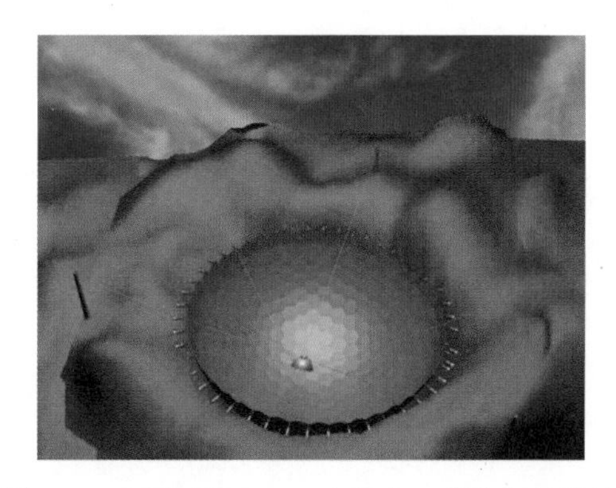

图 7-2　中国天眼 FAST 光机电一体化创新设计

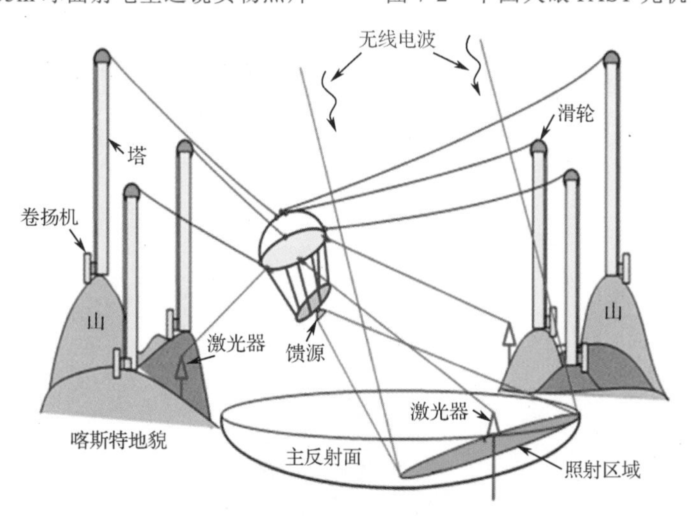

图 7-3　中国天眼 FAST 柔性索支撑与粗精复合调整设计

为验证光机电一体化创新设计的工程可行性，在西电校园分别建造了 FAST 5m、FAST 50m-1 与 FAST 50m-2 等三个试验天线（见图 7-4），大量试验结果验证了该方案的工程可行性，为中国天眼 FAST 500m 球面射电望远镜的工程实施扫清了关键技术障碍。

图 7-4　中国天眼 FAST 缩比模型试验三部曲实物照片

这一世界最大的单口径射电望远镜，自 2016 年 9 月 25 日落成以来，已获得了丰硕的科学产出，如观测到 883 颗脉冲星和宇宙中最大的原子气体结构，探测到纳赫兹存在的关键证据，为国际天文观测、宇宙深空探测、科学原理发现提供了有力支撑。

7.3 深空探测 66m 反射面天线

7.3.1 背景知识

这是位于佳木斯的用于对天问一号进行信息接收与测轨的 S/X 双频段反射面天线，为减少高频信号从馈源传输到控制室过程中的损耗，特采用波束波导形式（见图 7-5）。该天线要求具有很高的增益，否则，难以看到四亿千米之外的火星探测器。波束波导方式具有以上优点的同时，也导致整体结构的不对称，增加了设计与制造的难度。

图 7-5　深空探测 66m 反射面天线

7.3.2　应用情况

对该天线要求，反射体质量不超过 280t，效率不低于 60%，第一副瓣电平不超过 -15.2dB，形面均方根误差低于 0.6mm。天线背架结构由 32 根辐射梁和中心体组成，整体结构如图 7-6 所示。

图 7-6　深空探测 66m 反射面天线整体结构

需要解决的两个关键问题：一是机电耦合设计，即破解高电性能与质量轻之间的相互制约问题；二是要求反射面在 5°～95°的仰角范围内实现 0.6mm 的保型精度。传统的机电分离设计存在两个问题：一是反射体自重与电效率难以同时满足要求；二是在 5°～95°的仰角范围，很难满足 0.6mm 保型精度的要求。

应用机电耦合理论、方法及综合设计平台，通过优选尺寸、形状、拓扑、类型等结构设计变量，使整体刚度实现了电性能意义下的最佳分布，获得了新方案（见图 7-7）。这不仅使反射体自重下降了 8%，提高了电性能，而且保证了 5°～95°仰角范围内 0.6mm 的保型精度。

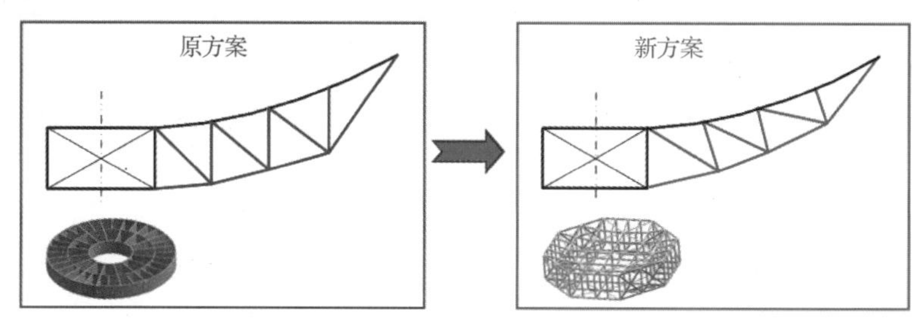

图 7-7　深空探测 66m 反射面天线新老方案对比

7.4　机载高密度机箱

7.4.1　背景知识

某机载高密度机箱实体造型图如图 7-8 所示。该铝合金机箱的基本结构如图 7-9 和

图 7-10 所示，长、宽及高分别为 575mm、482mm 及 532mm。机箱内部包括两部分，上部安装有 12 块 PCB 和 2 个电源，下部是散热风道，有一块倾斜的挡风板。机箱前面板上端开有两组散热孔，下端有 2 个风扇，后面板上端有 3 个风扇，在 PCB 下面，挡风板上面有 2 个风扇。机箱工作时，电源模块和 PCB 的器件发热，风从前面板下端进入，遇到挡风板后，风经过 PCB 和电源，再从机箱后面板上端吹出，从而实现散热的目的。机箱上的散热孔还会造成电磁泄漏。因为设备安装在直升机上，故对质量有比较严格的限制。

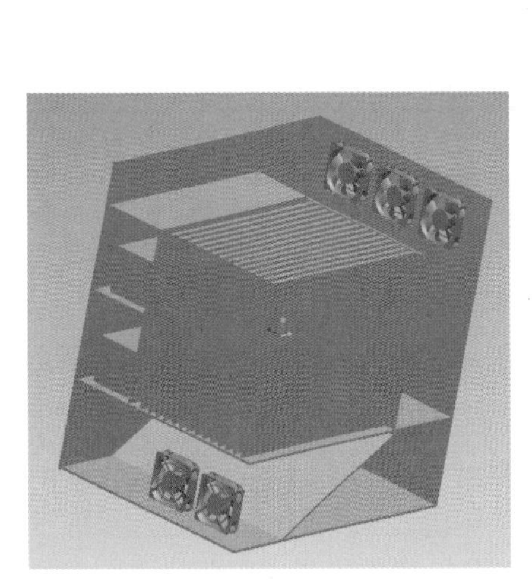

图 7-8　某机载高密度机箱实体造型图

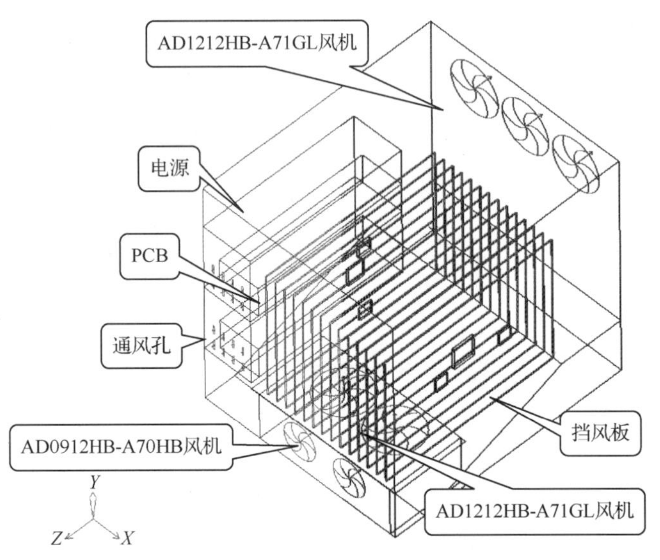

图 7-9　机箱内部器件分布示意图

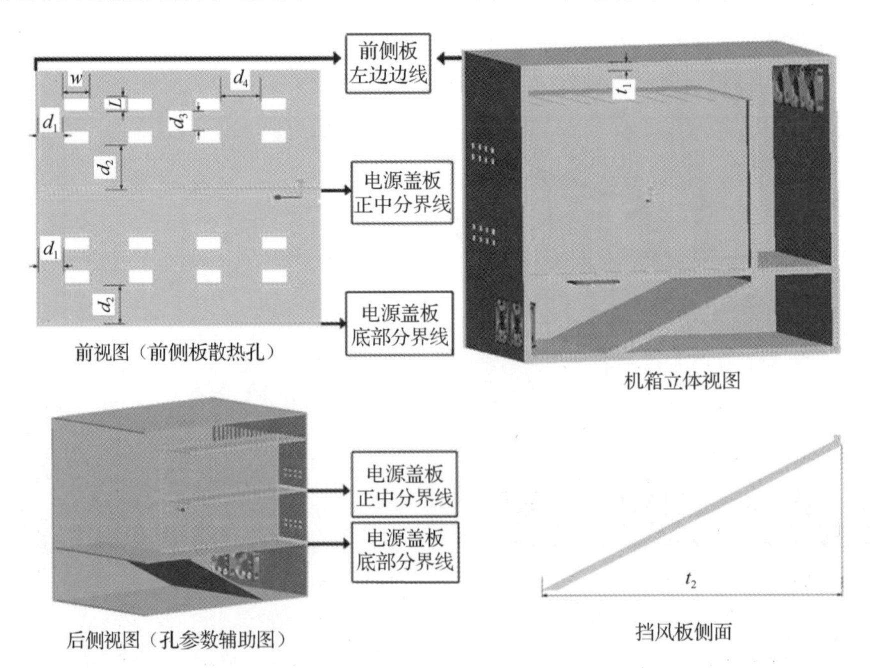

图 7-10　机箱内部结构图

7.4.2　应用情况

显然，这里存在两个主要矛盾：一是散热与屏效之间的矛盾；二是高基频与质量轻之间的矛盾。这两个矛盾通过常规的机电热分离设计是很难得到圆满解决的，应用机电耦合理论、方法与综合设计平台获得如下结果。

设计变量：共 3 类 8 个。第一类是散热孔的尺寸与位置，包括开孔长度 l 与宽度 w，孔与左侧板距离 d_1，孔与电源距离 d_2，孔行间距 d_3，孔列间距 d_4。第二类是机箱壁厚 t_1。第三类是挡风板长度 t_2。于是，设计变量为 $\boldsymbol{\beta}=(l,w,d_1,d_2,d_3,d_4,t_1,t_2)^{\mathrm{T}}$。

设最高容许温度为 $T_{j\max}^0=75$℃（j=1,2,⋯,Nu），同时，经热分析知道，最高温度发生在两个电源处，故只需核实两电源处的温度不超过 75℃即可。$\mathrm{SE}^0=35\mathrm{dB}$，电磁波为水平极化且垂直于前面板照射，频率为 500MHz。$f_{\mathrm{eigen}}^0=70\mathrm{Hz}$，$[\sigma]=150\mathrm{MPa}$，电源功耗为 160W。

应用 Hooke-Jeeves 方法进行迭代优化，优化结果见表 7-1。

表 7-1　机箱迭代优化结果

项　目	参 数 名 称	初　值	优 化 结 果	下　限	上　限
设计变量	机箱壁厚 t_1	4.5mm	3.75mm	2mm	6mm
	挡风板长度 t_2	300mm	50mm	50mm	400mm
	开孔长度 l	10mm	20mm	5mm	30mm
	开孔宽度 w	10mm	5mm	5mm	50mm
	孔与左侧板距离 d_1	20mm	50mm	5mm	80mm
	孔与电源距离 d_2	20mm	20mm	5mm	80mm
	孔行间距 d_3	15mm	15mm	5mm	50mm
	孔列间距 d_4	15mm	15mm	5mm	30mm
优化目标	机箱质量 W	72.25kg	67.71kg	—	—
约束	最大应力$[\sigma]$	81.9MPa	118MPa	—	150MPa
	固有频率 f	73.80Hz	73.69Hz	70Hz	—
	电磁屏效 SE	28.80dB	42.07dB	35dB	—
	电源 1 温度 T_1	71.9℃	65.33℃	—	75℃
	电源 2 温度 T_2	73.98℃	70.52℃	—	75℃

由表 7-1 可得出三点启示。第一，在满足所有约束的情况下，优化使壁厚变薄、挡风板长度变短从而使质量下降约 6.3%。第二，散热孔由正方形变成矩形，这是因为水平极化下，扁平的矩形孔比方形孔的电磁泄漏小，故电磁屏效明显提高。第三，两电源处的最高温度都有所下降。这是因为，虽说散热孔形状有变化但散热面积未变，且散热孔的位置由电源后部变到电源上部，改善了空气流通。

Chapter 8

第 8 章 挑战与展望

【概要】

科学技术的快速发展，对电子装备研制提出了许多新的挑战，如何应对这些挑战，机电耦合技术如何发挥作用，是电子机械工程下一步深入研究的课题。

8.1 概述

电子装备机电耦合技术的发展，虽已取得了可喜的进展，并带来了可观的效益，但其理论、方法、技术与应用方兴未艾，不仅大有用武之地，更是充满挑战，这是因为对未来电子装备不断提出新的期望与要求，如极端频率、极端环境与极端功率等。

8.2 极端频率

8.2.1 极高频率

基于大通信容量、高传输速率及高分辨率的需求，电子装备的工作频率不断提升，从微波、毫米波向亚毫米波甚至太赫兹波的方向发展。当前米波、厘米波的探测雷达已经相对成熟，毫米波在通信系统中得到广泛应用，正在研发的高速短距传输设备的频率可达数十吉赫兹（GHz），太赫兹（THz）的应用研究已初见端倪，射电天文领域观测的电波频段可达上百吉赫兹（GHz），如正在新疆乌鲁木齐建造的世界最大全可动 QTT 110m 射电望远镜（见图 8-1），工作频率高达 115GHz，口径为 110m，要求反射面的形面精度高达 0.2mm，指向精度高达 2.5"，这对于面积有 26 个篮球场大小、30 层楼高、5500t 重的庞然大物而言，难度是超乎想象的。设计这样的超高精密、超大口径的全可动双反射面天线，机电分离技术将是毫无办法的，即使是机电耦合技术，也将面临前所未有的巨大挑战，无疑，深化机电耦合的场耦合理论模型与影响机理研究势在必行。又如，下一代测雨空间可展开天线，要求工作在太赫兹，高达427THz。

图8-1 世界最大全可动QTT 110m射电望远镜天线

对这类天线，其波长远远小于天线尺寸，甚至小于机加工带来的随机误差的相关半径，现有机电耦合理论与方法就无效了，需做深入细致的研究。

8.2.2 极低频率

另一个极端就是极低工作频段，其应用前景也非常广阔。如用于反隐身探测的米波雷达，用于对潜艇通信、大地探测的低频、超低频天线，位于湖北省黄冈市的极低频探地（WEM）工程的对数周期天线，频率在1Hz以下。对潜艇通信一直是一大难题，发展水下作用距离远、载码率高的电波天线、磁天线、机械天线，是非常迫切的事情。

这类天线的波长很长，其可能远大于天线本身的尺度，作用在机电耦合模型中，将是另一番景象，值得深入研究。

8.3 极端环境

8.3.1 空间极端环境

随着人类进入大宇航时代，空间科学与技术的发展一日千里，必将有更多的飞行器被送入太空，而太空环境是非常恶劣的，如高低温（高轨与大椭圆轨道正负一两百度，即使是低轨也有近百度的温差）、零或超低引力、太阳辐照等，都对电子装备的研制提出了前所未有的挑战。

8.3.2 深海极端环境

伴随着中国海军由近海防御走向与国家利益同步的深海、蓝海，以及海底探测等事业的发展，对相应的电子装备的设计、制造，提出了众多新的课题，带来了新的巨大挑战，如需承受深海的超高压力、海洋中的通信与探测等，电子装备机械结构的设计与制造，将首当其冲，亟待出现新的设计理论与方法，以及精密制造技术。

8.3.3 南极极端环境

南极具有独特的对宇宙实施观测的条件，观测范围大、大气扰动小等，为此，紫金山天文台提出在南极建造 5m 口径的太赫兹频段反射面天线。在众多优点的背后，同样存在着不少困难，最为严重的一点就是极低温度、风等环境载荷。如何抵御恶劣环境的影响，保证天线的正常工作，除材料、制造外，机电耦合设计是非常关键的，对于太赫兹频段与超恶劣环境叠加的情况，机电耦合理论无疑需要深入探索，找到非线性机械结构因素对电性能的影响规律，进而研制。

8.4 极端功率

8.4.1 微波高功率传输

对未来电子装备的另一要求是极高功率。一是连续高功率微波无线传能技术，不仅对发射与接收整流天线的设计与制造提出了前所未有的挑战，更对高效率功放、高功率与高效率的整流设备提出了新的要求，这其中的机电耦合问题众多，许多问题等待突破。二是极高功率微波脉冲武器、高功率雷达对抗等，均离不开适用于极高功率的微波天线。三是空间太阳能电站（Space Solar Power Station，SSPS）。中国工程院旗舰刊物 *Engineering* 于 2023 年 11 月 30 日，CCTV 于 2023 年 11 月 25 日，系统地报道了西安电子科技大学团队完成的逐日工程——世界首个全链条、全系统 OMEGA-SSPS 地面验证系统项目（见图 8-2），系统阐述了该项目创新设计方案、理论创新、技术突破、工程实现及实验结果。远距离高功率微波无线传能效率（距离 55m，发射功率 2081W，波束收集效率 87.3%，DC-DC 传输效率 15.05%）与系统的功质比等主要技术指标世界领先。该项目入选两院院士评选的 2023 年中国十大科技进展。

逐日工程项目突破的光-机-电-热强耦合、高功率微波发射与波形优化、热控、灵巧机械结构设计、多物理量测量与精密控制等 9 项关键核心技术，应用前景广阔。在太空，它可助力构建空间能源网、空间充电桩，破解空间算力、星上信息处理、空间攻防以及超远程探测的供电难题。在陆海空，它可为空中飞艇、无人机群、海上移动平台、救灾、沿海岛礁以及边远区域进行无线供电。

（a）验证系统1

（b）验证系统2

图 8-2　OMEGA-SSPS 地面验证系统

8.4.2　高功率电子战

高功率电子战是未来战机的一个发展趋势，除了涉及高功率信息处理、存储外，发射天线与天线罩的压力可想而知。这时发射的不只是微波脉冲，而是连续高功率微波，且始终处于扫描之中。以天线罩为例，除了常规所需的高透波率、高瞄准精度外，非线性材料因素、制造误差等对增益、副瓣电平以及 3dB 波束宽度的影响亟待探明，给出天线罩的控形、控性设计理论方法，进而发展机电集成制造技术。

参考文献

[1] 叶渭川. 开拓创新——中国电子学会电子机械工程分会成立 30 周年回顾[R]. 2011.

[2] 段宝岩. 电子机械的现状与发展[J]. 电子机械工程，2004, 20(6): 14-20+30.

[3] 段宝岩，朱敏波. 电子机械学科人才培养与课程建设[J]. 中国大学教学，2006(9): 12+21.

[4] 段宝岩. 电子装备机电耦合理论、方法及应用[M]. 北京：科学出版社，2011.

[5] 段宝岩. 电子装备机电耦合研究的现状与发展[J]. 中国科学：信息科学，2015, 45(3): 299-312.

[6] 段宝岩. 面向未来的电子机械学科建设与人才培养[J]. 高等工程教育研究，2017(5): 37-41.

[7] DUAN BAOYAN. A new design project of the line feed structure for large spherical radio telescope and its nonlinear dynamic analysis[J]. Mechatronics, 1999, 9(1): 53-64.

[8] DUAN BAOYAN, ZHAO YUZHEN, WANG JIALI, et al. Study of the line feed for large radio telescope from the view point of mechanical and structural engineering[C]//The Proceedings of the 3rd meeting of the LTWG and of a Workshop on Spherical Radio Telescope. Guizhou, China, 1995.

[9] DUAN B Y, QIU Y Y, ZHANG F S, et al. On design and experiment of the feed cable-suspended structure for super antenna[J]. Mechatronics, 2009, 19(4): 503-509.

[10] 李耀平，秦明，段宝岩. 高端电子装备制造的前瞻与探索[M]. 西安：西安电子科技大学出版社，2017.

[11] 段宝岩. 做有品位的科学研究[J]. 科技导报卷首语，2019, 37(4): 1-2.

[12] 段宝岩. 迈向机电耦合的机电一体化技术[J]. 科技导报卷首语，2021, 39(5): 1-2.

[13] 王小谟，段宝岩. 亟待改变我国知识型工业软件高度依赖进口现状的建议[R]. 中国工程院，院士建议，2017-6-12.

[14] 段宝岩，贲德，张锡详，等. 关于加快推进我国高端电子装备自主制造战略进程的建议[R]. 中国工程院，院士建议，2021-1-20.

[15] 段宝岩. 我国亟须打造先进制造技术、产业、人才的系统创新链[R]. 中国工程院，院士建议，2021-12-07.

[16] 段宝岩，宋立伟. 电子装备机电热多场耦合问题初探[J]. 电子机械工程，2008, 24(3): 1-7+46.

[17] BENNEY RICHARD JOHN, STEIN KEITH ROBERT. Computational fluid–structure interaction model for parachute inflation[J]. J. Aircraft, 1996, 33(4): 730-736.

[18] BOUJOT JACQUELINE. Mathematical formulation of fluid-structure interaction problems[J]. Mathematical Modeling and Numerical Analysis, 1987, 21(2): 239-260.

[19] MOLLER HENRIK, LUND ERIK. Shape sensitivity analysis of strongly coupled fluid–structure interaction problems[C]//8th AIAA/USAF/NASA/ISSMO Symposiumon Multidisciplinary Analysis and Optimization, Long Beach, CA, USA, 2000.

[20] MATTHIES HERMANN G, NIEKAMP RAINER, STEINDORF JAN. Algorithms for strong coupling procedures[J]. Computer Methods in Applied Mechanics and Engineering, 2006, 195: 2028-2049.

[21] DUREISSEIX DAVID, LADEVÈZE PIERRE, NÉRON DAVID, et al. A computational strategy suitable for multiphysics problems[C]//Fifth World Congress on Computational Mechanics, Vienna, Austria, 2002.

[22] DUAN B Y, WANG C S. Reflector antenna distortion analysis using MEFCM[J]. IEEE Transactions on Antennas and Propagation, 2009, 57(10): 3409-3413.

[23] WANG C S, DUAN B Y, QIU Y Y. On distorted surface analysis and multidisciplinary structural optimization of large reflector antennas[J]. Structural and Multidisciplinary Optimization, 2007, 33(6): 519-528.

[24] WANG C S, DUAN B Y, QIU Y Y, et al. On coupled structural-electromagnetic optimization and analysis of large reflector antennas[C]//The 8th International Conference on Frontiers of Design and Manufacturing, Tianjin, China, 2008.

[25] WANG C S. Analysis and coupling optimization design of intelligent antenna structural systems in satellite[C]//The 26th AIAA International Communications Satellite Systems Conference, San Diego, USA, 2008.

[26] WANG C S, BAO H, WANG W. Coupled structural-electromagnetic optimization and analysis of space intelligent antenna structural systems[C]//The 9th Biennial ASME Conference on Engineering Systems Design and Analysis, Haifa, Israel, 2008.

[27] 王从思，段宝岩，郑飞，等. 大型空间桁架面天线的结构——电磁耦合优化设计[J]. 电子学报，2008, 36(9): 1776-1781.

[28] 王从思，段宝岩，仇原鹰. Coons 曲面结合 B 样条拟合大型面天线变形反射面[J]. 电子与信息学报，2008, 30(1): 233-237.

[29] 王从思，段宝岩，郑飞，等. 表面误差对反射面天线电性能的影响[J]. 电子学报，2009, 37(3): 552-556.

[30] 宋立伟，郑飞. 基于离散网格的机电耦合问题分析[J]. 西安电子科技大学学报，2009, 36(2): 347-352+384.

[31] 宋立伟，段宝岩，郑飞. 反射面表面与馈源误差对天线方向图的影响[J]. 系统工程与电子技术，2009, 31(6): 1269-1274.

[32] 宋立伟，段宝岩，郑飞. 变形反射面天线馈源最佳相位中心的研究[J]. 北京理工大学学报，2009, 29(10): 894-897.

[33] SONG L W, DUAN B Y, ZHANG F, et al. Performance of planar slotted waveguide arrays with surface distortion[J]. IEEE Transactions on Antennas and Propagation, 2011, 59, 3218-3223.

[34] SONG L W. Analysis of integrated structure-electromagnetic wave basing on the same discrete meshes[C]//Progress in Electromagnetic Research Symposium, Xi’an, China, 2010.

[35] 陈国强，朱敏波. 电子设备强迫风冷散热特性测试与数值仿真[J]. 计算机辅助工程，2008, 17(2): 24-26.

[36] 李昕桉，姜华，张福顺，等. 机电热场耦合研究综述[C]//第九届全国电波传播学术讨论会，西安，中国，2007: 31-33.

[37] WANG C S, DUAN B Y. Coupled structural-electromagnetic-thermal modeling and analysis of active phased array antennas[J]. IET Microwaves, Antennas & Propagation, 2010, 4(2): 247-257.

[38] WANG C S, DUAN B Y, ZHANG F S, et al. Analysis of performance of active phased array antennas with distorted plane error[J]. International Journal of Electronics, 2009, 96(5): 549-559.

[39] 王从思，平丽浩，王猛，等. 基于阵元互耦的相控阵天线结构变形影响分析[C]//2009年全国天线年会，成都，中国，2009: 762-765.

[40] 王从思，李昕桉，张福顺，等. 矩形有源相控阵天线的结构与电磁耦合建模与分析[C]//第十届全国雷达学术年会，北京，中国，2008: 1429-1432.

[41] DUAN B Y, WANG C S. Analysis and optimization design of multi-field coupling problem in electronic equipment[C]//International Workshop 2007: Advancements in Design Optimization of Materials, Structures and Mechanical Systems, Xi'an, China, 2007: 252-261.

[42] DUAN B Y, QIAO H, ZENG L Z. The multi-field-coupled model and optimization of absorbing material’s position and size of electronic equipment[J]. Journal of Mechatronics and Applications, 2010: 1-6.

[43] 沈国强. 基于三场耦合的电子机柜加强筋设计[D]. 西安：西安电子科技大学，2009.

[44] 何瑜. 基于三场耦合的电子设备器件布局热设计[D]. 西安：西安电子科技大学，2009.

[45] 乔晖. 基于三场耦合的电子设备吸波材料优化设计[D]. 西安：西安电子科技大学，2009.

[46] 姜世波. 电子设备三场耦合分析研究[D]. 西安：西安电子科技大学，2009.

[47] LOU SHUNXI, DUAN BAOYAN, WANG WEI, et al. Analysis of finite antenna arrays using the characteristic modes of isolated radiating elements[J]. IEEE Transactions on Antennas and Propagation, 2019, 67(3): 1582-1589.

[48] GE CHAOLIU, DUAN BAOYAN, WANG WEI, et al. An equivalent circuit model for rectangular waveguide performance analysis considering rough flanges’ contact[J]. IEEE Transactions on Microwave Theory and Techniques, 2019, 67(4): 1336-1345.

[49] 谭建荣，刘振宇，等. 制造精度和装配误差对功能型面性能的影响机理[R]. 国家自然科学基金委重大项目课题三的总结报告，2020-7.

[50] 段宝岩，谭建荣，韩旭，等. 功能型面精确设计与性能保障的科学基础[R]. 国家自然科学基金委重大项目总结报告，2020-7.

[51] 孙道恒. MEMS 耦合场分析域与系统级仿真[J]. 中国机械工程，2002, 13(9): 51-54+5.

[52] MATTHIAS HEIL. An efficient solver for the fully coupled solution of large-displacement fluid-structure interaction problems[J]. Computer Methods in Applied Mechanics and Engineering, 2004, 193: 1-23.

[53] WALHORN E, KO¨LKE A, HUÜBNER B, et al. Fluid-structure coupling within a monolithic model involving free surface flows[J]. Computers and Structures, 2005, 83: 2100-2111.

[54] FELIPPA C A, PARK K C. Synthesis tools for structural dynamics and partitioned analysis of coupled systems[C]//Proc. NATO-ARW Workshop on Multi-physics and Multiscale Computer Models in Non-linear Analysis and Optimal Design of Engineering Structures Under Extreme Conditions, Bled, Slovenia, 2004.

[55] PARK Y H, PARK K C. High-Fidelity Modeling of MEMS Resonators-Part I: Anchor loss mechanism through substrate wave propagation[J]. Journal of Micro-electromechanical Systems, 2004, 13(2): 238-247.

[56] SOBIESZCZANSKI-SOBIESKI J, HAFTKA J R T. Multidisciplinary aerospace design optimization: survey of recent developments[J]. Structural Optimization, 1997, 14(1): 1-23.

[57] GURUSWAMY G P. A review of numerical fluids/structures interface methods for computations using high-fidelity equations[J]. Computers and Structures, 2002, 80: 31-41.

[58] DE BOER A, VAN ZUIJLEN A, BIJL H. Review of coupling methods for non-matching meshes[J]. Computer Methods in Applied Mechanics and Engineering, 2007, 196: 1515-1525.

[59] THÉVENAZ PHILIPPE, BLU THIERRY, UNSER MICHAEL. Interpolation revisited[J]. IEEE Transactions on Medical Imaging, 2000, 19(7): 739-758.

[60] CEBRAL JUAN RAUL, LOHNER RAINALD. Conservative load projection and tracking for fluid-structure problems[J]. AIAA Journal, 1997, 35(4): 687-692.

[61] Fraunhofer Institut for Algorithms and Scientific Computing SCAI, MpCCI. Mesh-based parallel code coupling interface-Specification of MpCCI Version 2.0[S]. 2003.

[62] BECKERT A, WENDLAND H. Multivariate interpolation for fluid-structure interaction problems using radial basis functions[J]. Aerospace Science and Technology, 2001, 5(2): 125-134.

[63] SMITH MARILYN J, DEWEY H. Hodges, Carlos E. S. Cesnik. Evaluation of computational algorithms suitable for fluid–structure interactions[J]. Journal of Aircraft, 2000, 37(2): 282-294.

[64] JIN H, CAO D X, ZHANG J J. Existence and uniqueness of 2π-periodic solution about duffing equation and its numerical method[J]. Journal of China University of Mining & Technology, 2004, 14(1): 104-106.

[65] RATHOD H T, NAGARAJA K V, VENKATESUDU B, et al. Gauss legendre quadrature over a triangle[J]. Journal of Indian Institute of Science, 2004, 84: 183-188.
[66] LAGUE G, BALDUR R. Extended numerical integration method for triangular surfaces[J]. International Journal for Numerical Methods in Engineering, 1977, 11: 388-392.
[67] HAMMER P C, MARLOWE O J, STROUD A H. Numerical integration over simplexes and cones[J]. Mathematical Tables and Other Aids to Computation, 1956, 10: 130-137.
[68] CHANDRUPATLA, TIRUPATHI R, BELEGUNDU, et al. Introduction to finite elements in engineering[M]. New York: Cambridge University Press, 2006.
[69] 龙驭球，李聚轩，龙志飞. 四边形单元面积坐标理论[J]. 工程力学，1997, 14(3): 1-11.
[70] 龙志飞，李聚轩，岑松，等. 四边形单元面积坐标的微分和积分公式[J]. 工程力学，1997, 14(3): 12-20.
[71] 曹鸿钧. 基于凸集合模型的结构和多学科系统不确定性分析与设计[D]. 西安：西安电子科技大学，1998.
[72] RAULLI MICHAEL, MAUTE KURT. Symbolic geometric modeling and parameterization for multiphysics shape optimization[C]//The 9th AIAA/ISSMO Conference on Multidisciplinary Analysis and Optimization, Atlanta, USA, 2002.
[73] LIU D X, GAUCHER B, Pfeiffer U, et al. Advanced Millimeter-wave Technologies: Antennas, Packaging and Circuits[M]. Hoboken, NJ: John Wiley, 2009.
[74] WANG P R, LI J, WANG G Q, et al. Multimaterial additive manufacturing of LTCC matrix and silver conductors for 3D ceramic electronics[J]. Advanced Material Technologies, 2022, 7(8): 1-12.
[75] 汪鑫，刘丰满，吴鹏，等. Ka-K 波段收发模块的 3D 系统级封装（SiP）设计[J]. 微电子学与计算机，2017, 34(8): 113-117.
[76] 王亦何. 射频收发前端的系统级封装技术研究[D]. 南京：南京理工大学，2020.
[77] 陈国辉，郑学仁，刘汉华，等. 射频系统的系统级封装[J]. 半导体技术，2005, (11): 17-21.
[78] 杨邦朝，顾勇，马嵩，等. 系统级封装（SiP）的优势以及在射频领域的应用[J]. 混合微电子技术, 2010, 21(1): 8.
[79] ZHANG YUEPING. Antenna-in-Package (AiP) technology[J]. Engineering, 2022, 11(4): 18-20.
[80] 张跃平. 封装天线技术发展历程回顾[J]. 中兴通讯技术，2017, 23(6): 41-49.
[81] 张跃平. 封装天线技术最新进展[J]. 中兴通讯技术，2018, 24(5): 47-53.
[82] LE SAGE G P. 3D printed waveguide slot array antennas[J]. IEEE Access, 2016, (4): 1258-1265.
[83] DIMITRIADIS ALEXANDROS I, DEBOGOVIC TOMISLAV, Mirko Favre, et al. Polymer-based additive manufacturing of high-performance waveguide and antenna components[J]. Proceedings of the IEEE, 2017, 105(4): 668-676.

[84] JAMMES ARNAUD, GAYETS EDOUARD DES, STAELENS KOEN, et al. Silver metallization of 77 GHz 3D printed horn antennas[C]//12th European Conference on Antennas & Propagation, London, UK, 2018.

[85] SHANG XIAOBANG, PENCHEV PAVEL, GUO CHENG, et al. W-band waveguide filters fabricated by laser micromachining and 3-D printing[J]. IEEE Transactions on Microwave Theory and Techniques, 2016, 64(8): 2572-2580.

[86] SHAMVEDI D, DANILENKOFF C, O'LEARY P, et al. Investigation of the influence of build orientation on the surface roughness of the 3D metal printed horn antenna[C]//12th European Conference on Antennas & Propagation, London, UK, 2018.

[87] 陈亚玲，何业军. 3D 金属打印天线技术研究综述[J]. 电波科学学报，2018, 33(3): 266-278.

[88] GUO CHENG, SHANG XIAOBANG, LANCASTER MICHAEL J, et al. A lightweight 3-D printed X-band bandpass filter based on spherical dual-mode resonators[J]. IEEE Microwave and Wireless Components Letters, 2016, 26(8): 568-570.

[89] 楼熠辉，李攀郁，吴甲民，等. 增材制造技术及其在微波无源器件设计与制备中的研究现况与展望[J]. 中国科学：技术科学，2019, 49(12): 1442-1460.

[90] GUENNOU-MARTIN A, QUERE Y, RIUS E, et al. Design and manufacturing of a 3-D conformal slotted waveguide antenna array in Ku-band based on direct metal laser sintering[C]//2016 IEEE Conference on Antenna Measurements & Applications, Syracuse, USA, 2016.

[91] 李敏. 毫米波波导器件精密制造工艺技术研究综述[J]. 电子机械工程，2022, 38(2): 1-6.

[92] SCHULZ ALEXANDER, WELKER TILO, GUTZEIT NAM, et al. 3D printed ceramic structures based on LTCC: Materials, processes and characterization[C]//21st European Microelectronics and Packaging Conference, Exhibition, Warsaw, Poland, 2017.

[93] LIU LANBING, DING CHAO, LU SHENGCHANG, et al. Design and additive manufacturing of multipermeability magnetic cores[J]. IEEE Transactions on Industry Applications, 2018, 54(4): 3541-3547.

[94] LIANG CHAOYU, HUANG JIN, GUO WANG, et al. Low temperature co-sintering simulation and properties analysis of 3D printed SiO_2-B_2O_3 nanoparticles based on molecular dynamics simulation[J]. Computational Materials Science, 2022, 210.

[95] GOULAS ATHANASIOS, CHI-TANGYIE GEORGE, WANG DAWEI, et al. Microstructure and microwave dielectric properties of 3D printed low loss $Bi_2Mo_2O_9$ ceramics for LTCC applications[J]. Applied Materials Today, 2021, 21.

[96] WANG PEIREN, LI JI, WANG GUOQI, et al. Selectively metalizable low-temperature cofired ceramic for three dimensional electronics via hybrid additive manufacturing[J]. ACS Applied Materials & Interfaces, 2022, 14: 28060-28073.

[97] WANG FEI, LI ZIJIAN, LOU YIHUI, et al. Stereolithographic additive manufacturing

of Luneburg lens using Al_2O_3-based low sintering temperature ceramics for 5G MIMO antenna[J]. Additive Manufacturing, 2021, 47: 1-7.

[98] 尚立艳，伍权，柴永强，等. 硼硅酸盐/氧化铝复合陶瓷基板的打印制备与性能研究[J]. 电子元件与材料，2018, 37(2): 64-68.

[99] 金大元. 3D 打印技术及其在军事领域的应用[J]. 新技术新工艺，2015, (4): 9-13.

[100] 蒋明，杨邦朝，李建辉. LTCC 三维 MCM 技术[C]//第十四届全国混合集成电路学术会议，黄山，中国，2005.

[101] 陈赞，方诗峰. 基于 SiP 技术的超小型射频收发系统[J]. 微型机与应用，2017, 36(20): 67-70.

[102] 张龙，马向峰，汤晓云. 基于 SiP 技术的宽带一体化雷达射频收发系统[J]. 舰船电子工程，2021, 41(6): 70-74.

[103] 王俊辉. 太赫兹 SiP 关键技术研究[D]. 成都：电子科技大学，2021.

[104] 张茂春，王进华. 无线电能传输技术综述[J]. 重庆工商大学学报（自然科学版），2009, 26(5): 485-488.

[105] LAU J H, ERASMUS S J, RICE D W. Overview of tape automated bonding technology[J]. Circuit World, 1990, 16(2): 5-24.

[106] 孟庆浩, 尹志华, 孙新宇, 等. 载带自动键合(TAB)引线技术[J]. 半导体杂志, 1997, (4): 32-39.

[107] ZHANG Z Q, WONG C P. Recent advances in flip-chip underfill: Materials, process, and reliability[J]. IEEE Transactions on Advanced Packaging, 2004, 27(3): 515-524.

[108] 张群. 倒装焊及相关问题的研究[D]. 宁波：中国科学院上海冶金研究所，2001.

[109] 叶乐志，唐亮，刘子阳. 倒装芯片键合技术发展现状与展望[J]. 电子工业专用设备，2014, 43(11): 1-5.

[110] 童志义. 3DIC 集成与硅通孔（TSV）互连[J]. 电子工业专用设备，2009, 38(3): 27-34.

[111] 朱健. 3D 堆叠技术及 TSV 技术[J]. 固体电子学研究与进展，2012, 32(1): 73-77+94.

[112] 邓丹，吴丰顺，周龙早，等. 3D 封装及其最新研究进展[J]. 微纳电子技术，2010, 47(7): 443-450.

[113] 陆军. 3D 封装[J]. 集成电路通讯，2005, 23(4): 41-47.

[114] 姜健，张政林. 3D 封装中的圆片减薄技术[J]. 电子与封装，2009, 9(9): 1-4.

[115] 郎鹏，高志方，牛艳红. 3D 封装与硅通孔（TSV）工艺技术[J]. 电子工艺技术，2009, 30(6): 323-326.

[116] 黄铂. TSV 通孔技术研究[J]. 中小企业管理与科技（上旬刊），2013, (8): 301-302.

[117] 刘培生，杨龙龙，卢颖，等. 倒装芯片封装技术的发展[J]. 电子元件与材料，2014, 33(2): 1-5.

[118] 周德俭. 电子器件键合互连技术及其发展[C]//2009 年机械电子学学术会议，太原，中国，2009.

[119] 张卓. 基于 TSV 的 MEMS 圆片级真空封装关键技术的研究[D]. 武汉：华中科技大学，2011.

[120] 黄玉财，程秀兰，蔡俊荣. 集成电路封装中的引线键合技术[J]. 电子与封装，2006, 6(7): 16-20.
[121] 龙绪明，罗爱玲，贺海浪，等. 微电子组（封）装技术的新发展[J]. 电子工业专用设备，2014, 43(9): 1-7.
[122] 晁宇晴，杨兆建，乔海灵. 引线键合技术进展[J]. 电子工艺技术，2007, 28(4): 205-210.
[123] 袁娇娇，吕植成，汪学方，等. 用于 3D 封装的带 TSV 的超薄芯片新型制作方法[J]. 微纳电子技术，2013, 50(2): 118-123+128.
[124] 项晓珍. 毫米波无源波导器件的 3-D 打印技术研究及特性分析[D]. 成都：电子科技大学，2018.
[125] SU LEI, SU LEI, LI KE, et al. Defect inspection of flip chip solder joints based on non-destructive methods: A review[J]. Microelectronics Reliability. 2020, 110: 1-10.
[126] 王从思，段宝岩，仇原鹰，等. 大型面天线 CAE 分析与电性能计算的集成[J]. 电波科学学报，2007, 22(2): 292-298.
[127] 宋立伟，郑飞. 基于离散网格的机电两场耦合问题分析[J]. 西安电子科技大学学报，2009, 36(2): 347-352.
[128] 郑飞. 质心坐标变换及其在纹理映射均匀化中的应用[J]. 计算机辅助设计与图形学学报，2006, 18(4): 482-486.
[129] CHEN M, ZHENG F. Improved texture mapping based on improved mesh parameterization[J]. Journal of Computational Information Systems, 2006, 2(2): 645-650.
[130] ZHENG F. Effective uniform mesh parameterization for boundary complex models[C]//Computer Graphics, Visualization, Computer Vision and Image processing 2009, Algarve, Portugal, 2009.
[131] LI PENG, WANG WEI, ZHENG FEI. Electromechanical coupled analysis and experimental validation of reflector antennas[C]//2009 International Conference on Mechatronics and Automation, Changchun, China, 2009.
[132] 王伟，段宝岩，马伯渊. 一种大型反射面天线面板测试与调整方法及其应用[J]. 电子学报，2008, 36(6): 1114-1118.
[133] 王伟，李鹏，宋立伟. 面板位置误差对反射面天线功率方向图的影响机理[J]. 西安电子科技大学学报，2009, 36(4): 708-713.
[134] WANG WEI, WANG CONGSI, LI PENG, et al. Panel adjustment error of large reflector antennas considering electromechanical coupling[C]//2008 IEEE/ASME International Conference on Advanced Intelligent Mechatronics, Xi’an, China, 2008.
[135] 周金柱，段宝岩，黄进，等. 平板裂缝天线缝制造精度对电性能影响的预测[J]. 电子科技大学学报，2009, 38(6): 1047-1051.
[136] 余伟，顾卫军，郭先松. 平板裂缝天线子阵形变后的方向图分析[J]. 现代雷达，2008, 30(12): 70-73.

[137] 严志坚. 结构因素对平板裂缝天线辐射单元电性能的影响研究[J]. 电讯技术，2009, 49(6): 60-65.

[138] 熊长武，王勇. 微波器件表面射频等效电导率的分析计算[C]//2008 年电子机械与微波结构工艺学术会议，九江，中国，2008.

[139] ZHOU J Z, HUANG J. Incorporating priori knowledge into linear programming support vector regression[C]//2010 IEEE International Conference on Intelligent Computing and Integrated Systems, Guilin, China, 2010.

[140] ZHOU JINZHU, DUAN BAOYAN, HUANG JIN. Influence and tuning of tunable screws for microwave filters using least squares support vector regression[J]. International Journal of RF and Microwave Computer Aided Engineering, 2010, 20(4): 422-429.

[141] 李素兰，黄进，段宝岩. 一种雷达天线伺服系统结构与控制的集成设计研究[J]. 机械工程学报，2010, 46(1): 140-146.

[142] 保宏，段宝岩，杜敬利，等. 复杂机构的控制与结构同步优化设计[J]. 计算力学学报，2008, 25(1): 8-13.

[143] TONG XU FENG, HUANG JIN, ZHANG DONG XIA. Multidisciplinary joint simulation technology for servo mechanism analysis[C]//2009 International Conference on Information and Automation, Zhuhai, China, 2009.

[144] 周金柱，段宝岩，黄进. LuGre 摩擦模型对伺服系统的影响与补偿[J]. 控制理论与应用，2008, 25(6): 990-994.

[145] 周金柱，黄进. 伺服系统摩擦的支持向量回归建模与反步控制[J]. 控制理论与应用，2009, 26(12): 1405-1409.

[146] 黄进. 基于反步自适应控制的伺服系统齿隙补偿[J]. 控制理论与应用，2008, 25(6): 1090-1094.

[147] 周金柱，黄进. 含有齿隙伺服系统的建模与对开环频率特性的影响[J]. 中国机械工程，2009, 20(14): 1721-1725.

[148] HUANG J. HLA based multidisciplinary joint simulation technology for servo mechanism analysis[C]//2009 International Conference on Mechatronics and Automation, Changchun, China, 2009.

[149] 马洪波，陈光达. 机电耦合研究中测试因素耦合度计算方法[C]//2009 年机械电子学学术会议，太原，中国，2009.

[150] 沈振芳. 电调双工滤波器测试因素的机电耦合分析[R]. 电子装备机电耦合基础问题研究项目第一次学术会议，成都，中国，2006.

[151] 贾超广，陶占杰，张爽，等. 高速摄影测量系统中双相机同步技术的实现[J]. 测绘科学技术学报，2009, 25(6): 76-78.

[152] 沈振芳. 电调双工滤波器检测仿真与优化设计[J]. 国防制造技术，2009, (5): 52-55.

[153] 周金柱，张福顺，黄进，等. 基于核机器学习的腔体滤波器辅助调试[J]. 电子学报，2010, 38(6): 1274-1279.

[154] MA HONGBO, YANG DAIWEN, ZHOU JINZHU. Improved coupling matrix extracting method for chebyshev coaxial-cavity filter[C]//Progress in Electromagnetics Research Symposium, Xi'an, Chian, 2010.

[155] GU J F, PING L H, LIU J C. Coupled vibration analysis for test sample resonating with vibration shaker[C]//Proceedings of the Third Asia International Symposium on Mechatronics, Sapporo, Japan, 2008.

[156] 甄立冬. 电调双工滤波器制造工艺研究[J]. 电子机械工程，2009, 25(5): 46-49.

[157] 段宝岩. 空间太阳能发电卫星的几个理论与关键技术问题[J]. 中国科学：技术科学，48(11): 1207-1218.

[158] 杨阳，段宝岩，黄进，等. OMEGA 型空间太阳能电站聚光系统设计[J]. 中国空间科学技术，2014, 34(5): 18-23.

[159] DUAN BAOYAN. On new development of Space Solar Power Station (SSPS) of China[R]. National Space Society's 36th International Space Development Conference, St. Louis, USA, 2017.

[160] LI XUN, DUAN BAOYAN, SONG LIWEI, et al. Study of stepped amplitude distribution taper for microwave power transmission for SSPS[J]. IEEE Transaction on Antennas and propagation, 2017, 65(10): 5396-5405.

[161] DUAN BAOYAN. The Updated SSPS-OMEGA design project and the latest development of China[C]//Keynote speech at the 3rd Asia Wireless Power Transmit, Xi'an, China, 2019.

[162] LI XUN, DUAN BAOYAN, SONG LIWEI. Design of clustered planar arrays for microwave wireless power transmission[J]. IEEE Transaction on Antennas and propagation, 2019, 67(1): 606-611.

[163] DUAN BAOYAN, ZHANG YIQUN, CHEN GUANGDA, et al. On the Innovation, Design, Construction, and Experiments of OMEGA-Based SSPS Prototype: The Sun Chasing Project[J]. Engineering, 2023.

举报电话：（010）88254396；（010）88258888

传　　真：（010）88254397

E-mail：　dbqq@phei.com.cn

通信地址：北京市海淀区万寿路 173 信箱

　　　　　电子工业出版社总编办公室

邮　　编：100036